Quem somos?

FUNDAÇÃO EDITORA DA UNESP

Presidente do Conselho Curador
José Carlos Souza Trindade

Diretor-Presidente
José Castilho Marques Neto

Editor Executivo
Jézio Hernani Bomfim Gutierre

Conselho Editorial Acadêmico
Alberto Ikeda
Antonio Carlos Carrera de Souza
Antonio de Pádua Pithon Cyrino
Benedito Antunes
Isabel Maria F. R. Loureiro
Lígia M. Vettorato Trevisan
Lourdes A. M. dos Santos Pinto
Raul Borges Guimarães
Ruben Aldrovandi
Tania Regina de Luca

Luca Cavalli-Sforza
Francesco Cavalli-Sforza

Quem somos?
História da diversidade humana

Tradução
Laura Cardellini Barbosa de Oliveira

© 1993 Arnoldo Mondadori Editore
Título original em italiano: *Chi siamo. La storia della diversità umana.*

This translation published by arrangement with Eulama Literary Agency.

© 1998 da tradução brasileira:

Fundação Editora da UNESP (FEU)
Praça da Sé, 108
01001-900 – São Paulo – SP
Tel.: (0xx11) 3242-7171
Fax: (0xx11) 3242-7172
Home page: www.editora.unesp.br
E-mail: feu@editora.unesp.br

Dados Internacionais de Catalogação na Publicação (CIP)
(Câmara Brasileira do Livro, SP, Brasil)

Cavalli-Sforza, Luca
    Quem somos? História da diversidade humana / Luca Cavalli-Sforza, Francesco Cavalli-Sforza; tradução Laura Cardellini Barbosa de Oliveira. – São Paulo: Editora UNESP, 2002.

    Título original: Chi siamo. La storia della diversitá umana
    Bibliografia.
    ISBN 85-7139-418-0

    1. Antropologia 2. Etnologia 3. Evolução humana 4. Genética 5. Raça I. Cavalli-Sforza, Francesco. II. Título. III. Título: História da diversidade humana.

02-4899   CDD-599.97

Índices para catálogo sistemático:

1. Diversidade humana: Etnologia física: Ciências da vida   599.97
2. Raças humanas: Etnologia física: Ciências da vida   599.97

Editora afiliada:

Asociación de Editoriales Universitarias
de América Latina y el Caribe

Associação Brasileira de
Editoras Universitárias

Dedicado às mulheres, de quem herdamos nossas mitocôndrias.

Agradecimentos

Somos imensamente gratos a inúmeras pessoas, a quem estendemos um caloroso *muito obrigado*. Todos os outros membros da nossa família leram o manuscrito, parcialmente ou por inteiro, e fizeram sugestões muitas vezes importantes. O mesmo fizeram Giovanni Magni, professor de Genética na Universidade de Milão, Guido Pontecorvo, professor de Genética na Universidade de Glasgow, e Marco Vigevani, da Mondadori. Os Capítulos 2 e 3 foram revisados por Giacomo Giacobini, professor de Anatomia da Universidade de Turim, e o Capítulo 7, por Paolo Ramat, professor de Glotologia da Universidade de Pávia. Nenhuma dessas pessoas é responsável por qualquer erro que possa ter permanecido no texto. André Langaney, do Museu do Homem em Paris, ajudou-nos a encontrar uma importante fotografia original. O desenho do pigmeu lendo o livro *African Pygmies* foi inspirado numa foto tirada por Barry Hewlett na República Centro-Africana. Talvez seja oportuno dizer que o pigmeu não sabia ler (L. C. S. somente encontrou dois pigmeus adultos alfabetizados, entre milhares). Agradecemos também às editoras que permitiram usar material sob direitos autorais: Princeton University Press, pelas figuras dos componentes principais da Europa, incluídas no Capítulo 6 e retiradas do livro *History and Geography of*

Quem somos?

Human Genes [*História e geografia dos genes humanos*]. A Figura 8 do Capítulo 3 corresponde a um desenho original da revista *Science* ligeiramente modificado. A Figura 6 do Capítulo 4 foi baseada, com muitas adaptações, numa imagem de *Tous parentes, tous différents* [*Todos parentes, todos diferentes*].

Sumário

Prefácio à edição brasileira   9
Walter Neves

Prefácio
Um homem é um homem   15

1 O mais antigo estilo de vida   21

2 Uma galeria de ancestrais   55

3 Cem mil anos   83

4 Por que somos diferentes? A teoria da evolução   115

5 Quão diferentes somos? A história genética da humanidade   153

6 Os últimos dez mil anos: a longa trilha dos agricultores   181

7 A torre de Babel   225

8 Herança cultural, herança genética   271

Quem somos?

9 Raça e racismo   303

10 O futuro genético da humanidade
e o estudo do genoma humano   325

Epílogo   349

Postscript   355

Bibliografia   375

Índice geral   381

Prefácio à edição brasileira

Quando a Editora UNESP me convidou a apresentar este livro ao público brasileiro, fui tomado por uma grande emoção. Chegara a hora, finalmente, de prestar a Luigi Luca Cavalli-Sforza uma homenagem pessoal, dívida que se arrastava em minha vida desde 1982, quando tive, ainda aos 24 anos de idade, a honra de ser seu orientando na Universidade de Stanford. Mas mesmo que eu não tivesse me beneficiado, diretamente, de sua genialidade criativa e de sua ilimitada generosidade, minha dívida com Luca não seria, por isso, menor, simplesmente porque todos os humanos têm com ele uma dívida impagável.

Quando a poeira da "histeria do DNA" baixar, e geneticistas e antropólogos puderem novamente investigar, com a serenidade que foi possível ter durante as décadas de 1960, 1970 e 1980, a questão da diversidade biológica das populações humanas autóctones do planeta com o objetivo de compreendermos, todos – os que se guiam pelos mitos e os que se guiam pela ciência – como e por que viemos a ser o que somos, a escala dessa dívida para com homens como Cavalli-Sforza se revelará de maneira quase que insuportável para cada um de nós. Insuportável porque, certamente, quando isso vier a ocorrer, já não poderemos mais contar com sua preciosa interlocução direta. Insuportável porque a humanidade se dará finalmente conta de que a intolerância dentre os humanos, entre outros males, acarretou também, pela mesquinharia de uma gota de sangue ou de um fio de cabelo, o pior dano: ter perdido para sempre a possibilidade de conhecer nossa história comum nos últimos cento e poucos mil anos, quando faltava tão pouco!

Cavalli-Sforza, aqui apresentado por seu próprio filho, Francesco, a quem coube tornar mais palatáveis ao público leigo os conhecimentos gerados por seu pai, ao longo de mais de quarenta anos de carreira, é um homem de ciência sem equivalentes na história da antropogenética da segunda metade do século XX. Se houvesse um prêmio Nobel em nossa área do conhecimento, certamente já o teria recebido há muito. Seus conhecimentos em genética de populações e a influência direta que exerceu nesse campo de investigação já seriam mais que suficientes para justificar plenamente a passagem de qualquer mortal pela Terra. Mas quis o destino que Luca fosse também dotado de uma inquietação criativa que o levou, como a nenhum outro entre nós, no passado recente, a transitar – sempre escudado por colaboradores não menos intrépidos – por várias áreas que tangem em maior ou menor grau o conhecimento antropológico, entre elas a lingüística, a etnologia (sobretudo a de caçadores-coletores), a arqueologia e a paleoantropologia.

Exemplos da dispersão criativa e produtiva de L. L. Cavalli-Sforza – concentrando-me apenas em alguns de seus vôos de que fui contemporâneo em seu laboratório, no início dos anos 1980 – foi a intensa colaboração com Marcus Feldman, bioestatístico de Stanford, ao redor da questão da transmissão e da evolução cultural, que levou à publicação da síntese *Cultural Transmission and Evolution*, em 1981, pela Princeton University Press, e a colaboração com A. Ammerman, arqueólogo britânico, que levou à publicação da síntese *The Neolithic Transition and the Genetics of Human Populations in Europe*, em 1984, pela mesma casa publicadora. Seu livro mais influente até então, adotado em todo o mundo como livro-texto nos cursos de ciências biológicas, era o ainda atual *The Genetics of Human Populations*, publicado em 1971, pela Freeman and Co., em co-autoria com um de seus maiores colaboradores, Sir William Bodmer.

Prefácio

Mas foi por meio de uma outra obra em co-autoria com Bodmer (*Genetics, Evolution and Man* [*Genética, evolução e homem*]), publicada em 1976, também pela Freeman and Co., que acabei desenvolvendo pelo trabalho de Cavalli-Sforza uma "atração fatal", da qual nunca mais minha carreira pôde prescindir. Diferentemente de outras obras contemporâneas sobre evolução humana, *Genetics, Evolution and Man* não partia de uma base fossilífera para fazer inferências sobre a evolução de nossa linhagem. Mais do que interessado em reconstituir a história evolutiva humana de uma perspectiva factual, Cavalli-Sforza e Bodmer estavam, antes, interessados em desvendar eventuais processos por trás dessa história. Como muitos outros bioarqueólogos de minha geração, fui tão absolutamente arrebatado por essa abordagem, que, apesar de estar primariamente envolvido em questões domésticas relacionadas à evolução morfológica de populações pré-históricas brasileiras, decidi de imediato que minha formação intelectual não poderia prescindir da influência direta daquilo que se me afigurava como a mente mais intrépida disponível entre os estudiosos da evolução de nossa espécie.

Mas a principal contribuição de Luca para a compreensão do processo evolutivo humano dos últimos cem mil anos ainda estava por vir. *History and Geography of Human Genes* – publicado originalmente em 1994 pela Princeton University Press, em co-autoria com dois de seus maiores colaboradores italianos, Alberto Piazza, com quem também tive o prazer de estudar, e Paolo Menozzi – representa o maior esforço até hoje empreendido quanto a se compilar, processar e interpretar a distribuição planetária dos polimorfismos genéticos humanos. Lembro-me de que em 1982 esse projeto monumental já havia começado e participei, ainda que de forma muito marginal, na informatização dos dados que viriam culminar, em 1994, nessa obra seminal. Muitas das conclusões desse trabalho ímpar irão por muito tempo, se não pelo resto dos tempos, nortear nossa compreensão da diversidade biológica humana no planeta, com grandes conseqüências para a compreensão, também, da origem de nossa espécie (se é que realmente o homem moderno é uma espécie nova em relação a seus ancestrais, fato que começamos a duvidar neste começo de século). Felizmente, para os leitores deste livro, várias dessas conclusões estão aqui apresentadas de maneira muito fácil de ser entendidas por um público amplo.

Lamentavelmente para ele, mas principalmente para a humanidade presente e futura, a última façanha de Luca Cavalli-Sforza, iniciada em meados dos anos 1990, deu em água. Já em seus oitenta e poucos anos, Luca liderou o "Projeto da Diversidade do Genoma Humano", que deveria correr em paralelo ao projeto de mapeamento de nosso genoma, recentemente concluído em sua primeira fase. A idéia original, ambiciosa mas necessária, era a de se cobrir o planeta com uma malha quadricular e colher, na interseção das linhas, amostra de sangue de populações humanas de todo o planeta, com especial ênfase nas populações autóctones que ainda não tinham sofrido processos acentuados de miscigenação a partir do século XV. Nessa amostragem, entrariam brancos, negros, amarelos, vermelhos, pardos, mulatos, verdes, roxos, enfim, toda a diversidade humana ainda existente. Romanticamente, Luca e outros geneticistas acreditavam que de posse desse imenso banco de dados, agora construído com base em seqüências de DNA e não mais em produtos remotos dos genes, seria possível reconstituir, em detalhes, a história evolutiva do *Homo sapiens* e entregá-la a todos, como resultado de um esforço coletivo de toda a humanidade, no qual os cientistas desempenhariam apenas um pequeno papel. Comitês regionais foram criados em todo o mundo. O da América Latina, onde uma grande quantidade de populações autóctones ainda existe, ficou sob a coordenação de Sérgio Pena, eminente geneticista da Universidade Federal de Minas Gerais, ao qual se juntaram, além de mim, Francisco Mauro Salzano, verdadeira instituição sul-americana na área da antropogenética; Nestor Bianchi, destacado geneticista argentino; e Francisco Rothammer, geneticista e bioantropólogo chileno não menos eminente.

Mal poderíamos imaginar que esse esforço coletivo seria peremptoriamente solapado pela "histeria do DNA" que começava a se esboçar, em paralelo. Termos como biodiversidade, biopirataria, patentes de gene e clonagem começaram a pipocar na mídia escrita e televisiva, conspirando para se agregar, de forma equivocada e exagerada, uma aura de valor econômico sobre o DNA humano, produto de um processo evolutivo que, na realidade, a ninguém pertence. As sociedades nativas,

Prefácio

em todo o mundo, por um lado espoliadas por mais de cinco séculos de colonialismo sanguinário e, por outro, temerosas de que suas moléculas de DNA fossem apropriadas de forma inadequada pela sociedade ocidental, que delas poderiam colher dividendos financeiros não repartidos, ou produzir armas de extinção em massa a elas especificamente dirigidas, opuseram-se radicalmente ao "Projeto da Diversidade do Genoma", que acabou nunca decolando. Luca Cavalli-Sforza, para sua imensa tristeza, foi sistematicamente atacado e destratado por lideranças nativas de todo o planeta (em muitos casos insufladas por uma categoria de antropólogos que denomino "gigolôs de índios"), que passaram a tratá-lo como um verdadeiro açougueiro (mais ou menos na mesma linha do que fizeram recentemente com James Neel, no livro *Trevas no Eldorado*). Para um homem que dedicou grande parte de seu tempo e de sua energia a lutar contra qualquer tipo de racismo, munido de suas próprias descobertas e conclusões sobre a diversidade biológica humana, o leitor pode ter uma idéia, ainda que remota, do tamanho de seu sofrimento pessoal nos últimos anos.

Derrotado pelo excesso de polissemia e de polifonia do mundo pós-colonial, que em seus ideais românticos jamais viriam a ser um obstáculo ao progresso científico, sobretudo naquilo que se refere à compreensão de uma história que é igualmente compartilhada por todas as sociedades humanas, a história evolutiva, Luca Cavalli-Sforza foi destituído da possibilidade de concluir seu último projeto intelectual.

Tenho certeza de que a leitura desta obra, magistralmente organizada por Francesco Cavalli-Sforza, em boa hora, levará o público brasileiro a lamentar, como o faço todos os dias, o tamanho desse estrago. Maior ainda porque, quando todos se derem conta dele e decidirmos correr atrás do prejuízo, será demasiado tarde. Nossa história evolutiva recente terá, ironicamente, nos escapado, para sempre, por entre nossos próprios dedos!

Walter Neves

Prefácio
Um homem é um homem

Em sango, uma língua da África Central, "Zo we Zo" significa "Um homem é um homem". Uma pessoa é uma pessoa: todo ser humano é igualmente digno. Uma verdade tão antiga quanto nós mesmos, ofuscada nestes tempos pela devastação de países pela violência racial, pelos genocídios, pelas guerras econômicas e religiosas, pelas contendas seculares.

Que podemos fazer, individual e coletivamente, para que tudo isso termine, para que não se repita? A julgar pelas notícias diárias da imprensa e televisão, a resposta é "nada ou muito pouco". Não sou capaz de responder à questão, e desconheço quem o seja. Se alguém chegou a vislumbrar uma solução, que dê um passo à frente o mais rapidamente possível. O mundo está cheio de boas intenções e resultados deploráveis. Mas, se não somos capazes de tornar mais amena a vida na sociedade de que fazemos parte, o que estamos fazendo aqui?

Quem nos antecedeu poderia guardar a resposta? Acredito que não, porque o que nos rodeia hoje é em grande parte o legado dos nossos ancestrais. "Os mortos enterram os vivos!", declara uma personagem de Ésquilo. E no entanto devemos aos nossos pais e avós o próprio fato de estar vivos. O que pode fazer uma nova geração para influenciar o curso da história? É uma pergunta que deve ser respondida.

Luca Cavalli-Sforza, meu pai, é um cientista. Ele dedicou quarenta anos de trabalho à evolução das raças humanas, utilizando informações disponíveis sobre genética humana e estudando outras ciências: arqueologia, lingüística, antropologia, história, demografia e estatística. Este livro descreve suas perguntas, as pesquisas realizadas para tentar respondê-las, as observações, os dados acumulados, as interpretações que surgiram na tentativa de esclarecer a natureza do nosso passado. Não é a biografia científica de um pesquisador; se Luca é uma figura central nessa esfera, isso se deve à originalidade da sua pesquisa, à sua maneira de agrupar contribuições de áreas diferentes e harmonizá-las.

É curioso, e relevante, que um livro sobre continuidades e mudanças tenha sido escrito por pai e filho. De início concebido como um texto-entrevista, de alguma forma evoluiu para um relato na primeira pessoa. O narrador é Luca. Ele conta seus esforços de cientista indagando e procurando soluções, de alguém que soube cooperar com pessoas superficialmente tão diferentes dele – os pigmeus da África – ou superficialmente tão similares como os cientistas de outras disciplinas – a maioria das humanidades. Juntamos nossos esforços para tornar o estilo agradável e compreensível. Os leitores não precisam ser especialistas, os termos técnicos utilizados foram devidamente explicados. A matéria está organizada em seções, para facilitar a leitura e as consultas.

Eu mesmo não sou cientista, sou um diretor de filmes. Meu trabalho é contar histórias. Durante a preparação deste livro deparei com a história, com as rotas percorridas por milhares ou dezenas de milhares de pessoas que, ao longo de cem mil anos, colonizaram cada canto do planeta. Somos quase seis bilhões atualmente, um número que parece inclinado a duplicar-se a cada geração, ou pouco mais que isso. Para mim, o livro foi uma grande oportunidade de conhecer nosso passado e refletir sobre ele. Desejo ao leitor a mesma experiência.

O Capítulo 1 discute os pigmeus e as tribos ainda existentes de caçadores-coletores, mantenedoras de um estilo de vida que foi característico da nossa espécie até dez mil anos atrás (ou seja, durante aproximadamente 99% da nossa existência). Os Capítulos 2 e 3 descrevem o

Prefácio

que sabemos sobre o desenvolvimento do homem até cem mil anos atrás e do primeiro homem moderno até o presente. O Capítulo 4 explora a teoria da evolução e as forças que agruparam ou separaram seres vivos ao longo do tempo. Os Capítulos 5, 6 e 7 relatam a história dos povos que colonizaram o planeta nos últimos cem mil anos, a lenta e inexorável expansão da agricultura nos últimos dez mil anos e a extraordinária diversificação das línguas que acompanhou a dispersão da espécie humana. O Capítulo 8 trata da nossa herança cultural e genética. O Capítulo 9 aborda as questões mais cruciais sobre raça e racismo. E, finalmente, o Capítulo 10 analisa o futuro genético da humanidade, a engenharia genética e as tentativas atuais de descrever, na sua totalidade, a herança de cada ser humano (o Projeto Genoma Humano). Mesmo sendo preferível, os capítulos não precisam ser lidos em seqüência. O Capítulo 4, que descreve a teoria da evolução, é recomendado àqueles que desejarem compreender a lógica subjacente a este livro. Os Capítulos 1, 5, 6, 8 e 9, em particular, mostram novas pesquisas de Luca Cavalli-Sforza, apresentadas pela primeira vez num texto escrito para o público em geral.

Há algo em comum entre meu trabalho e o do meu pai. É a questão do coletivo: tanto para a realização de uma pesquisa científica como a de um filme são necessárias dezenas e dezenas de colaboradores. As capacidades de comunicação e cooperação, de idealização e realização, de visualização dos problemas mais pertinentes e detecção das soluções mais felizes são essenciais ao êxito de ambas as empreitadas. Quase todas as pesquisas aqui relatadas envolveram muitas pessoas, que unificaram suas atividades por um objetivo comum.

Lembro que, por volta do mês de janeiro de 1968, meu pai convidou-me a participar, junto aos seus colegas, de uma viagem de *landrover* por areias escaldantes para chegar até alguns grupos de pigmeus na floresta equatorial. Apesar do fascínio de uma jornada pelo deserto, e a possibilidade de encontrar pessoas que são o testemunho vivo da nossa história mais antiga, preferi ficar em Milão. Sentia um ar de mudança. Daí a algumas semanas ocupamos o liceu e começou para mim, e para muitos outros, um período de inovação e exploração que criou uma nova visão do mundo, diferente da dos nossos pais e mestres ou de quem nos havia precedido. Durante o verão daquele ano percorri a Europa de carona. Um ano depois, as estradas eram outras, no México e nos Estados Unidos; o ambiente humano era o *"movement"* nascido das revoltas estudantis e dos filhos das flores. "Mudar a vida antes que ela nos mude" é o que se dizia então.

Cito essas experiências pessoais porque cada geração tem essa chance: viver de maneira original, abrir alternativas históricas. Para muitos da minha geração, tanto na Europa como nos Estados Unidos, isso significou explorar as relações interpessoais, as relações entre sexos, sondar o próprio interior e as fronteiras da percepção, inventar um estilo de vida próprio e avaliar-se nas ações políticas. Agir com liberdade, basear-se continuamente nos resultados da própria experiência, e não em religiões ou ideologias. É preciso ter coragem; é preciso correr os riscos que toda mudança comporta. O sucesso não é garantido, especialmente quando novos caminhos são percorridos.

Pensando em tudo o que foi movimentado então, talvez venha à tona a sensação de que "a montanha deu à luz um ratinho". Algumas sementes vingaram e deram frutos; aprendemos também que as mudanças culturais importantes exigem gerações para firmar-se e serem reconhecidas como tais.

É um prazer descobrir que os sítios arqueológicos onde se encontram os mais antigos testemunhos da atividade humana já indicam uma capacidade de trabalho em colaboração entre nossos ancestrais mais remotos. Ao que parece, ela tem sempre sido uma das mais úteis ao nosso desenvolvimento.

Acredito que fazer história é melhor que escrever sobre ela. Mas o passado sempre me fascinou. É extraordinário que hoje em dia, graças ao progresso nas técnicas de pesquisa, podemos passar a saber mais sobre a Antigüidade que o sujeito mais informado do momento. As milhares de gerações que nos antecederam deixaram o resultado de suas ações e suas composições biológicas, e a elas devemos nossa existência. Mas a cada dia que se passa na Terra tudo depende de nós, os vivos, e do exemplo que damos aos recém-chegados da nossa espécie.

A história está escrita nos nossos genes e nos nossos atos. Não podemos fazer muito pelos primeiros, mas podemos fazer virtualmente

Prefácio

tudo pelas ações, se formos pessoas livres. Nunca como agora – o fim do segundo milênio da era cristã, o século XIV da hégira islâmica e o século XXVI da iluminação de Buda – tivemos à disposição tantos meios para fazer da Terra um paraíso ou um deserto, criar uma vida agradável ou infernal.

Precisamos lembrar que nossas semelhanças predominam sobre nossas diferenças. Cor da pele e formato do corpo, língua e cultura são tudo o que diferencia as milhares de pessoas espalhadas pelo mundo. Essa variedade, testemunho da capacidade de enfrentar mudança, de adaptar-nos a ambientes diversos e criar novos estilos de vida, é a melhor garantia do futuro da espécie humana. Entretanto, o conhecimento adquirido a nosso respeito e descrito neste livro claramente mostra que toda essa diversidade, assim como a superfície mutável do mar ou do céu, é mínima se comparada ao infinito legado que compartilhamos e que nos une como seres humanos.

Francesco Cavalli-Sforza

1
O mais antigo estilo de vida

Não sou um caçador. Há alguns anos, porém, fui convidado a visitar uma reserva de caça na Áustria e não resisti à tentação. Havia um posto de mira camuflado no bosque, com uma escadinha que levava a um pequeno balcão. Apoiada sobre almofadas, uma espingarda esperava, pronta para ser usada. Passado pouco tempo, um gracioso corço entrou devagar numa clareira, bem visível, a pouco mais de cem metros. Eu atirava bastante bem, mas – sem muita experiência de caça – não sabia com certeza onde apontar. Acertei-o entre o peito e a barriga; o belíssimo animal deve ter morrido quase no mesmo instante, por sorte. Um segundo depois comecei a sentir-me profundamente culpado e acompanhei com pesar o antigo ritual do guarda-caça, que celebrava a morte do corço banhando um raminho de pinheiro no sangue para depois colocá-lo no chapéu. Pensei que nunca mais iria caçar.

Não foi o que aconteceu. Nos anos 60 iniciei uma pesquisa sobre os pigmeus africanos, que vivem do que caçam e da coleta de alimentos oferecidos pela natureza. Meu trabalho não exigia um contato direto com seus métodos de caça, mas fiquei curioso de ver esses grandes especialistas em ação na floresta tropical. Sabia que os pigmeus haviam fornecido quase todo o marfim levado aos mercados do Ocidente, depois da chegada dos portugueses à costa atlântica da África. Naquele tempo, como agora, eles viviam na floresta, em geral longe da costa onde aportavam as naus lusitanas. Os agricultores africanos eram a ligação entre caçadores e marinheiros.

Os pigmeus caçam à sua maneira, sem usar espingardas. Como é sabido, são muito pequenos. Soa quase irônico que os menores homens do mundo sejam os que matam os maiores animais. Com enorme coragem, esperam pelo ataque de um elefante para atirar uma grande lança contra seu peito e sair correndo no último instante; ou então o atingem nos flancos e na barriga, ou nas patas para cortar-lhe os tendões.

Não tentei ir à caça de elefantes com eles. Levaria pelo menos quatro ou cinco dias de caminhada na floresta para chegar à região certa, a uma temperatura de 35 a 40°C e, principalmente, 100% de umidade. Lembro-me do relato de um agricultor africano que chegou a ir e, no momento crucial, escondeu-se atrás de uma árvore, dominado por um medo incontrolável ao ver o enorme paquiderme correndo em direção ao seu "tuma" (o título de prestígio atribuído aos especialistas em caça ao elefante).

Caçando com os pigmeus

Perguntei ao chefe de um acampamento se podíamos caçar juntos; éramos dois, um colega meu e eu. Respondeu-me que devia consultar os outros. A sociedade pigméia não tem uma hierarquia social; o "chefe" não é uma autoridade de fato, mas apenas um ponto de referência para as pessoas que vêm de fora. Ele falou com os seus camaradas demoradamente; com certeza considerou que havíamos levado bastante comida, cigarros e uma espingarda de presente. O acampamento consistia de nove ou talvez dez famílias: sete concordaram. Na caça com rede, normalmente utilizada pela maioria dos pigmeus, são necessárias pelo menos sete redes para formar um círculo de dimensões suficientes em torno dos animais. Cada família em geral possui uma, de quarenta metros de comprimento, tecida com uma espécie de corda que é retirada da casca de certas árvores.

O mais antigo estilo de vida

Saímos na manhã seguinte e acampamos na floresta, a poucas horas do ponto de partida. Em duas ou três horas as mulheres construíram as cabanas, com seu formato hemisférico meio alongado e comprimento igual ao de um pigmeu deitado; a abertura é tão pequena que, para entrar, é preciso contorcer-se, arrastando a barriga contra o chão. Sua estrutura é formada de ramos entrelaçados, cobertos de grandes folhas que criam uma superfície absolutamente impermeável à chuva. Finos troncos dispostos um ao longo do outro, no sentido do comprimento do corpo, são usados como cama. Dois jovens pigmeus não possuíam esposas que fizessem suas cabanas e dormiram ao relento, sobre um leito de galhos, abraçados para proteger-se do frio da noite. Havíamos levado pequenas camas de acampamento com mosquiteiro. Durante a noite começou a chover. Tivemos que vestir as capas de chuva e proteger nossas camas, encostando-as de pé contra uma árvore para não ficarem encharcadas. A chuva durou pouco (estávamos na estação da seca) e pudemos voltar a dormir.

No dia seguinte, fomos caçar junto com as mulheres e as crianças menores, que saíram à procura de tartarugas e pássaros. A floresta é compacta, com árvores de trinta ou quarenta metros de altura. A espessa folhagem não permite a entrada dos raios de sol, criando uma densa penumbra. A vegetação é escassa – apenas moitas ou arbustos, verdíssimos para compensar a baixa luminosidade. São essas mesmas plantas que encontramos nos apartamentos da cidade, onde não há muita luz. O chão da floresta é salpicado de troncos caídos e obstáculos diversos.

As redes de caça têm aproximadamente um metro de altura; os homens as dispõem de modo a formar um círculo rústico, pendurando-as nos galhos mais baixos para não deixá-las muito evidentes. Todos permanecem em silêncio, imperceptíveis, até um sinal indicar que o círculo está pronto. A caça então começa: três ou quatro homens avançam com as lanças em direção ao centro, fazendo barulho para assustar a presa. Os outros, incluindo as mulheres, mantêm-se junto às redes, prontos para agarrar os animais que, tentando escapar, batem-se contra o entrelaçado e caem, ou ficam temporariamente presos. Rapidamente se levantam, e é preciso ser ligeiro para imobilizá-los ou atingi-los. Como a floresta é muito densa (em geral enxergamos poucos metros à nossa frente), é raro presenciar de fato esses encontros. Há sons de luta e gritos, uma excitação que dura até a presa ser agarrada ou fugir. O ciclo leva quarenta ou cinqüenta minutos, depois o grupo anda mais ou menos um quilômetro e recomeça tudo em outro lugar.

Avançamos dessa forma o dia inteiro, sem conseguir muitas presas. Entre um ciclo e outro, tentou-se mudar a sorte com palavras e atos mágicos: cuspindo nas redes; ora seduzindo os animais com cantigas ora insultando-os. De repente, um animal importante foi capturado. Ficamos sabendo porque, no meio do tumulto, uma risada altíssima e cristalina ecoou a uma certa distância, claramente uma exclamação de grande alegria. Tratava-se de um grande antílope.

Toda a caça é dividida entre os membros do acampamento, mas algumas das melhores partes destinam-se a quem pegou o animal. Para os pigmeus caçar é claramente um trabalho, necessário para sobreviver, mas também divertido. Num certo sentido, é como um jogo de pôquer, com todas as incertezas da sorte, mas exigindo astúcia e experiência. A aposta é conseguir o que comer ou agüentar a fome.

Os pigmeus acumularam um extraordinário conhecimento do comportamento animal, que lhes permite obter presas muito difíceis, como o tamanduá, ou muito perigosas, como o elefante. São aventuras bem diferentes das enfrentadas por muitos dos nossos contemporâneos não-pigmeus, que fazem da caça sua diversão predileta e passam horas em um rio, dentro de um barco, à espera de patos, quando muito arriscando-se a levar um tiro de outro caçador, sem ter que encarar o problema de saciar a fome.

Os pigmeus amam profundamente sua vida. É difícil desenraizá-los – só é possível destruindo a floresta tropical. É o que aconteceu nos últimos dois mil anos e continua acontecendo numa velocidade assustadora – uma verdadeira devastação em escala planetária. Mas enquanto restarem na África extensões de floresta intocada encontraremos pigmeus indo caçar. A habilidade desses indivíduos é proverbial. Pudemos perceber isso quando demos a um deles uma espingarda e quatro cartuchos: o homem voltou no fim do dia com três animais e um cartucho que havia falhado.

O mais antigo estilo de vida

A floresta é uma fonte de prazeres e guloseimas. Queria provar o mel de abelhas silvestres e um pigmeu me disse que sabia de uma colméia a três horas de caminhada (e a mais de trinta metros do chão, no topo de uma árvore). Prometi dar-lhe um presente, e eis que ele volta ao entardecer com a escuríssima colméia, cheia de um mel de sabor forte que parcialmente misturamos ao uísque.

Na primavera há uma grande festa para anunciar a estação das lagartas, à qual nunca assisti. A floresta enche-se de lagartas de borboleta, consideradas deliciosos petiscos. Eu (por sorte) sempre estive ausente nesse período. É quando todo o povoado de agricultores africanos dirige-se à floresta guiado pelos pigmeus e, sem saber, junta uma grande provisão de proteínas que a sua dieta diária, essencialmente vegetariana, não consegue suprir.

Um geneticista feiticeiro

A genética é a ciência da hereditariedade. É a chave de toda a biologia, porque explica os mecanismos responsáveis pela reprodução dos seres vivos, o funcionamento e transmissão do material hereditário, as diferenças entre indivíduos, a evolução biológica. Essas são as características fundamentais que distinguem os seres vivos da matéria inanimada.

Sou um geneticista e tenho dedicado a maior parte dos últimos trinta anos ao estudo da evolução das populações humanas. Em 1966, quando lecionava na Universidade de Pávia, convenci-me de que seria importante organizar uma expedição científica até os pigmeus da floresta tropical africana. Por que justamente os pigmeus, e o que eles têm a ver com as minhas pesquisas? Durante mais de 99% da sua história, a humanidade viveu da caça e da coleta de alimento. Os pigmeus são um dos poucos exemplos vivos de caçadores-coletores. Estava interessado em estudá-los para compreender vários aspectos da evolução do homem nesse longo período da sua existência. Já nos anos 60 restavam pouquíssimas populações com as quais ainda era possível desenvolver esse tipo de pesquisa. Também queria entender as então desconhecidas

Quem somos?

relações entre a evolução dos pigmeus e a dos outros povos africanos, incluindo as razões da diferença de altura.

Para estudar a genética dos pigmeus precisava obter pequenas amostras do seu sangue. Nem sempre é fácil convencer um típico europeu a deixar-se espetar por uma agulha e ver o sangue escorrer para fora das próprias veias. Não fazia a mínima idéia de como iriam reagir os pigmeus.

Nossa base durante as primeiras expedições foi um laboratório construído pelo Museu de História Natural de Paris, próximo à fronteira sudoeste da República Centro-Africana. Era um pequeno grupo de construções de pedra, dispostas numa clareira no coração da floresta, no centro de uma zona povoada por numerosos grupos pigmeus. Para deslocar-nos usávamos jipes ou *landrovers*.

Minha primeira tentativa foi um verdadeiro fracasso. Tinha marcado um encontro com um desses grupos pigmeus por intermédio do capataz de uma plantação de café. A propriedade era de um aristocrata da província francesa, que havia decidido dedicar-se à agricultura na África. No dia marcado, apresentei-me com os meus colegas e toda a nossa aparelhagem, apenas para descobrir que os pigmeus haviam desaparecido na floresta. Alguém havia espalhado o boato de que eu era um "likundu", isto é, um demônio, um feiticeiro mau. Não sei bem se por menosprezo ou para ver o que eu faria com ele, os pigmeus deixaram para trás o idiota da aldeia.

Fiquei preocupado com essa má fama, gerada de maneira tão súbita e imprevista; poderia espalhar-se e perseguir-me por onde quer que eu fosse. Decidi procurar outros pigmeus o mais longe possível e escolhi um lugar a sete horas de carro da nossa base. Era a distância máxima que podia ser percorrida em um dia, partindo muito cedo (à uma da manhã) e voltando muito tarde, porque naquele primeiro ano não estávamos equipados para passar a noite fora.

Lembrei-me de uma história narrada por meu pai quando eu era pequeno, numa ocasião em que fomos assistir a um filme sobre o comércio do marfim. Ele contou-me que os pigmeus têm uma grande paixão pelo sal, como as cabras. Desta vez, levei comigo uma grande quantidade de sal e – na medida do possível – evitei cuidadosamente recorrer a intermediários. O sucesso foi completo. Daquela ocasião em diante tornou-se extremamente fácil conseguir amostras de sangue dos pigmeus (muito mais fácil que obtê-las de qualquer outra população com a qual havia trabalhado até então, ou cheguei a trabalhar mais tarde). Levávamos presentes, como sal, sabão e fumo, medicávamos algumas de suas doenças quando possível, mas acho que a maneira respeitosa e amigável com que sempre os tratamos contribuiu para o nosso bom relacionamento. Os pigmeus são muito hábeis em diferenciar o amigo do inimigo e reconhecer quais são as verdadeiras intenções dos outros para com eles.

Estive dez vezes na África no espaço de quase vinte anos e, juntamente com meus colegas, coletei o sangue de mais de 1.500 pigmeus em mais de trinta locais diferentes; não apenas na República Centro-Africana, mas também nos Camarões e no Zaire (atual República Democrática do Congo). Voltei várias vezes para alguns desses lugares e sempre fui bem-recebido.

Lembro-me de um episódio muito engraçado, que pode dar uma noção da índole dos pigmeus. Da minha segunda expedição, em 1967, participou Gianni Roghi, um amigo muito querido, jornalista e esportista, apaixonado por antropologia. Gianni era uma pessoa exuberante, vivaz, de extraordinárias qualidades humanas. Um dia, notou que no grupo de pigmeus em fila ordenada diante da nossa mesa, à espera de doar sangue, todos pareciam muito sérios e circunspectos, quase abatidos. Gianni decidiu agitar a cena: agachou-se de quatro no chão e começou a latir como um cachorro. Em instantes, todos estavam rindo incontrolavelmente. Muitos caíam no chão e rolavam de dar risada. Ficaram assim durante minutos, não conseguindo parar. Nunca vi pessoas rirem com tanto gosto.

O povo da floresta

A organização social primitiva devia ser muito parecida com a dos pigmeus atuais. Eles são nômades ou seminômades. Embora uma tribo possa conter quinhentas, mil ou duas mil pessoas, às vezes até mais, eles sempre vivem em bandos. Formam grupos de dez a cinqüenta indivíduos, trinta em média, incluindo mulheres e crianças, que caçam juntos. De tempos em tempos, vários bandos (ou a tribo inteira) reúnem-se para festas e celebrações; é o momento das danças e rituais coletivos. Dançar e cantar são as atividades sociais mais importantes para um pigmeu.

Como vimos, leva pouco tempo para construir uma casa, o que facilita a mudança freqüente (necessidade imposta pela caça) e a construção de um novo acampamento ao fim de alguns dias de caminhada. A composição do grupo é bastante flexível. As poucas famílias que o formam são geralmente aparentadas pelo lado masculino, mas nem sempre. A cada mudança há quem migre para outro lugar enquanto novas famílias chegam, de modo que cada acampamento pode ser um tanto diferente do anterior. O território de caça é dividido entre os vários grupos; os homens solteiros herdam os territórios dos pais, e quando se casam também adquirem o direito de caçar no território da família da mulher.

Em torno de 30%-40% do alimento consumido pelos pigmeus é carne de caça variada, especialmente de antílopes e gazelas. Os macacos também são considerados verdadeiras iguarias, especialmente nossos primos, o gorila e o chimpanzé, que habitam exatamente as mesmas regiões. A caça é tarefa dos homens, enquanto as mulheres coletam o resto dos alimentos: frutas, verduras e todo tipo de vegetais.

Andam descalços e vivem quase totalmente despidos, ou pelo menos viviam até pouco tempo. A única vestimenta é uma tanga, em geral feita de casca de árvore. Não sabem tecer e, quando podem, obtêm de bom grado panos de algodão, camisas ou calças já usadas dos agricultores. No início do meu trabalho – em meados dos anos 60 – ainda fabricavam essas tangas de cortiça de árvore, que era batida para torná-la mais macia. Na região Noroeste do então Zaire elas são pintadas de diversas cores, com desenhos tão bonitos que até hoje chegam a custar centenas ou até milhares de dólares na Europa e na América.

Os pigmeus estão muito bem adaptados ao ambiente da floresta. São conhecedores de tudo o que lá vive. Obtêm remédios de ervas e raízes, geralmente desconhecidos pela medicina ocidental. Molham as pontas das flechas num veneno mortal, feito do estrato de três ou qua-

O mais antigo estilo de vida

tro plantas diferentes; também conhecem os antídotos. Sua maior competência é a etologia, o comportamento animal, um conhecimento fundamental na caça. Os pigmeus são, em essência, os únicos homens capazes de sobreviver na floresta por seus próprios meios.

FIGURA 1.1 – Tangas pintadas dos pigmeus de Epulu, feitas de casca de árvore batida (Floresta do Ituri, Zaire).

Há alguns anos assisti a uma belíssima cena num filme de excelente qualidade científica: um pigmeu ensinando a uma criança que os chimpanzés, apreciadores de cupins, usam pauzinhos para abrir as galerias construídas pelos insetos na casca das árvores. Os cupins, acostumados a viver no escuro, agitam-se como loucos ao serem perturbados pela luz e sobem no pauzinho, que o chimpanzé rapidamente puxa para comê-los. Há alguns anos, a descoberta de que os chimpanzés sabem usar ferramentas – a mais importante delas é o pauzinho desentocador de cupins – teve grande repercussão no mundo científico. A descoberta é atribuída a Jane Goodall; esta etóloga inglesa, depois de muitos meses de trabalho na Tanzânia, conseguiu ser aceita por um grupo de chimpanzés e estudou seus hábitos e costumes durante anos. Mas os pigmeus sabiam sobre os chimpanzés há séculos ou milênios, embora eles mesmos prefiram comer seus cupins fritos!

Vida pigméia

Encontrar os pigmeus foi uma experiência extraordinária. São as pessoas mais pacíficas que jamais conheci. Gentis, extremamente dignos e também espirituosos. Detestam a violência e fogem dela. Quando se desentendem, discutem, brigam ruidosamente, podem chegar a bater-se – mesmo marido e mulher, pois todos têm aproximadamente a mesma força –, mas é incomum que recorram às armas. Os homicídios são muito raros. Quando dois pigmeus discordam, evitam-se e deixam de falar-se por um certo tempo; cada um constrói sua cabana de modo que as entradas não fiquem frente a frente, assim não vêem a cara um do outro na hora de sair. Nos casos mais graves, um dos indivíduos deixa o acampamento e junta-se a outro bando.

Uma regra fixa na ética pigméia – possível apenas em áreas grandes e pouco povoadas – é que quando duas pessoas têm uma briga séria precisam separar-se. Seus companheiros cansam-se de ouvir as vozes alteradas e tentam silenciá-los, mas, se a briga persiste, acabam por afastar-se. Como dizem os próprios pigmeus, não suportam quem "é barulhento", quem "perturba a paz".

O mais antigo estilo de vida

Não existem chefes, hierarquias ou leis na sociedade pigméia. Homens e mulheres são considerados iguais. As questões de interesse coletivo são discutidas por todos ao redor de uma fogueira. A pior punição é o afastamento do acampamento, que praticamente equivale a uma sentença de morte: a vida comunitária na floresta é ótima, mas sobreviver sozinho é impossível. É claro que o exilado pode sempre tentar unir-se a outro bando que esteja disposto a aceitá-lo.

Uma das características mais impressionantes é o amor excepcional, tanto das mães como dos pais, pelas crianças, que, mesmo criadas pelos verdadeiros genitores, também são consideradas filhos pelo resto dos adultos. Uma criança órfã é imediatamente adotada por um casal de tios e tratada da mesma forma que seus outros filhos. Colin Turnbull, o primeiro antropólogo a conviver prolongadamente com os pigmeus – e um excelente escritor –, conta-nos que a criança pigméia chama de "pai" e "mãe" a todos os indivíduos da geração dos seus pais, de "avó" e "avô" a todos os da geração precedente, e de "irmão" e "irmã" às outras crianças da sua idade.

Há uma grande solidariedade para com os velhos e os inválidos, pelo menos enquanto eles não representarem uma ameaça à sobrevivência do grupo. Lembro-me do caso de um pigmeu convocado pelos agricultores para caçar um gorila enlouquecido que andava aterrorizando as pessoas da aldeia – esses chamados são comuns entre os camponeses em situações semelhantes, por causa da coragem e habilidade dos pequenos homens caçadores. Utilizando a lança, o pigmeu atingiu mortalmente o gorila enfurecido, que, no entanto, chegou a mordê-lo na região lombar, deixando suas pernas paralisadas. Na floresta, ser incapaz de andar é quase o mesmo que morte certa. Nesses casos, o bando toma conta dos desafortunados; cheguei mesmo a observar que cegos ou até doentes graves não são abandonados.

Muitas vezes me perguntam quanto tempo vive um pigmeu. Sua expectativa de vida ao nascer é de dezessete anos, o que pode parecer horrível quando comparada à dos homens (setenta) ou mulheres (76) norte-americanos. Muitos morrem na infância, em geral por uma doença infecciosa. É raro encontrar pigmeus com mais de sessenta anos, mas as idades individuais com freqüência não passam de estimativas, porque eles não se interessam pela questão. Apesar da alta mortalidade, eles conseguem (no limite) manter seus números, essencialmente, não têm assistência médica. Outros africanos encontram-se em melhores condições; muitos têm algum acesso a remédios e serviços de saúde, mesmo que limitados e por vezes precários.

Os pigmeus não têm uma língua própria. Utilizam as línguas de outros povos com quem tiveram contato ao longo do tempo, talvez há séculos. Tendo sido obrigados a migrar ao longo de grandes extensões, as línguas que usam podem originar-se de povos bem distantes entre si. Turnbull relata que os pigmeus não parecem dar muita importância ao passado nem ao futuro. O que conta é o presente. Como eles mesmos dizem: "Se não é aqui e agora, o que importa onde e quando?".

O deus dos pigmeus – por assim dizer – é a floresta, da qual se sentem parte integral. Ela é pai e mãe, é a entidade que permite a vida, e é preciso respeitá-la. Quando um pigmeu morre ele é cremado ou, dependendo da região, colocado dentro da sua cabana, que é derrubada para cobrir seu corpo no final dos cerimoniais fúnebres. O acampamento muda-se então para outro local, deixando o corpo ser reabsorvido pela terra.

O casamento pigmeu não se faz por um ritual muito elaborado. Se necessário, o casal se divorcia. O atual costume de "comprar" a esposa provavelmente vem dos agricultores locais. O pagamento não é a dinheiro (eles não utilizam dinheiro), mas com serviços prestados aos futuros sogros, talvez trabalhando junto a eles, ou seja, caçando com eles por um ano ou dois. Para poder contrair matrimônio, o homem tem que provar que é capaz de capturar animais – e, portanto, sustentar uma família. Quando toma sua mulher, o marido presenteia os sogros com alguma coisa, para compensar a contribuição que a filha dava à família natural.

A mensagem do faraó

Os pigmeus são um povo alegre: tagarelas por natureza, levam uma vida que consideram – e de fato é – muito agradável. Com freqüência, ficam no acampamento sem fazer nada. Adoram a dança, o canto e a música, cuja polifonia é muito rica, com timbres característicos. Cada indivíduo produz uma nota, sempre a mesma, ou então uma certa melodia a intervalos predeterminados. O ritmo dos pigmeus é incrível. Um musicólogo francês certa vez gravou o canto de um pigmeu, que consistia de uma mesma nota repetida a intervalos irregulares. Depois registrou separadamente o canto dos outros companheiros e, no fim, associou todas as fitas. O resultado foi absolutamente idêntico ao coro original, porque nenhum pigmeu chegou a perder o ritmo. Os instrumentos musicais pigmeus são muito simples, como tambores, flautas e uma espécie de violino de uma corda só. Em algumas regiões encontram-se excelentes músicos.

A grande paixão desse povo, no entanto, é a dança. Uma criança de sete ou oito meses pode não andar sozinha, mas dança se ouvir música, sustentada pelas mãos da mãe. As mães dançam carregando as crianças nas costas ou de lado. A batida de algum tambor está sempre presente, marcando um ritmo bem rápido; freqüentemente um "virtuoso" se exibe em movimentos ligeiros e difíceis. Numa carta escrita há 4.500 anos, um faraó egípcio exortou um dos seus generais (que havia partido à procura da origem do Nilo) a trazer-lhe com a maior urgência um pigmeu do país de Punt (talvez as terras altas do Nilo), referindo-se a ele como "o dançarino de Deus" ou "aquele que alegra o coração do faraó".

Depois de tantos anos, o tom entusiasmado dessa carta não surpreende ninguém que conheça os pigmeus. São excelentes dançarinos, desenvoltos e cheios de vitalidade. Geralmente juntam-se ao redor de uma fogueira e são capazes de tocar, dançar e cantar noite adentro.

Um afresco egípcio contém a pintura de um dançarino pigmeu que é conhecido por *Aka*. Até hoje, os pigmeus de uma certa tribo referem-se a si mesmos com o termo "Aka". É uma palavra que sobreviveu a milhares de anos e na linguagem pigméia simplesmente significa "Homem".

O povo de mais baixa estatura do mundo

Desde a Antigüidade, os pigmeus são conhecidos como os menores homens do mundo – até Heródoto e Aristóteles mencionam o fato. Na verdade, não são tão baixos assim. Na tribo em que se registram os menores pigmeus, a estatura média é de 143 cm para os homens e de 137 cm para as mulheres. Há grupos de pigmeus maiores, até com dez centímetros a mais, em média. Não é incomum encontrarmos alguém tão baixo quanto um pigmeu, mas, vendo tantos juntos de uma vez, percebemos como são uma população diferente. Não devem ser confundidos com os anões, cujo tamanho reduzido é causado por uma disfunção orgânica. Em vários casos de nanismo hipofisário observamos estaturas ainda menores.

Não sabemos se os pigmeus tornaram-se baixos ao longo do tempo ou se foram sempre assim. Caso tenham vivido o tempo todo na floresta, como é possível, não há esperanças de encontrarmos seus esqueletos, porque lá o solo é tão ácido que os ossos se dissolvem rapidamente.

FIGURA 1.2 – O antropólogo escocês Colin Turnbull com o pigmeu Makubasu, de Epulu (Floresta do Ituri, Zaire). Alturas: 183 cm e, aproximadamente, 142 cm.

Os primeiros humanos de dois ou três milhões de anos atrás também eram baixos, até mais que os pigmeus. No mundo industrial, o aumento da estatura média nos últimos dois séculos deve-se essencialmente a uma melhor alimentação. Observando as armaduras medievais constatamos que, em geral, elas são bem pequenas; um homem contemporâneo não poderia vestir nenhuma delas. Os primeiros dados disponíveis sobre a altura média dos europeus vêm do começo do século XIX (Napoleão mandava registrar a altura dos recrutas) e mostram que os nossos tataravós eram nitidamente mais baixos que o homem atual, os trisavós, um pouco menos, e assim por diante. Mas o grande salto ocorreu no século XX, primeiro no norte da Europa, depois no sul. Será que os pigmeus também ficaram mais altos? Alguns dizem que sim, mas não temos certeza.

Por que são tão pequenos?

Os pigmeus atuais vivem na floresta africana. Povos de florestas tropicais, onde o clima é muito úmido, são geralmente pequenos. É o que observamos no sul da Índia, na Indonésia, nas Filipinas e na Nova Guiné, entre os maias da América Central e os habitantes da floresta tropical brasileira; mas os menores de todos são os pigmeus.

O clima da floresta equatorial é peculiar. Não faz muito calor, porém a umidade relativa do ar alcança quase sempre os 100%. Mesmo não sendo superelevada, a temperatura é alta o bastante para impedir que o calor do corpo seja eliminado com eficiência e que a pessoa transpire intensamente.

O suor nos refresca porque a perspiração se resfria ao evaporar. É o mesmo mecanismo que gera o frio nas geladeiras, onde um fluido especial, ao evaporar-se dentro de um recipiente fechado, absorve calor retirando-o do ambiente interno da geladeira; o fluido volta ao estado líquido quando passa pelo lado de fora e evapora-se novamente num ciclo contínuo.

Com 100% de umidade, o ato de suar (nosso mecanismo normal de defesa contra o calor excessivo) não é muito eficiente, é até mesmo ine-

Quem somos?

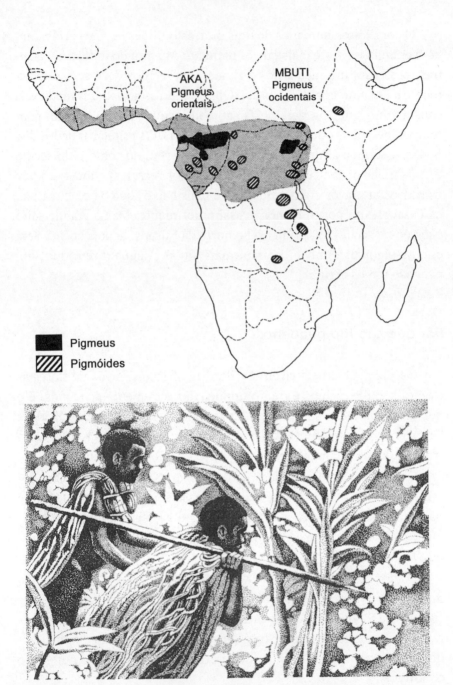

FIGURA 1.3 – Distribuição da floresta equatorial e dos grupos pigmeus sobreviventes na África.

ficaz, porque o suor que não evapora e continua líquido não se resfria. Nos momentos mais críticos, é possível que a temperatura corporal ultrapasse 37°C (ou até mesmo 42-43°C, o máximo tolerável sem envolver risco de vida). O calor excessivo pode ser fatal e é preciso estarmos protegidos de alguma maneira.

Os pigmeus transpiram muito, mas isso não basta. Graças à sua pequena estatura, eles estão protegidos por dois mecanismos distintos. Em primeiro lugar, se a estatura é baixa, a superfície corporal é maior em relação ao volume. É uma questão matemática: se o cubo A tiver um centímetro de lado e o cubo B o dobro, a superfície de A será um quarto da de B, mas seu volume será oito vezes menor. O calor é produzido na massa do corpo, especialmente no fígado e nos músculos, e dispersa-se através da superfície. Se o corpo for menor, a superfície será relativamente maior e o calor irá dissipar-se mais facilmente, causando um resfriamento mais eficiente. Assim, num ambiente quente-úmido é melhor ser pequeno. Esse é o primeiro mecanismo de proteção.

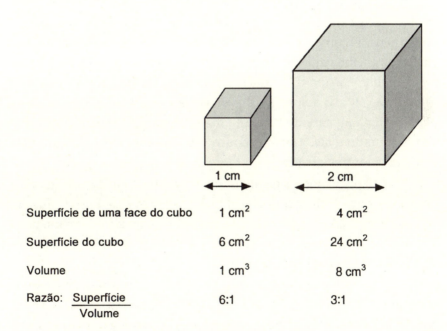

FIGURA 1.4 – Quando o volume de um corpo aumenta, a razão entre superfície e volume diminui e o calor produzido no corpo dissipa-se mais lentamente.

Quem somos?

A segunda vantagem da baixa estatura, quando o gasto energético é alto, é a redução de energia necessária para mover o próprio peso. Alguns atletas acabam gerando uma grande quantidade de calor durante o exercício físico. Os corredores de maratona, que realizam um esforço muscular intenso por um tempo bem longo, em geral são miúdos (embora pudessem levar uma certa vantagem sendo altos, pois dariam passadas mais largas). O esforço de um pigmeu ao mover-se é reduzido em relação a alguém de maior estatura porque o peso que ele desloca é menor.

Citando outro exemplo, pôneis são mais eficientes que cavalos de porte grande quanto à energia que produzem com base no alimento consumido. Para transportar uma carga pesada empregamos um cavalo de porte grande, mas se quisermos apenas viajar ou que se puxe uma charrete, então um cavalinho ou até um burro funcionam muito bem. No século XIX, as companhias americanas de transporte utilizavam cavalos de carga, mas o rápido serviço de correios era delegado aos pôneis.

Ao que parece, a pequena estatura dos pigmeus seria uma adaptação biológica à vida na floresta, o que pode ter levado talvez três a cinco mil anos para acontecer. Se, como dizem alguns, na África ainda não havia florestas cinco mil anos atrás, então quem sabe a adaptação dos pigmeus tenha ocorrido durante esse período. Mas considero, e, de fato acho provável, que a floresta já existisse nesse tempo remoto e que os pigmeus tenham surgido há muito mais tempo. Faltam evidências fósseis e, além do mais, sabemos pouco sobre as condições climáticas de então para termos certeza.

Embora pequenos, os pigmeus têm uma cabeça tão grande quanto a nossa. O tronco é musculoso, os braços e as pernas são finos e afuselados, as pernas são um pouco curtas, mas o todo é gracioso. São um povo atleta; os homens conseguem subir em árvores de até quarenta metros de altura com incrível agilidade.

Os olhos dos pigmeus são enormes, e talvez seus narizes sejam os mais largos do mundo. Mais uma vez, essas características são adaptações à floresta: um nariz pequeno é vantajoso em lugares onde o ar é muito frio, para permitir que ele se aqueça a tempo, antes de chegar aos pulmões. Mas quando o ar é quente e úmido, como na floresta, não é necessário modificar sua temperatura e umidade durante a filtragem pelo nariz, então as narinas largas funcionam bem.

Os pigmeus e os agricultores

Atualmente, muitos grupos pigmeus não passam o ano todo na floresta. Durante quatro, até seis meses por ano, na estação da seca, eles montam seus acampamentos perto dos povoados dos agricultores, que os empregam como mão-de-obra nas plantações e os tratam como escravos.

Na verdade, muitos agricultores consideram os pigmeus menos que os humanos. Eles estabeleceram um sistema de servidão hereditária, de modo que um pigmeu sempre tem um patrão entre os agricultores – seus filhos herdarão esse patrão assim como os filhos do agricultor herdarão os pigmeus. Essa forma de escravidão existe mais que tudo nas intenções do agricultor, e acontece apenas com o consenso do pigmeu. Se os pigmeus não forem tratados de maneira razoável desaparecem na floresta, onde ninguém consegue mais encontrá-los. É do interesse do patrão garantir o seu pigmeu e, portanto, estabelecer uma relação aceitável. A postura dos patrões normalmente é arrogante, mas às vezes chega a ser afetuosa.

A relação econômica entre os dois grupos em geral é desvantajosa para os pigmeus, que não utilizam dinheiro e não têm noção do seu valor. Os agricultores não sabem caçar ou criar animais, exceto galinhas, cabras de vez em quando, e mais raramente porcos. Eles obtêm carne de caça e outros produtos da floresta essencialmente por intermédio dos pigmeus, que, em troca, conseguem objetos de ferro (como pontas de lança e facas) e recipientes de barro cozido (cada vez mais substituídos por panelas fabricadas na China), além de comida; não sabem trabalhar o ferro porque seus hábitos nômades não permitem o transporte de objetos pesados como bigornas, forjas etc.

Os pigmeus são considerados os mais pobres dos pobres, ocupando o patamar mais baixo da escala econômica. Na medida do possível, os agricultores prolongam a ignorância dos pigmeus sobre o dinheiro porque temem que, de outra forma, seus serviços saiam caros demais. Pelo menos durante as estações menos propícias à caça, os pigmeus trabalham muito para os patrões, especialmente nas lavouras (mas também montando os telhados das casas, uma tarefa facilitada pelos seus corpos leves e pela agilidade como escaladores). Além dos utensílios, eles também recebem álcool, tabaco, bananas e mandioca como pagamento.

Até pouco tempo atrás, a mandioca era produzida somente pelos agricultores. Entretanto, alguns pigmeus começaram a plantá-la. Dá certo porque o cultivo dessa espécie vegetal exige pouquíssima supervisão: basta fincar um ramo na terra, voltar dois anos depois e colher as raízes. As folhas também são usadas para fazer uma boa sopa. Proveniente da América do Sul, a mandioca vem suplantando as culturas anteriores desde que foi introduzida na África, duzentos anos atrás. Não apenas é fácil de cultivar, como seu sabor combina com quase todos os outros alimentos (como é o caso do pão, da polenta e do arroz).

De todo modo, a verdade é que os pigmeus não gostam da agricultura – submetem-se a ela apenas quando a floresta é destruída. Forçados a mudar seu modo de vida, alguns tornam-se oleiros ou pescadores, além de camponeses. Sobrevivem como podem, mas continuam a caçar sempre que possível.

A vida de agricultor nunca foi considerada muito agradável. Na Bíblia, depois que Adão e Eva provaram da famosa maçã, Deus expulsa o homem do jardim do Éden, "para trabalhar a terra da qual foi feito", "para conseguir o pão com o suor da própria fronte".

Um caçador em geral trabalha menos que um agricultor. Isso vale também para os reduzidos grupos de caçadores que ainda existem nas savanas, onde as grandes planícies cobertas de grama e de vegetação escassa sustentam um grande número de herbívoros. Atualmente eles quase desapareceram em razão da concorrência com economias mais avançadas, mas no passado deviam levar uma existência maravilhosa, garantida pela riqueza e visibilidade das presas. Já na floresta os animais conseguem esconder-se com mais facilidade.

O trabalho das pigméias é talvez mais monótono, mas elas também gostam de suas vidas, embora a dos homens pareça ser mais divertida.

As mulheres dos agricultores, responsáveis pela parte mais dura dos serviços no campo, decididamente trabalham mais que as pigméias.

A floresta parece um pouco tenebrosa aos nossos olhos, mas os pigmeus sentem-se totalmente em casa e a salvo dentro dela. É um lugar onde não lhes pode acontecer nada de mau, onde os perigos são mínimos e a vida, muito agradável. O mesmo se aplica a todos os outros povos caçadores-coletores modernos de quem temos dados etnográficos ou históricos. Eles são (ou eram) magnificamente adaptados ao próprio ambiente, que, ao ser destruído, mudou inevitavelmente seus estilos de vida ou causou seu desaparecimento.

Os caçadores-coletores dos tempos modernos

Antes do aparecimento da agricultura, existiam algumas regiões onde era muito fácil viver da coleta e da caça, particularmente da pesca. Por exemplo, nos estuários dos grandes rios do Pacífico setentrional, na América do Norte, os salmões eram tão abundantes na estação das migrações que era possível pegá-los com as mãos. Depois de defumados, os peixes podiam durar por muito tempo como alimento. Outro povo pré-histórico que se tornou muito populoso é o japonês, que vivia da caça e coleta de bolotas e também da pesca. Em alguns ambientes particularmente favoráveis, as densidades demográficas de povos pescadores chegaram a ser cem ou até mil vezes maiores que as da maioria dos caçadores-coletores.

Antes da agricultura, o número de habitantes no planeta dificilmente superava a casa dos cinco-dez milhões. Por exemplo, foi calculado que na Inglaterra existiam cinco, talvez dez mil habitantes (isto é, dez mil vezes menos que agora). A chegada da agricultura causou uma explosão demográfica. A população mundial cresceu mil vezes nos últimos dez mil anos. Mesmo as sociedades tradicionais africanas, cujas tribos também adotaram o cultivo de plantas há vários milênios (como as da Nigéria), hoje comportam muitos milhões de pessoas. Contudo, as tribos que mantiveram a forma mais antiga de economia, a caça e a coleta do alimento natural, ainda hoje comportam pouquíssimos indivíduos.

Quem somos?

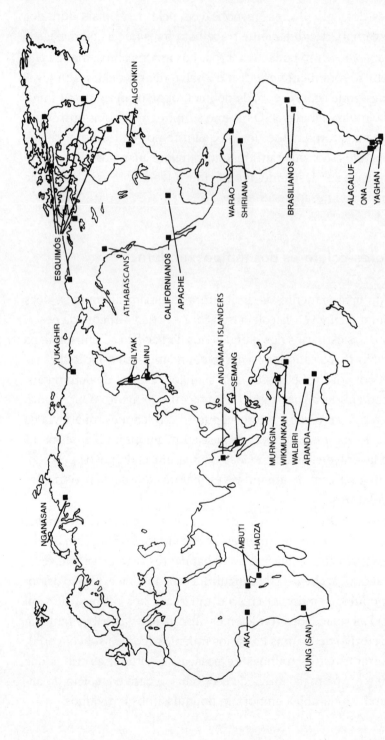

FIGURA 1.5 – Dez mil anos atrás havia caçadores-coletores espalhados por toda a Terra. Não eram numerosos, talvez alguns milhões de indivíduos no total. Atualmente restam poucas tribos. No mapa estão indicadas as mais importantes, ainda existentes ou extintas há pouco tempo.

Antes da colonização pelos brancos, era comum as sociedades agrícolas conviverem com caçadores-coletores que talvez mantivessem plantações em pequena escala. Os índios norte-americanos, por exemplo, eram essencialmente caçadores-coletores. Nas planícies, eles viviam da caça ao búfalo, muito facilitada depois da introdução do cavalo pelos espanhóis. Alguns desses animais haviam escapado do cativeiro e voltado ao seu estado selvagem; os índios passaram a capturá-los e utilizá-los nas caçadas. Os primeiros brancos que chegaram ao continente norte-americano, no entanto, encontraram índios que já haviam desenvolvido alguma atividade agrícola. Não fosse isso, dificilmente os "peregrinos" ingleses que desembarcaram em Massachusetts no início do século XVII teriam sobrevivido ao inverno, porque as provisões que traziam eram insuficientes. Eles conseguiram milho e outros alimentos com os nativos e mais tarde aprenderam o cultivo das plantas locais.

Também existiam caçadores-coletores na América do Sul, mas a América Central, os Andes e mesmo parte das grandes planícies e florestas já estavam profundamente organizados agricolamente. No extremo sul dos Andes e na Terra do Fogo, contudo, zonas inóspitas e pobres, a agricultura ainda não havia chegado.

Os últimos sobreviventes

No mundo atual, ainda existem aproximadamente cinco mil populações humanas, a julgar pelo número de línguas existentes. Esse é um critério imperfeito, mas útil, simplesmente pelo fato de as línguas serem um aspecto da cultura que é estudado de maneira deveras sistemática. Entretanto, restaram pouquíssimas populações de caçadores-coletores, umas trinta até alguns anos atrás; hoje em dia até menos. Atualmente, os únicos grupos numericamente importantes (com mais de cem mil pessoas) são os pigmeus da África Central, os khoisan da África do Sul e os aborígines australianos – porém, apenas os pigmeus, e mesmo assim nem todos, vivem especialmente da caça e da coleta. Outros grupos menores existem espalhados aqui e ali. Não podemos dizer como era seu estilo de vida antigamente, mas pelo menos sabemos o que restou dele logo antes de serem perturbados pela nossa chegada.

Quem somos?

Na África do Sul existem duas populações, em geral conhecidas como bosquímanos (da palavra inglesa *"bushmen"*, que significa "povo da mata") e hotentotes. Os antropólogos criaram o termo "khoisan" juntando a palavra *khoi-khoi* (hotentotes) à palavra *san* (bosquímanos). Atualmente habitam lugares muito áridos, mas em tempos remotos viviam em ambientes melhores – as savanas –, de onde foram expulsos. Exceto pela diferença de ambiente, de ecologia, a vida dos khoisan parece a dos pigmeus, pelos deslocamentos em bandos de, em média, trinta pessoas, por mudarem livremente de um bando para outro e formarem grupos maiores em certas situações. Pouquíssimos continuaram caçadores-coletores. Muitos foram trabalhar nas fazendas ou tornaram-se soldados; outros sobrevivem de alguma forma nas cidades.

Os khoisan preservaram sua língua, que, com certeza, é muito antiga e apresenta uma característica extraordinária: possui sons únicos chamados *clicks*, que parecem estalidos, difíceis de imitar e dos quais existe uma variedade. Diversas tribos banto da África do Sul, como os xhosa, misturaram-se consideravelmente aos khoisan, como demonstra o aparecimento de três *clicks* na sua língua e dos genes khoisan na sua herança genética. Os khoisan também têm feições típicas, quase orientais. Nelson Mandela, o político mais carismático da África, é de origem xhosa, e seu rosto revela claramente a influência khoisan. A propósito, a palavra xhosa deveria ser escrita *!xhosa* – o ponto de exclamação representa um determinado *click* segundo as convenções fonéticas.

Os aborígines australianos encontram-se dispersos ou agrupados em reservas, onde levam uma vida sedentária muito diferente da original. A exceção é um grupo no Norte, a quem o governo australiano concedeu um território para que possam continuar vivendo como no passado. Existem em torno de 170 mil aborígines, dos quais 47 mil ainda conservam algum conhecimento da sua língua original. Somente uma parte, relativamente pequena, não se misturou com os brancos australianos. Vivem em bandos de 25-30 pessoas; as tribos compreendiam quatrocentos-quinhentos membros em média, porém a maioria foi dizimada, dispersou-se, amalgamou-se ou foi colocada em reservas. Cada tribo australiana sobrevivente possui uma língua distinta, antiga (e não "emprestada dos vizinhos", como é o caso dos pigmeus). A Austrália ainda desconhecia a agricultura na época do seu descobrimento por James Cook, no fim do século XVIII.

Os tamanhos dos grupos de caçadores-coletores são muito próximos dos sugeridos pelos sítios arqueológicos que precedem o desenvolvimento da agricultura: os acampamentos, locais de fogueiras e ossadas de animais encontrados até agora indicam dimensões comparáveis às dos bandos de caçadores pigmeus ou dos aborígines australianos. Naturalmente, um "grupo de caça" (equivalente aproximado dos acampamentos pigmeus modernos e das evidências arqueológicas) compreende um número variado de indivíduos, por ser dinâmico e móvel, acolhendo ou cedendo pessoas, transformando-se num núcleo menor ou associando-se a outros grupos maiores, segundo as exigências da caça e da vida. A tribo é uma entidade que está acima do grupo, é mais estável e tende a ser endogâmica, o que significa que a maioria dos casamentos (em geral 80%-90%) acontece entre os membros da tribo. A propósito, foi demonstrado que o número de quinhentos indivíduos, característico de uma tribo australiana média, é o valor mínimo para evitar um cruzamento excessivo entre parentes próximos, o que seria prejudicial aos descendentes.

Os pigmeus costumam dizer que é conveniente "casar-se longe", para que o marido adquira o direito de caçar nos territórios da mulher; assim, ele amplia seus horizontes de caça e, portanto, de sobrevivência. Casando com alguém do seu próprio bando não ganharia nada quanto a isso. O motivo econômico é válido, mas o costume é vantajoso de outro aspecto muito importante, embora inconsciente: diminui a probabilidade de casamentos consangüíneos e enriquece a herança genética. As populações primitivas, vivendo em grupos muito reduzidos, correm grandes riscos de "intracruzamentos" (ou seja, casamentos entre parentes muito próximos, que podem causar uma diminuição na vitalidade e fertilidade dos filhos), mas descobrimos que elas quase sempre mantiveram costumes que evitam esse perigo. As árvores genealógicas dos esquimós de Thule, um grupo muito pequeno e bastante isolado que vive na costa norte da Groenlândia ocidental, foram construídas durante muitas gerações; uma extraordinária série de acrobacias genealógicas assegurou que os casamentos, mesmo acontecendo entre primos, sempre envolvessem os mais distantes.

Quem somos?

Um caso de exaustão da variedade genética

Em qualquer população estudada, até a mais primitiva, encontramos uma grande heterogeneidade genética. Os costumes que impedem o cruzamento entre parentes próximos ajudam a manter uma rica variedade de tipos numa população humana – mesmo a extremamente reduzida.

O único caso que conheço em que, ao que parece, houve uma exaustão parcial da diversidade genética é o das ilhas Andamanas, próximas da costa birmanesa, atualmente sob o controle político da Índia. Trata-se de caçadores-coletores.

Nessas ilhas existiam quatro tribos, que falavam línguas distintas, porém relacionadas. No século XIX, elas ainda continham um número razoável de membros, algumas incluindo de cinco mil a seis mil indivíduos. Foram praticamente destruídas pelo homem branco, sobretudo pelos ingleses: as doenças, o álcool e a vontade dos colonizadores contribuíram para isso. O governador inglês daquele período escreveu no seu diário que havia recebido ordens de destruí-las com o álcool e o ópio. Uma das tribos foi completamente aniquilada. As outras reagiram com extrema violência.

Entre os viajantes antigos, encontramos diferentes versões sobre o tratamento que os andamaneses davam aos visitantes. Marco Pólo conta que eram um povo terrível, mas sua descrição dos nativos com cabeça de cachorro me faz pensar que nunca esteve lá pessoalmente. Giovanni dal Pian del Carpine, que precedeu Marco Pólo, relata, pelo contrário, que eram muito gentis. Na realidade, as várias tribos reagiam de maneiras diferentes ao encontrar um estrangeiro. Na metade do século XIX, um navio inglês atracou na Pequena Andamana e enviou à terra firme uma lancha com alguns marinheiros; os nativos onge capturaram alguns, cortaram suas pernas e braços e queimaram o tronco dos homens ainda vivos na praia, sob o olhar dos companheiros que haviam escapado e alcançado o navio. Esse episódio instigou uma vingança feroz por parte dos ingleses, que voltaram um ano depois: um grupo de soldados desembarcou, esperou até que os nativos saíssem da floresta em direção à praia, atirou, matando uns setenta ou mais, e bateu em retirada.

Não houve nenhum outro encontro entre os onges e os ocidentais até o século XX. Em 1951, Lidio Cipriani, um antropólogo italiano, foi até eles e desenvolveu um belíssimo trabalho de pesquisa. Conseguiu ser respeitado e é o primeiro de quem recebemos informações precisas. Ele explicou, entre outras coisas, que os onges precisaram esquartejar os marinheiros ingleses e queimar seus troncos porque, senão – de acordo com a religião deles –, os espíritos dos mortos teriam retornado para atormentá-los. Seguindo o ritual, eles ficavam livres do perigo.

Essa gente era realmente primitiva. Havia mesmo perdido a capacidade de acender o fogo e limitava-se a não deixar que ele se apagasse. Os pigmeus, por sua vez, sabem como acender um fogo, mas normalmente preferem mantê-lo aceso porque é mais cômodo. As mulheres viajam na floresta com um tição em brasa.

Os andamaneses foram muito reduzidos, mesmo aqueles que não entraram em contato com os ingleses. Os onges da Pequena Andamanda não comportam mais que 98-99 pessoas. São tão poucos que não conseguem evitar os casamentos consangüíneos com parentes muito estreitos. Atualmente, a esterilidade chegou a tal ponto que a maior parte dos casais não tem filhos, ou tem no máximo um ou dois. Esforçam-se muito para manter a tribo viva: se as jovens que chegam à maturidade sexual não engravidam de um primeiro marido, são casadas outra ou mais vezes.

Um outro grupo de andamaneses, habitante de uma pequena ilha chamada Sentinel Island, mostrou interesse em entrar em contato com o governo Indu somente em janeiro de 1991! Eles são, acredito, os últimos indígenas a nunca terem tido contato com a chamada civilização.

Uma ética distante da nossa

Os caçadores-coletores atuais ainda têm certos costumes em comum, que estão desaparecendo por extinção física ou por conversão a outros estilos de vida. Vivem sempre em pequenos grupos, não possuem uma organização hierárquica, não têm líderes e baseiam sua vida social no respeito mútuo.

Em geral, dispõem de uma ética avançada. Um aspecto importante das populações que ocupam os níveis mais baixos da escala econômica é o fato de serem nada primitivas no plano moral; apenas têm uma visão profundamente diferente da nossa. Quando os holandeses recém-chegados à Cidade do Cabo começaram a expandir-se em direção ao norte com os seus rebanhos, invadindo o território dos indígenas, os conflitos locais tiveram início. A história não é clara, porque não havia antropólogos naqueles tempos. Não é de espantar, no entanto, que as vacas holandesas que pastavam nas suas terras fossem uma tentação para os khoisan. Os fazendeiros bôer começaram a atirar em qualquer khoisan que vissem, literalmente exterminando-os por vastas regiões. Restaram poucos em Namíbia e Botswana, nos pobres e pouco desejados desertos e savanas. Nas zonas ocupadas pelos holandeses talvez tenham sobrevivido melhor os hotentotes, que haviam adotado o pastoreio e por isso deixaram de caçar as vacas dos outros.

A noção de propriedade dos caçadores-coletores é diferente, porque para eles os bens individuais são raros e pouco importantes. Existem, no entanto, alguns direitos, como o do território de caça. Pigmeus que forem pegos caçando num território alheio devem pagar uma multa, que não é em dinheiro – porque desconhecem o dinheiro –, mas em espécie. No entanto, eles não respeitam as propriedades dos agricultores, e (se conseguirem se sair bem) roubam o que na verdade é fruto do seu próprio trabalho nos campos, tão frugalmente distribuído pelos patrões – as bananas e a mandioca, ambas muito pobres do ponto de vista nutritivo. No fundo, a propriedade agrícola de hoje não é mais que um de seus velhos territórios de caça, floresta transformada pelo desmatamento sem que alguém tenha pedido licença ou oferecido uma recompensa. Os pigmeus têm plena consciência de que são explorados e considerados como animais pelos agricultores, mas sentem a necessidade de manter sua ligação com eles. Vingam-se roubando comida sempre que possível. Turnbull diz que os pigmeus possuem duas trilhas para chegar aos seus acampamentos na floresta. A deles é um tanto oculta. A que os agricultores usam para visitá-los é mais ampla e direta, e os pigmeus a utilizam como banheiro, cobrindo suas necessidades com folhas.

Fiquei impressionado com a história de um pigmeu que roubava bananas de noite, no campo de um agricultor africano. O dono da terra escondeu-se para surpreendê-lo e, ao ouvir barulho, disparou, atingido-o mortalmente. Foi preso e condenado. O pigmeu, antes de morrer, pediu desculpas ao agricultor e o perdoou pelo homicídio, dizendo que a culpa era sua, que não devia ter levado as bananas. Pelo que sei, não havia sido influenciado por nenhum religioso cristão. Via de regra, os missionários católicos e protestantes têm muito pouco acesso aos pigmeus e suas religiões não influenciam a ética dos nativos. As missões geralmente são prédios grandes – com freqüência os únicos feitos de tijolos – construídos em cidades mais importantes, muito distantes das regiões habitadas pelos pigmeus. A missa chega a ser celebrada uma vez por semana em povoados mais desenvolvidos da periferia.

Em algumas regiões, no entanto, há exceções. Vale a pena lembrar o caso de que ouvi falar no Zaire, em 1985. Existe uma doença muito difundida entre os pigmeus, causada por uma espiroqueta extremamente parecida com a da sífilis; a transmissão é por contato com a pele, e não sexual. Ela é mais fatal entre as crianças, mas também atinge os adultos; causa grandes mutilações, como no caso da lepra, e basta uma única injeção de penicilina para curá-la. Uma freira de Milão que há anos vivia na missão de Nduye no Ituri (a principal região pigméia do país) costumava enfrentar dias de caminhada na floresta para levar o precioso antibiótico até acampamentos mais distantes.

Sociedade sem futuro

As últimas sociedades de povos primitivos não têm futuro. Estão reduzidas a pequenos grupos, incluindo com freqüência não mais que algumas centenas ou milhares de indivíduos; as economias industriais e monetárias estão destruindo indiscriminadamente seu hábitat e seu modo de viver.

No parque criado ao norte da Austrália, um grupo de aborígines mantém seus costumes antigos. Graças a certas atividades artísticas tradicionais, alguns encontraram a possibilidade de melhorar um pouco as

Quem somos?

condições de subsistência. No entanto, quase todos os outros grupos aborígines abandonaram a vida típica, passando a sobreviver como desocupados em aldeias de barracas.

Os esquimós estão reduzidos a vinte mil pessoas no Canadá e menos que isso no Alasca. Atualmente, a maioria sobrevive graças a subsídio social. Alguns trabalham para as estações americanas de controle de radar; outros vivem de atividades artísticas. Ainda pescam, mas é difícil usarem o caiaque e o arpão; utilizam o motor de popa e a espingarda quando têm recursos para comprá-los. Há trinta anos não constroem mais iglus e vivem em barracas pré-fabricadas, fornecidas pelo governo.

Ajudados por alguns comerciantes de arte e pelo governo canadense, os esquimós dedicaram-se à escultura utilizando uma pedra local muito bonita. O artista plástico John Huston viveu nove anos junto a eles e ensinou-lhes a litografia sem influenciar seu gosto estético, que permaneceu tradicional. As obras verdadeiramente originais são raras e a maioria produz estatuetas comerciais, a chamada "arte de aeroporto". Mesmo assim, é impressionante observar que quase 70% dos esquimós dependeram dessas atividades pelo menos em alguma fase da vida. Em alguns povoados todos são bons artistas.

Excetuando-se certos grupos menores, os lapões também deixaram de ser caçadores e pescadores. Alguns vão à caça com a rena fêmea domesticada, que serve de isca para atrair os machos, mas os lapões de hoje não têm muito de primitivo. Um psiquiatra sueco, meu amigo, recentemente esteve numa região do Norte onde acompanha um grupo de esquizofrênicos; ao tentar visitar uma família de lapões que conhecia, ouviu como resposta que todos haviam ido pescar – de helicóptero!

O pigmeu, por sua vez, ainda vai à caça com o arco e flecha, em algumas regiões com a besta, mas especialmente com as redes. O seu futuro é o da floresta, que foi sendo destruída aos poucos no passado e hoje sofre uma rápida devastação. O processo começou na África há três mil anos, com os bantos dos Camarões difundindo-se em direção ao sul e ao leste, e prosseguiu lentamente durante séculos.

A floresta amazônica é muito semelhante à africana. De fato, elas são a continuação uma da outra para além do oceano Atlântico; suas terras eram conectadas antes da separação dos dois continentes, cem milhões de anos atrás. A floresta amazônica tem sido destruída numa velocidade assustadora nos últimos anos, com conseqüências desastrosas para as aproximadamente cem tribos indígenas que ali sobrevivem e que estão cada vez mais reduzidas.

Infelizmente, quase não existe respeito pelas populações indígenas que ainda vivem de acordo com suas tradições. Mesmo os termos que usamos para referir-nos a elas revelam nossa desconsideração. Os lapões se chamam de *saame*; entretanto, um estudante de antropologia no estado de Oregon e membro desse grupo étnico contou-me, quase chorando, que para as comunidades vizinhas do seu povo a palavra "lapão" significa "um inútil", porque os lapões não cultivam a terra. Os esquimós chamam a si mesmos *inuit*, os bosquímanos *san*, os hotentotes *khoi*, e esses são os nomes que nós também deveríamos usar. Os pigmeus se chamam de vários nomes, mas certas tribos denominam-se *aka* e outras *twa*. Provavelmente esses termos têm a mesma origem: *aka-akwa-kwa-twa*.

Algumas tentativas de encontrar terminologias mais abrangentes muitas vezes não foram felizes. A sugestão de utilizar o nome khoisan para descrever bosquímanos e hotentotes tem sua lógica porque suas línguas pertencem à mesma família lingüística, mas alguns khoisan não aceitaram o termo.

Com certeza é uma boa idéia mudar nossa postura adotando nomes mais adequados, mas a verdadeira medida do nosso respeito é outra. Eventualmente, nossa civilização será julgada, entre outras coisas, pelo quanto compreendemos e ajudamos os povos indígenas. Até agora o placar a nosso favor é bem baixo.

Por que investigar essas estranhas populações?

Sabemos que aproximadamente dois milhões de anos atrás existiu um ser a quem chamamos *Homo habilis* e o reconhecemos como homem, embora muito primitivo. Ele descendia de um antepassado que viveu talvez há cinco milhões de anos, com características comuns ao homem e aos chimpanzés atuais. Também conhecemos outros antepassados que precederam o *Homo habilis*, mas ele permanece até hoje a mais antiga descoberta com suficientes características para incluí-lo na grande família do gênero humano. As duas razões de destaque são o fato de ele não se apoiar mais nas mãos para andar (não foi o primeiro a apresentar essa capacidade) e de utilizar as mãos para construir objetos de pedra, usados para caçar e preparar comida.

Desde então, a espécie humana evoluiu lentamente até o familiar homem moderno, o único ainda vivo, ao qual pertencemos nós, os pigmeus e todas as outras raças. O homem moderno entrou em cena apenas nos últimos cem mil anos; entretanto, até poucos milhares de anos (um tempo bastante recente na história da evolução humana) todos os descendentes do *Homo habilis* viviam como seu ancestral: em pequenos grupos seminômades, obtendo comida por meio da caça, da pesca e da coleta, fabricando e usando utensílios de pedra (e provavelmente também de madeira e outros materiais perecíveis). Eles foram evoluindo lentamente ao longo do tempo. Nos últimos milhares de anos, entretanto, grandes mudanças aconteceram: a agricultura e a criação de animais geraram a produção de alimento e levaram a um rápido aumento das populações humanas. Hoje somos mil vezes mais numerosos que os homens da Terra há dez mil anos. Nosso estilo de vida sofreu enormes modificações, exceto nos poucos ambientes naturais que correspondem a condições ecológicas extremas. É o caso da floresta tropical ou a tundra ártica, onde não houve nem o estímulo nem a possibilidade de mudança: nessas regiões, a agricultura e a criação de animais são difíceis ou impossíveis e, de qualquer forma, pouco rentáveis; seus habitantes não transformaram seu modo de vida ao longo do tempo – exceto alguns, e, mesmo assim, apenas nas últimas décadas.

O estudo dos pigmeus, bosquímanos, esquimós, aborígines australianos e outros poucos grupos de caçadores-coletores que ainda sobrevivem (provavelmente não por muito tempo, como notamos) nos ajuda a compreender como viviam nossos ancestrais. É claro que o modo de vida dessas populações mudou de alguma forma desde os tempos remotos. Faz pelo menos dois mil anos que os pigmeus se relacionam com os agricultores africanos e trocam suas caças por artefatos de ferro, mais eficientes que os de pedra. Quando o homem branco chegou à Austrá-

O mais antigo estilo de vida

lia, os aborígines utilizavam ferramentas de pedra semelhantes às do paleolítico, e em parte continuam utilizando. Ao visitar o planalto da Nova Guiné, em 1967, constatei que seus habitantes ainda fabricam e usam artefatos de pedra, porém de um tipo mais recente.

A construção de habitações, a vida em sociedade dos pequenos grupos seminômades e o próprio tamanho desses grupos provavelmente não sofreram alterações importantes. Muitos outros aspectos do cotidiano dos caçadores-coletores atuais nos levam de volta à vida dos nossos antepassados: o hábito de dividir a comida, consumindo-a em comunidade; a típica ausência de hierarquias rígidas e leis preestabelecidas (a tribo inteira participa das decisões); provavelmente até os costumes inerentes à fertilidade e natalidade, como veremos mais adiante.

A etnografia – isto é, o estudo dos costumes de populações que vivem em mundos socioeconômicos e tecnológicos distintos da sociedade industrial – é de grande valia para o antropólogo. Ela permite entender, por exemplo, como eram fabricados e empregados os utensílios recuperados em escavações arqueológicas. Ficamos admirados ao observar a engenhosidade desses indivíduos. Os caçadores-coletores são os mais interessantes, na medida em que representam o modo de vida mais antigo. Para um geneticista, é também importante o que chamamos de estrutura genética dessas populações, para poder compreender o quanto variam entre si os diversos povos, tribos, aldeias. Além disso, as diferenças genéticas entre esses povos e os que conhecemos mais de perto, isto é, os brancos, geram informações preciosas sobre a evolução da espécie humana e sobre as diferenças que nos separam dos nossos ancestrais, homens modernos como nós.

Quem somos?

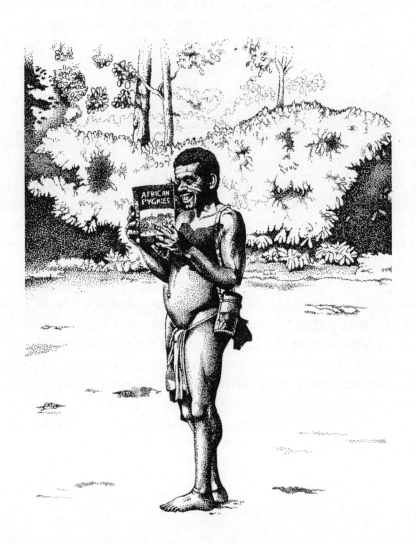

2
Uma galeria de ancestrais

Baseando-se num minucioso estudo da Bíblia, James Ussher – arcebispo de Armagh na Irlanda – determinou, no início do século XVII, que o mundo havia sido criado em 4004 a. C.

Duzentos anos mais tarde, era consenso que a espécie humana tivesse apenas alguns milhares de anos. Acreditava-se que Deus havia criado o homem um pouco antes do início da história, isto é, há aproximadamente cinco mil anos, quando surgiram os primeiros escritos sumérios e egípcios.

Hoje em dia pensamos que a atividade agrícola surgiu há dez mil anos; que a espécie humana atual tenha duzentos mil ou trezentos mil; anos, o gênero *Homo*, dois milhões e meio; e a vida na Terra, mais de três bilhões de anos. As idéias sobre a origem dos nossos antepassados e a antigüidade do mundo mudaram graças a uma longa série de descobertas, vistas de início com ceticismo. Nessa época, as convicções do arcebispo Ussher eram bem difundidas, e até hoje vários grupos de cristãos fundamentalistas defendem com veemência a interpretação literal da Bíblia.

Quem somos?

Uma descoberta controversa

A análise científica de restos humanos fossilizados começou apenas no século XIX. A paleontologia, isto é, o estudo dos fósseis e das formas de vida do passado, é mais antiga. Heródoto chega a mencionar conchas encontradas em montes do Egito e nas cidades como prova de que parte dessa região fora ocupada pelo mar no passado.

Alguns fósseis humanos já haviam sido encontrados no início do século XIX; entretanto, somente a descoberta do primeiro homem de Neandertal, em 1856, fez o mundo compreender que podiam ter existido homens diferentes de nós em tempos remotos. O achado se deu por acaso, no interior de uma caverna exposta pela explosão de uma rocha, numa pedreira: vieram à superfície ossos com características um tanto estranhas, e o dono da pedreira os confiou ao professor de uma escola local. Tudo isso acontecia perto de Düsseldorf, no vale do Rio Neander ("Tal" em alemão significa vale). Percebendo que os ossos podiam ter algum significado importante, o professor enviou-os a um especialista em anatomia, Dr. Hermann Schaffhausen. Este, por sua vez, impressionado com a peculiaridade dos achados, difundiu a notícia da descoberta no meio científico. Muitos afirmaram que não se tratava de algo especial. Outros levantaram curiosas hipóteses. Chegaram a considerar que provinham do esqueleto de cossacos.

Os ossos eram grossos e robustos, de uma espessura incomum ao esqueleto humano convencional, porém muito semelhantes aos do homem atual. Havia também um crânio, que parecia um tanto achatado, afundado na face, com as arcadas supra-orbitais muito pronunciadas, enormes. É natural que erros fossem cometidos naqueles tempos (encontramos uma longa história de erros na ciência, em particular na paleoantropologia), porque tratava-se de uma descoberta realmente peculiar. Entre outras coisas, a possível existência de um homem antigo diferente de nós contrastava com as crenças religiosas, que viam o ser humano como fruto da criação e excluíam uma evolução contínua. A propósito, no século XIX também foi difícil aceitar que os primeiros ossos de dinossauros tivessem pertencido a uma espécie extinta – considerava-se impossível que Deus criasse seres vivos e, depois, perceben-

Uma galeria de ancestrais

do que havia cometido um erro, promovesse sua extinção. O mais importante anatomopatologista da época, um alemão chamado Rudolf Virchow, interpretou os ossos de Neandertal como o resultado de uma doença súbita. Seu prestígio era tão grande que muitos cientistas que haviam expresso pontos de vista semelhantes aos atuais chegaram a mudar de opinião.

A idéia de os ossos de Neandertal pertencerem a um homem primitivo levou um certo tempo para ser aceita. Thomas Huxley, um naturalista, foi quem especialmente influenciou seus contemporâneos quanto a isso, promovendo a teoria da evolução do homem e dos símios a partir de ancestrais comuns. Ele era amigo e defensor de Charles Darwin, o mais importante dos evolucionistas. Darwin foi mais cauteloso ao falar da origem comum entre homens e símios, provavelmente temendo que a intervenção das igrejas cristãs pudesse enterrar sua teoria da evolução antes que tivesse chance de difundi-la. Huxley, ao contrário, enfrentou bispos e políticos, impondo-se graças às suas qualidades de oratória e inteligência brilhante. O bispo Samuel Wilberforce, ridicularizando Huxley ao opinar que seus ancestrais e os de Darwin evidentemente deviam ser "macacos", recebeu uma resposta famosa. Huxley replicou que de longe preferia descender de macacos a descender de homens que raciocinavam como o arcebispo.

As descobertas se multiplicam

Nas décadas seguintes, muitos outros exemplares semelhantes ao primeiro neandertal vieram à tona, confirmando a existência de um ser que, mesmo diferente de nós, era parecido o bastante para ser considerado humano. A propósito, as descobertas de alguns desses ossos, embora tenham precedido o acontecimento de Düsseldorf, não foram publicadas de imediato.

Em 1868, durante as escavações para construir uma ferrovia no vale do Rio Vèzére (região Perigord no sudoeste da França), apareceram novos restos de humanos, sempre muito antigos, mas decididamente mais parecidos com o homem atual. Eles também receberam o nome da loca-

Quem somos?

lidade onde foram encontrados – Cro-Magnon. Viviam em regiões não distantes das habitadas pelos neandertais da França. Setenta anos mais tarde, a descoberta da caverna de Lascaux nessa vizinhança trouxe ao mundo paredes recobertas de pinturas rupestres, mostrando figuras de animais pré-históricos e cenas de caçadas, obra de membros da chamada "raça Cro-Magnon". Desta vez, a descoberta se deu quando um cachorro foi resgatado pelos seus jovens donos, depois de cair num buraco que conduzia à caverna.

Cro-Magnon é bem parecido com as pessoas atuais – é o que chamamos de homem moderno. Se o víssemos frente a frente não o consideraríamos estranho, enquanto um neandertal nos impressionaria pelas suas diferenças.

Seguiram-se descobertas de outros fósseis distintos de um Cro-Magnon ou um neandertal, mas com certeza antigos, na verdade até mais antigos. No fim do século XIX, por exemplo, restos de humanos que precedem o homem de Neandertal foram encontrados por um holandês em Java e suas proximidades. Começou assim a formação de um corpo de dados e informações que não poderiam ser ignorados ou enterrados pelo preconceito – a paleontologia deixou de ser considerada produto de imaginações férteis e foi reconhecida como disciplina.

Os achados são muitas vezes produto do acaso, porque não temos um sistema que nos indique onde procurar diretamente. Sabemos, no entanto, que em algumas áreas – como a África Oriental – é mais fácil encontrar evidências fósseis. As descobertas geralmente atraem muita atenção e são publicadas.

Infelizmente, muito material já foi perdido por ter sido usado para outros fins. Na China, por exemplo, ossos fossilizados – chamados "ossos do dragão" porque, segundo a crença local, pertenceram a dragões pré-históricos – são considerados benéficos como tônicos. Encontram-se à venda em farmácias, onde são triturados e convertidos em fino pó. Eu mesmo comprei alguns gramas. Esse costume provavelmente destruiu achados preciosos, mas trata-se de uma prática tradicional muito prestigiada pelos chineses.

O que é um fóssil?

Não existe uma definição precisa que estabeleça se um resto é fóssil ou não. A origem da palavra indica objetos extraídos da terra. A maioria é petrificada, mas mesmo não sendo pode ser um fóssil.

A petrificação é a substituição lenta de certos elementos químicos por outros muito mais duros, sem alterar a forma original do objeto. Soluções salinas infiltram-se pelos resíduos orgânicos de um ser vivo e depositam sais de cálcio ou silicatos na forma de cristais, que substituem os componentes orgânicos até que o organismo se transforme em pedra.

No final do processo, toda ou grande parte da matéria original foi destruída. O organismo foi transformado quimicamente, mas – e é isso que impressiona – pode ficar integralmente conservado. Há exemplos de asas de insetos e folhas de plantas de cinqüenta-cem milhões de anos, com suas estruturas preservadas de maneira às vezes perfeita. Ao microscópio é possível observar células e, no interior destas, o DNA, o código que contém todas as informações necessárias para formar um ser vivo.

O elo perdido

No século XX, as principais descobertas de restos humanos aconteceram na África. Em 1924, trabalhando na África do Sul, o professor de anatomia Raymond Dart, de Johannesburgo, recupera os primeiros australopitecinos, hoje considerados os antecessores do homem. Não são reconhecidos como humanos mas constituem o elo entre nós e os ancestrais que dividimos com os símios. A palavra *Australopithecus* significa "macacos do sul" (do latim *australis*, indicando sul, e do grego *pithekos*, indicando macaco). Esses indivíduos eram muito parecidos com símios, mas decididamente apresentavam características humanas.

A separação entre a linha evolutiva do símio mais próximo de nós, o chimpanzé, e a do homem deve ter acontecido há aproximadamente cinco-seis milhões de anos. Os australopitecinos apareceram quatro milhões de anos atrás. O mais famoso leva o nome de Lucy por causa da famosa música dos beatles, *Lucy in the sky with diamonds*, que estava tocando no acampamento dos arqueólogos durante a descoberta. Lucy é uma fêmea encontrada na África oriental em 1974, entre Adis-Abeba e Gibuti, em um sítio arqueológico do deserto da Etiópia, não muito longe do mar. O local exato, Hadar, é habitado pelo povo de Afar. O nome científico de Lucy, *Australopithecus afarensis*, de fato indica que ela vem do território dos Afars.

Existe um bom motivo para que restos como esse sejam encontrados em áreas muito distantes entre si – é que essas regiões pertencem à mesma conformação geológica, o Rift Valley, um vale gigantesco, com declives íngremes, gerado por fenômenos sísmicos e vulcânicos ("rift" significa fenda, rachadura), que se estende desde a África do Sul até a Etiópia.

As pesquisas em Rift Valley foram iniciadas pelo arqueólogo Louis Leakey. Ele trabalhou na Tanzânia e depois dirigiu-se mais ao norte, escavando por mais de trinta anos antes de fazer uma série de descobertas fundamentais para o conhecimento do nosso passado. Outros continuaram o trabalho no extremo norte do vale, no Quênia e na Etiópia, e encontraram restos de humanos muito antigos e australopitecinos semelhantes aos da África do Sul.

O Rift Valley apresenta uma característica particularmente vantajosa: é uma área de grande atividade vulcânica. Os restos fósseis ficaram conservados de maneira extraordinária porque foram cobertos pela finíssima poeira gerada durante as erupções, como aconteceu em Herculano e Pompéia. Até as pegadas de duas pessoas, provavelmente um homem e uma criança, foram preservadas.

Como datar os achados?

O primeiro método utilizado é a estratigrafia: analisando em detalhes a geologia de uma região, determina-se a sucessão dos vários estratos de terreno e rocha presentes na área. É preciso tomar muito cuidado durante as escavações, para reconstruir a série de estratos mantendo-se a ordem correta. O passo inicial é tentar datar os estratos acima e abaixo do achado arqueológico. Na área em que Lucy foi encontrada, foi possível datar numerosos estratos e indicar sua idade com razoável precisão. Donald Johanson, o descobridor de Lucy, estimou que ela tem aproximadamente 3,2 milhões de anos.

Uma galeria de ancestrais

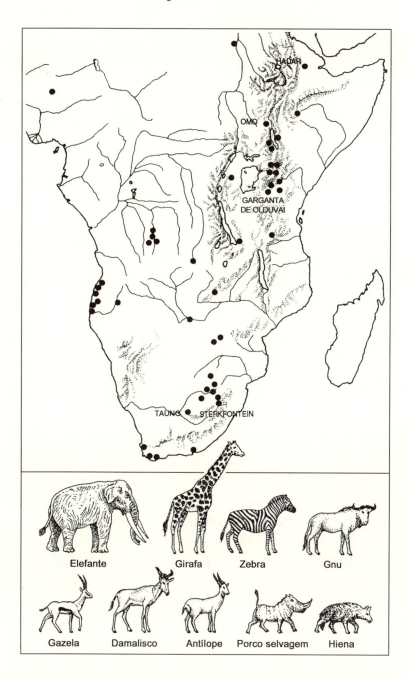

FIGURA 2.1 – Principais locais onde foram encontrados fósseis de australopitecinos e do primeiro homem (*Homo habilis*) na África. Foram incluídos os animais que eles caçavam com mais freqüência.

Quem somos?

A física vem socorrer os arqueólogos

A estratigrafia é útil de maneira geral, porém é mais importante na datação de achados muito antigos. A física, a biologia e, mais recentemente, também a química forneceram outros métodos para datar períodos mais recentes.

O sistema de datação mais antigo e conhecido baseia-se no carbono 14. Para entender como isso funciona, precisamos rever algumas características da matéria. Sabemos que ela é composta de elementos químicos e que a matéria viva compreende especialmente: o carbono, o oxigênio, o hidrogênio e o nitrogênio. Cada um deles existe em formas que variam nos seus pesos atômicos – os quais são calculados somando-se o número de prótons e nêutrons, as partículas elementares que formam o núcleo do átomo. Prótons e nêutrons apresentam virtualmente a mesma massa, porém com cargas diferentes. O nêutron é eletricamente neutro, como o próprio nome indica, enquanto o próton tem carga positiva.

Existem três formas principais de carbono na natureza: C12, C13 e C14. O número que se segue à letra C (de carbono) indica o total de prótons e nêutrons nos seus núcleos. As propriedades químicas de um elemento dependem do número de prótons. Como os átomos C12, C13 e C14 possuem o mesmo número de prótons (seis), eles têm o mesmo comportamento químico, isto é, o comportamento que caracteriza o carbono. C12, C13 e C14 são chamados *isótopos*, termo que literalmente significa ocupar a mesma posição na famosa tabela periódica, aquela que prevê o comportamento químico dos elementos.

O C14 é radioativo e existe em quantidades muito pequenas junto ao carbono normal, não radioativo (C12 e C13). *Radioatividade* significa a produção de radiação; um átomo de C14 emite radiação quando um de seus nêutrons se transforma em próton. O que ocorre, então, é a aquisição de um próton – o átomo transformado manteve seu peso atômico mas passou a ter as propriedades químicas de um átomo com sete prótons, ou seja, o átomo de nitrogênio, representado pela letra N. Na prática, C14 transformou-se em N14.

A mudança se dá com absoluta precisão e sem influência da temperatura (uma vantagem muito importante). Sendo assim, C14 é destruído lenta e regularmente ao longo do tempo – o que nos permite usá-lo como uma espécie de relógio. São necessários 5.730 anos para que o número de átomos de C14 de uma amostra decaia pela metade.

Com o C14 podemos datar apenas materiais que contenham suficiente carbono: os ossos e, especialmente, a madeira são os mais utilizados. A quantidade de carbono presente é determinada por métodos químicos e a radioatividade se deve ao C14 por métodos físicos. A quantidade dos isótopos não-radioativos C12 e C13 não muda – sendo assim, a razão entre o residual radioativo de C14 e a concentração de C12 e C13 diminui continuamente ao longo do tempo, permitindo estimar a idade de uma amostra. Existem limitações práticas: depois de quarenta mil anos, os átomos de C14 decaíram pela metade aproximadamente sete vezes; nessa altura, o residual radioativo é muito pequeno e sua determinação só é possível por meio de outros métodos mais sensíveis, caros e menos confiáveis.

O C14 é formado na atmosfera em quantidades diminutas, durante o bombardeio dos átomos de nitrogênio pelas radiações cósmicas. Juntamente com C12 e C13, ele entra em circulação na terra graças às plantas, que utilizam gás carbônico e água para viver. O método assume que a concentração de C14 na atmosfera seja constante; esta não é uma premissa absolutamente correta, mas foi possível demonstrar as alterações nos níveis de C14 atmosférico em diferentes tempos e retificar os dados já obtidos. Pinheiros de algumas regiões desérticas do Arizona, cujos troncos permaneceram intactos durante milênios depois da morte das árvores, foram de grande valia – contando os anéis de crescimento, que se acumulam a cada ano no tronco, foi possível determinar a quantidade de carbono radioativo na madeira de diferentes idades. A seqüência de anéis de crescimento para um período de milhões de anos foi reconstruída graças a um procedimento chamado dendrocronologia, que se baseia no fato de o clima influenciar o aspecto do anel anual em formação. A alternância de climas frios e quentes gerou uma série característica de anéis, reconhecível em pelo menos parte das árvores que existiram em um determinado período. Hoje podemos dizer, por exemplo, que uma certa árvore viveu entre 5.110 e 5.527 anos e outra entre 4.991 e 5.230 anos atrás. Há troncos que nos permitem voltar até sete mil anos no passado.

Outros elementos químicos são úteis para períodos mais longos: o potássio radioativo se transforma muito lentamente em argônio e serve para datar rochas, em que o conteúdo de potássio é muito alto; o urânio transforma-se passando por uma longa série de elementos, que incluem o rádio e no final o chumbo. A série do urânio permite datações de até quinhentos mil anos, embora com aproximações consideráveis. O método argônio-potássio serve especialmente para tempos remotos, que vão de cem mil a dez milhões de anos atrás, ou até mais que isso.

O parentesco entre homens e símios

Com esses métodos de datação chegamos a estimar a idade dos fósseis. Mas como confirmar o parentesco entre homens e símios proposto por Darwin e Huxley?

Atualmente não é difícil ver quanto somos parecidos com nossos primos distantes, os chimpanzés e os gorilas – basta visitar um zoológico. Mas no passado era incomum poder observar esses animais. Era tão raro que, no século XVII, Tyson, um inglês, publicou um livro sobre a anatomia de um pigmeu comparada à do macaco, à do gorila e à do homem, analisando ossos que na verdade pertenciam a um chimpanzé. Mesmo o orangotango é bastante humano, embora nesse caso as diferenças sejam mais notáveis. De fato, homens e orangotangos separaram-se há mais tempo durante a evolução.

De qualquer forma, há algumas décadas desenvolvemos um sistema genético para estabelecer a semelhança entre espécies diferentes e datar sua origem. É o método do *relógio molecular*, que estuda estruturas moleculares de importância biológica e conta a diferença entre, digamos, a molécula do homem e a do chimpanzé.

É preciso ter um ponto de referência ou escala de medida que nos indique quanto tempo leva, em média, para produzir uma diferença. Para fixar essa escala temos que obter uma grande quantidade de dados que mostrem quando, do ponto de vista genético, ocorreu a separação entre dois organismos ainda vivos.

A hemoglobina

As moléculas úteis nesse tipo de estudo – as proteínas e os ácidos nucléicos (os DNAs) – são encontradas apenas nos seres vivos e controlam as funções necessárias à vida. Começaremos pelas proteínas, porque foram as primeiras utilizadas para estabelecer o elo entre homens e símios. Mais adiante discutiremos o DNA.

Existem dezenas de milhares de proteínas em um organismo. Vamos analisar uma bastante familiar, a hemoglobina. Principal constituinte dos glóbulos vermelhos, essas pequenas esferas de oito milésimos de milímetro de diâmetro compõem metade do nosso sangue. A hemoglobina não apenas faz que o sangue seja vermelho, como também confere uma propriedade muito importante: a da captação do oxigênio no pulmão e seu transporte até os tecidos, onde é utilizado pelas células. Toda célula obtém grande parte da sua energia queimando oxigênio.

A molécula de hemoglobina é formada por quatro subcomponentes. São quatro cadeias unidas de uma certa maneira, das quais existem dois tipos distintos, chamados alfa e beta, cada um presente em pares idênticos. Em cada cadeia existe uma molécula ainda menor, chamada *heme*, que fixa o oxigênio e permite sua troca com os tecidos. A unidade *heme* contém ferro – as pessoas anêmicas ingerem ferro exatamente porque perderam hemoglobina e precisam desse elemento para produzir novas moléculas.

As quatro cadeias são imprescindíveis – o ferro ou a porção *heme* sozinhos não bastam para que a molécula de hemoglobina possa trocar oxigênio. Cada cadeia é formada por unidades menores, dispostas em seqüência, como se fossem as pérolas de um colar – a cadeia alfa contém 141 e a cadeia beta, 146.

Essas "pérolas", por sua vez, não são iguais entre si; existem vários tipos delas. As propriedades de uma proteína são determinadas pelas "pérolas" ou unidades que as compõem, chamadas *aminoácidos*. Cada uma tem um nome próprio: alanina, glicina, triptofano, serina etc.

Para definir a função das proteínas é importante saber não apenas quais são os seus aminoácidos, mas especialmente a seqüência em que eles aparecem.

Quem somos?

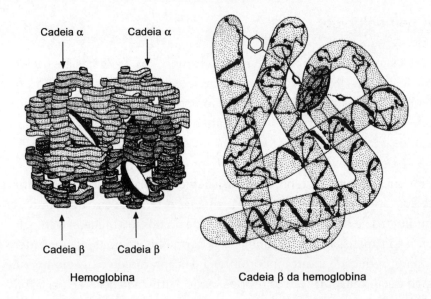

FIGURA 2.2 – Uma molécula de hemoglobina é formada por quatro globinas: duas chamadas alfa e duas chamadas beta. *À esquerda*: as quatro cadeias representadas como figuras sólidas, mostrando suas dimensões relativas. *À direita*: uma cadeia típica, vista como um cordão em espiral contendo aproximadamente 150 "contas" (aminoácidos) em seqüência. Os discos representam as moléculas *heme*.

O estudo da evolução através das proteínas

Uma proteína tende a ser praticamente idêntica nos membros de uma mesma espécie, mas é diferente em organismos separados pela evolução, porque alguns aminoácidos acabaram sendo adicionados, substituídos ou removidos. Em geral, quanto maior for a diferença entre dois organismos, maior será a diferença entre os aminoácidos de uma proteína que ambos possuem.

Vamos tomar como exemplo o início da cadeia alfa da hemoglobina, comparando três espécies bastante distintas. Usando as iniciais para indicar cada aminoácido (V para valina, L para leucina, S para serina, P para prolina, e assim por diante), as seqüências dos primeiros quinze aminoácidos no homem, no cavalo e na galinha são:

Uma galeria de ancestrais

Homem: V L S P A D K T N V K A A W G
Cavalo: V L S A A D K T N V K A A W S
Galinha: V L S N A D K N N V K G I F T

É fácil perceber que o homem e o cavalo diferem em dois aminoácidos (o quarto e o quinto), enquanto o homem e a galinha apresentam seis aminoácidos diferentes nessa seqüência de quinze. Comparando o cavalo e a galinha, também encontramos seis aminoácidos que não coincidem.

Isto já nos mostra algo interessante: apesar de tratar-se de organismos muito diversos, a estrutura geral da hemoglobina é análoga nas três espécies. Entretanto, os mais parecidos, homem e cavalo, diferem em apenas dois aminoácidos e o mais diferente, a galinha, difere em seis. Essa observação é condizente com o fato de a galinha ser uma ave, enquanto o cavalo e o homem são ambos mamíferos e, portanto, estão mais estreitamente relacionados.

Como medir essa distância em relação à evolução? Hoje em dia acreditamos que os mamíferos não tenham mais que 65 milhões de anos e que começaram a ficar numerosos na Terra somente depois de um grande cataclismo. Segundo a teoria que prevalece hoje, um enorme meteorito teria caído provavelmente numa região do México atual, gerando uma extensa nuvem de partículas na atmosfera; esta, por sua vez, teria eclipsado o Sol, causando um inverno extremamente longo e uma profunda mudança nas condições climáticas de então. Grandes animais como os dinossauros teriam desaparecido, permitindo a expansão e difusão de pequenos animais de sangue quente, como os mamíferos daqueles tempos. Portanto, é plausível que a diferenciação dos mamíferos tenha começado há 65 milhões de anos. Já a das aves, segundo nos indicam os restos fósseis, teria ocorrido há duzentos milhões de anos.

Partindo de um total de quinze, a diferença de dois aminoácidos entre o homem e o cavalo e seis aminoácidos entre o homem e a galinha (ou o cavalo e a galinha) dá uma razão de 1:3. Essa relação é aproximadamente a mesma da separação evolucionária entre homens e cavalos (há 65 milhões de anos) e aves e mamíferos (há duzentos milhões de anos). Utilizando muitas proteínas e espécies, os cientistas verificaram essa simples relação entre as divergências nos patrimônios biológicos de espécies distintas e o tempo que elas levaram para acumular-se. É a base do chamado *relógio molecular*, que permite calcular os tempos de evolução a partir das diferenças entre dois organismos e construir as árvores genealógicas.

É claro que uma estatística baseada em quinze aminoácidos não é suficiente. Vamos considerar algo mais amplo; por exemplo, as diferenças de aminoácidos de toda a cadeia alfa entre quatro mamíferos.

Tabela 1 – Diferenças de aminoácidos entre as cadeias alfa da hemoglobina do homem, do gorila, do porco e do coelho

	Homem	Gorila	Porco	Coelho
Homem	0	1	19	26
Gorila	1	0	20	27
Porco	19	20	0	27
Coelho	26	27	27	0

Se fôssemos julgar pelo aspecto visual, é óbvio que homens e gorilas são mais parecidos que homens e porcos; mas não é tão fácil decidir, entre um porco e um coelho, qual dos dois se assemelha mais aos humanos. Entretanto, a Tabela 1 nos diz que o porco está mais próximo do homem e do gorila porque o número de diferenças entre os três é menor que o observado ao comparar o coelho, pelo menos no que diz respeito à cadeia alfa.

A árvore genealógica dos símios e do homem

Nesta altura, podemos montar uma árvore genealógica: primeiro colocamos juntos o homem e o gorila, que são os mais parecidos porque diferem em apenas um aminoácido. Eles possuem, respectivamente, dezenove e vinte aminoácidos diferentes em relação ao porco, o que nos sugere que este se separou dessas duas espécies muito antes que acontecesse a cisão entre homens e gorilas. Vamos então desenhar um ramo que chega até o porco. O coelho será colocado no ramo mais externo da árvore, em razão das 26-27 diferenças que apresenta em relação aos outros três mamíferos. Naturalmente, é preciso estudar cadeias de aminoácidos muito mais longas para que os resultados sejam válidos do ponto de vista estatístico. O ideal é encontrar a média comparando muitas proteínas e também o DNA.

É possível chegar a essa estatística utilizando também um método alternativo, menos direto, para calcular o número de diferenças de aminoácidos. Foi assim que dois cientistas da Universidade da Califórnia em Berkeley – o antropólogo William Sarich e o bioquímico Allan Wilson – estabeleceram que chimpanzés e homens divergiram entre cinco e sete milhões de anos atrás.

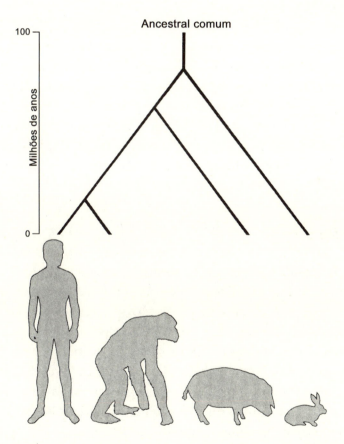

FIGURA 2.3 – Árvore genealógica de quatro mamíferos baseada na cadeia alfa da hemoglobina.

De início, essa conclusão causou muita agitação, porque acreditava-se que a separação entre os grandes símios e o homem fosse quatro vezes mais antiga – havia sido datada em vinte a 25 milhões de anos, com base em dados paleontológicos não totalmente confiáveis. Lucy, descoberta na seqüência, tem numerosas características simiescas mas as semelhanças com o homem claramente indicam que ela pertence ao ramo que leva à espécie humana – portanto, ela existiu após a cisão entre nós e os grandes símios, embora não muito depois. Dissemos que Lucy foi datada em 3,2 milhões de anos com razoável margem de segurança – pois bem, este é um dado muito mais próximo dos cinco a sete milhões de anos dos biologistas moleculares que dos vinte a 25 milhões de anos inicialmente propostos.

A opinião corrente é que homens e chimpanzés separaram-se há aproximadamente cinco milhões de anos – cinco a sete segundo alguns, quatro a seis segundo outros. Os homens divergiram dos gorilas antes disso e dos orangotangos num tempo mais remoto ainda, da ordem de dez a quinze milhões de anos.

Um hipotético ancestral teria dado origem a uma dupla descendência. Por um lado, os chimpanzés, por outro, os organismos, aos quais foi dada a honra, talvez duvidosa, de iniciar o ramo evolucionário do gênero *Homo*.

Gênero e espécie

O que significa pertencer ao mesmo gênero ou espécie?

A nomenclatura usual foi introduzida no século XVIII pelo primeiro e mais notável classificador dos seres vivos – Carlos Lineu, da Suécia. Todo organismo recebe dois nomes latinos: o primeiro denota o *gênero*, isto é, um grupo de espécies semelhantes; o segundo denota a *espécie*, definida como o conjunto de indivíduos capazes de gerar descendentes férteis. Por exemplo, o jumento e a égua pertencem ao mesmo gênero (*Equus*) mas não à mesma espécie, porque os híbridos das suas cruzas, isto é, a mula e o burro, são estéreis.

Os homens atuais pertencem à mesma espécie, *Homo sapiens*. Não existem relatos seguros sobre o cruzamento entre símios e homens. Se aconteceram (talvez obra de pseudocientistas nazistas), esperamos que não se repitam. Onde viveriam os descendentes? Juntamente a nós ou no zoológico? Essa consideração bastaria para desencorajar qualquer pessoa sensata a realizar tal experimento.

O ancestral mais antigo

Pelo que sabemos hoje, os australopitecos são ancestrais posteriores a um outro mais antigo ainda, comum a nós e aos símios. Não são mais proto-símios e também não são homens. Representam um elo. Pelo menos cinco espécies foram classificadas: *afarensis, africanus, robustus, aethiopicus, boisei*. Ao que parece, o verdadeiro elo perdido é o *Australopithecus afarensis*, de quem descendem não apenas o gênero humano, mas também dois ramos distintos de australopitecinos, que teriam vivido na África até aproximadamente um milhão de anos atrás e se extinguiram.

A árvore genealógica da espécie humana

Individualizamos pelo menos três espécies do gênero *Homo*: *Homo habilis*, o primeiro e mais antigo, de 2,5 ou menos de dois milhões de anos; *Homo erectus*, de dois milhões a aproximadamente meio milhão de anos (ou talvez trezentos mil anos em algumas partes do mundo); e finalmente *Homo sapiens*, que somos nós. Apenas *Homo sapiens* ocasionalmente recebeu um terceiro nome, para denotar subespécies e classificar melhor os diversos tipos encontrados.

Não sabemos de fato se *Homo habilis* e *Homo erectus* foram espécies realmente diferentes do *Homo sapiens*. Essa mesma incerteza se aplica, na verdade, a grande parte das plantas e animais já classificados, que são muito numerosos. Com as espécies fósseis a questão é particularmente difícil, porque, obviamente, experimentos de cruzamentos são impossíveis e a definição rigorosa de espécie exige uma observação da capacidade de gerar descendentes férteis. Podemos apenas dizer, em defesa dessa classificação, que os taxonomistas normalmente têm um bom "faro" e que, nos casos em que foi possível testar suas suposições (em organismos diferentes do homem), normalmente estavam certos.

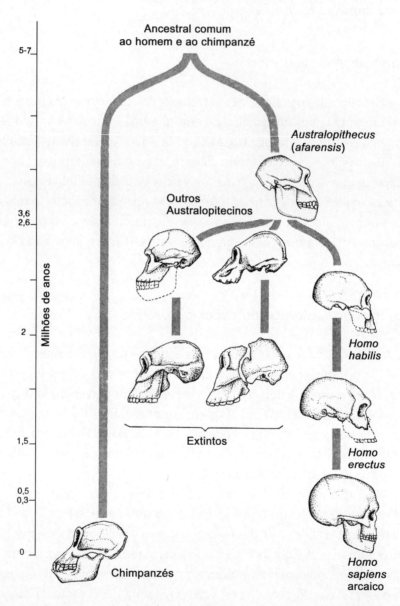

FIGURA 2.4 – Árvore genealógica dos australopitecinos e do gênero *Homo* com datas aproximadas, baseada nos fósseis de crânios da África Oriental e Meridional.

Uma galeria de ancestrais

Os australopitecinos

Com um crânio decididamente pequeno em relação à face, imagina-se que os australopitecinos tinham um aspecto simiesco. O volume interno do crânio, que mais ou menos corresponde ao volume do cérebro, era de aproximadamente 400 cm³ – um pouco maior que o de um chimpanzé ou de um gorila, animais mais encorpados. A Lucy não é alta, mede 110 cm. Seu crânio também é pequeno e baixo, uma característica que muda radicalmente no homem moderno, cuja calota craniana é mais elevada e uma testa alta começa a despontar.

A face de Lucy é saliente e as mandíbulas são fortes. O formato das inserções de tendões e músculos nos ossos sugere uma musculatura possante. Seus dentes já apresentam modificações que se acentuam na linhagem humana. Os símios possuem caninos desenvolvidos e afastados dos incisivos; o homem, cujos caninos passaram a ser menos importantes, não apresenta essa separação. No *Australopithecus afarensis*, o tamanho dos caninos é intermediário, mas o espaçamento em relação aos incisivos é igual ao dos chimpanzés.

Um fato muito importante é que os australopitecinos podiam ficar em pé, embora sua postura ereta fosse um tanto diferente da nossa. Chimpanzés e gorilas ficam de pé, mas normalmente andam de quatro, apoiando-se nos nós dos dedos da mão – um andar nada parecido com o humano.

Muitas das espécies de australopitecos não sobreviveram. Os últimos desapareceram há um milhão de anos. Entretanto, diferenciou-se, sempre na África Oriental, um tipo que viria a ser o primeiro homem. Mais uma vez, ele foi descoberto por Louis Leakey na Garganta de Olduvai (Tanzânia).

Homo habilis

O que nos leva a individualizar o *Homo habilis* como o primeiro da nossa espécie? Para começar, o aumento da sua capacidade craniana, e portanto do cérebro, que passou de 400 a 630 cm³ no milhão ou mais de

Quem somos?

anos que o separam dos primeiros australopitecinos. Em segundo lugar, seus utensílios de pedra trabalhada, de início muito rudimentares. Na Garganta de Olduvai ainda é possível ver, exposta aos visitantes no mesmo lugar da descoberta de Leakey, uma coleção de utensílios e ossos desse primeiro ancestral realmente humano. É capaz de andar em pé, mas ainda é muito pequeno (um pouco mais de um metro de altura), com braços longos como os de Lucy (talvez uma característica vantajosa caso ele ainda subisse em árvores com a mesma desenvoltura dos símios).

Datado de dois ou 2,5 milhões de anos, o *Homo habilis* recebe esse nome (que significa "habilidoso", "faz-tudo") para ressaltar sua capacidade de usar ferramentas. Não é possível excluir, entretanto, que alguns australopitecinos tivessem sido os primeiros fabricantes de pedras talhadas. Os achados arqueológicos não são suficientemente claros nem numerosos para formarmos uma opinião segura a respeito.

Os utensílios são bastante primitivos. Muitos são apenas lascas de pedras: as menores eram usadas para raspar; as mais grossas, como machados. Junto às pedras foram encontrados ossos de animais – presume-se que as ferramentas serviam para retirar a carne e também partir os ossos, para comer a medula. A técnica utilizada na fabricação desses utensílios é chamada *olduvaiana* em homenagem ao lugar onde elas foram encontradas (Olduvai).

Esses abundantes depósitos de pedras e ossos nos informam que o homem era caçador e carnívoro, ao contrário dos seus antecessores (os chimpanzés atuais são essencialmente vegetarianos). Também nos revelam um comportamento significativamente diferente do observado nos símios: o costume de dividir a presa e consumi-la em grupo. É o primeiro passo em direção à cooperação.

Homo erectus

O tipo humano seguinte foi batizado de *Homo erectus*; seu aparecimento foi estimado em dois a 0,5-0,3 milhão de anos.

Sabemos pouco sobre a transição de *habilis* para *erectus*. É uma questão difícil de estudar porque o número de fósseis e sítios arqueológicos bem datados e pesquisados é muito pequeno. A transformação é marcada pela expansão do volume do cérebro, que continua a aumentar e passa, talvez de maneira gradual, de um valor médio de 630 a pouco mais que 1.000 cm^3; ao mesmo tempo, os utensílios tornam-se mais numerosos, especializados e aperfeiçoados.

Com o desenvolvimento do cérebro, a calota craniana eleva-se acima das arcadas supraciliares, as quais, no entanto, continuam bem pronunciadas. A face torna-se menos comprida; as arcadas dentárias, porém, ainda são salientes. A mandíbula é mais baixa e meio voltada para trás – característica não mais presente no homem moderno, no qual aparece um queixo um tanto pontudo.

É provável que o aumento do cérebro esteja associado, pelo menos em parte, ao aperfeiçoamento dos utensílios. As novas ferramentas, chamadas *acheulenses,* foram descobertas por arqueólogos franceses na localidade de Saint-Acheul (França) e vêm enriquecer a antiga técnica *olduvaiana.* Aparecem pela primeira vez há aproximadamente 1,5 milhão de anos – na África, é claro, onde se originou o *erectus.* Ainda podem ser encontradas entre os achados datados em duzentos anos, procedentes de locais não mais habitados por *erectus* mas por seu sucessor imediato. É nessa época que são desenvolvidos os machados de duas faces, que não mudarão muito ao longo do tempo.

Os locais da evolução humana

Durante mais de um milhão de anos, a África foi o palco da evolução humana – como de fato haviam previsto Darwin e Huxley, com brilhante intuição, já no século XIX. O raciocínio era simples: os seres vivos mais parecidos com o homem são o chimpanzé e o gorila, que vivem na África; portanto, é na África que a espécie humana deve ter surgido.

Pelo que foi possível depreender, nossos ancestrais humanos (e os australopitecinos antes deles) deixaram a floresta (onde ainda habitam os grandes símios) para viver em ambientes semelhantes às atuais savanas – pradarias tropicais com gramas altas, arbustos e árvores esparsas, povoadas por grandes quadrúpedes e uma rica variedade de espécies animais e vegetais.

Quem somos?

Há mais ou menos um milhão de anos, *Homo erectus* inicia suas caminhadas, por assim dizer, e difunde-se pela Ásia e pela Europa – praticamente por todo o Velho Mundo – durante centenas ou milhares de anos. Provavelmente, essa disseminação geográfica foi possível graças a uma capacidade de adaptação a ambientes diversos, a técnicas de caça mais avançadas e a uma inteligência maior associada ao aumento do cérebro (*erectus* passa a ter, aproximadamente, o dobro do cérebro dos australopitecinos).

A primeira etapa que conhecemos das migrações aconteceu no Oriente Médio, em Ubeidiya (vale do Jordão), atual Israel. É lá que foram encontrados restos datados em pouco mais que um milhão de anos, os primeiros testemunhos da presença humana fora da África. A seguir, o *erectus* alcança o sudeste asiático, em Java, e a Ásia Oriental (o Homem de Pequim). Espécimes de *erectus* são recuperados nesses lugares a partir da primeira metade do século XX, e suas idades imprecisamente estimadas em trezentos mil ou quatrocentos mil anos.

A história do famoso Homem de Pequim é singular. A descoberta ocorreu num local antigamente chamado Chou-kou-tien, hoje rebatizado Zhoukoudian segundo a nova grafia. Com a previsão de uma guerra nipo-americana, a embaixada americana em Pequim organizou o envio dos crânios aos Estados Unidos, por precaução. Ao deixar a China, o comboio que transportava os restos, sob a proteção de fuzileiros americanos, foi interceptado pelos japoneses no mesmo dia em que o ataque-surpresa à base naval de Pearl Harbour dava início à guerra. Os militares americanos foram capturados e o material arqueológico desapareceu. Por sorte, o paleoantropólogo alemão Franz Weidenreich havia feito excelentes moldes de gesso e produzido minuciosas descrições dos crânios. Em períodos subseqüentes, arqueólogos chineses continuaram as escavações e iniciaram um acervo que hoje comporta mais de cem mil peças.

Antigamente pensava-se que existissem diferenças importantes entre as ferramentas acheulenses do Oriente e as do Ocidente, sugerindo a existência de culturas muito diversas; hoje em dia considera-se que essas diferenças foram superestimadas e que não são particularmente significativas. No leste e sudeste asiáticos observamos uma certa ausência de ferramentas trabalhadas nas duas faces. O bambu era muito abundante nessas regiões e foi sugerido que ele substituiu os utensílios de pedra na execução de várias tarefas.

Vale a pena lembrar que o Homem de Pequim nos presenteou com um dos melhores testemunhos do uso do fogo. O exemplo é bastante tardio, datado em trezentos anos. É plausível, no entanto, que o fogo tenha sido uma conquista mais antiga e que o *erectus* pôde difundir-se em parte pela sua habilidade de utilizá-lo no início das suas migrações.

Homo sapiens

O aparecimento da nossa espécie é estimado em cerca de quinhentos mil ou trezentos mil anos. *Sapiens* e *erectus* talvez tenham coexistido por um certo tempo, mas não sabemos com certeza. *Homo sapiens* representa a última etapa do aumento do volume cerebral, que rapidamente chega aos 1.400 cm^3 (tamanho atual), com poucas diferenças entre homens e mulheres (provavelmente em razão das diferenças de peso e altura entre os dois sexos) mas com muitas variações entre indivíduos.

Ao contrário do que muitos pensam, se analisarmos uma população humana moderna veremos claramente que a capacidade craniana pouco tem a ver com a inteligência de cada um: podemos ter uma cabeça pequena e ser muito inteligentes, ou vice-versa. Entretanto, na história da evolução do homem é bastante provável que o evidente aumento do volume cerebral indique um aumento de certas capacidades intelectuais, como a de fabricar utensílios e utilizar a linguagem de forma cada vez mais complexa.

O volume do nosso crânio manteve-se o mesmo nos últimos trezentos mil anos, ao que parece. Entretanto, existe uma diferença entre os crânios do *Homo sapiens* de trezentos mil a quatrocentos mil anos atrás e o do homem atual, tanto que os espécimens mais antigos foram classificados como *Homo sapiens* arcaico. Nos crânios arcaicos as arcadas supraciliares ainda são marcantes, os ossos espessos, a face saliente e ainda lembrando a semelhança com símios.

Quem somos?

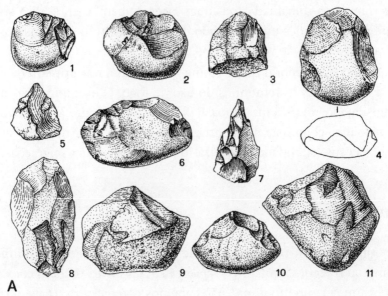

1, 2, 4, 6, 7, 9, 10, 11: "choppers" (instrumentos usados para partir, cortar, triturar); 3, 8: esfolador; 5: lasca retocada.

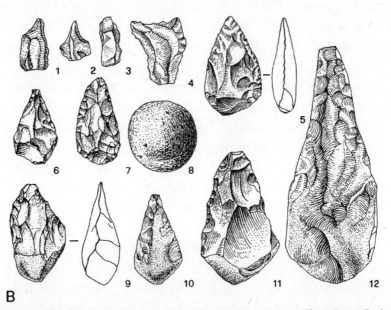

1, 2, 3, 5, 6, 7, 9, 11: lascas; 4: raspador; 8: bola; 10, 12: instrumento com bifaces bem talhadas.

FIGURA 2.5 – Utensílios de (A) *Homo habilis* (cultura olduvaiana); (B) *Homo erectus* (cultura acheulense).

A diferenciação de *Homo sapiens*

Recentemente foram publicadas imagens de um crânio descoberto na China, de idade estimada em quatrocentos mil a quinhentos mil anos, que poderia corresponder a um intermediário entre *erectus* e *sapiens*. O achado é muito interessante, embora não seja possível dizer se é revolucionário até que outras evidências venham consolidar essa hipótese.

Fósseis e sítios arqueológicos aumentam à medida que nos aproximamos dos tempos atuais; o que sabemos passa a ser um pouco menos nebuloso, conquanto ainda existam pontos de interrogação. O *Homo sapiens* arcaico é encontrado na África (do Norte, do Sul, Oriental), por toda a Europa (exceto a Escandinávia) e na Ásia, particularmente no sul e sudeste asiáticos, mas também na região ocidental (outras áreas foram menos pesquisadas). Foi difícil considerar *Homo erectus*, de quem temos menos achados à disposição, uma entidade única. O mesmo podemos dizer de *Homo sapiens*, sendo que agora diferenciações tanto espaciais como temporais tornam-se evidentes.

Mencionamos a distinção entre o homem arcaico e o moderno. A partir de duzentos mil a trezentos mil anos atrás, encontramos (na Europa) um tipo de *Homo sapiens* arcaico diferente do africano ou do chinês: a subespécie *Homo sapiens neanderthalensis*. O homem de Neandertal ocupa, portanto, um lugar mais recente na nossa galeria de ancestrais. Cerca de sessenta mil anos atrás ele passa a ser encontrado fora do território europeu, até no Oriente Médio, e desaparece há aproximadamente 35 mil anos. Arqueólogos e paleontólogos agrupam-se segundo duas opiniões distintas – há os que defendam que o homem de Neandertal extinguiu-se provavelmente pela concorrência com o homem moderno, o qual teria chegado à Europa do Oriente Médio; há os que considerem que, pelo contrário, ele transformou-se no homem moderno europeu. Existe uma diferença muito importante entre essas duas hipóteses. Se o *Homo sapiens neanderthalensis* desapareceu, então devemos considerá-lo um "tio" (ou "primo") sem descendência. Entretanto, se ele deixou descendentes, então é um ancestral, pelo menos para os europeus. Pessoalmente sou a favor da primeira hipótese.

FIGURA 2.6 – Locais das principais descobertas de fósseis de *Homo erectus* e *Homo sapiens* arcaico.

Nos últimos cem mil anos emergiu o homem moderno, classificado como *Homo sapiens sapiens,* indistinguível de nós, o único que sobreviveu até os dias de hoje. Ele traz modificações importantes que cada vez mais nos dizem respeito – surge uma linguagem mais complexa e os utensílios de pedra sofrem mudanças significativas.

No fim do período do *sapiens* arcaico, a antiga técnica acheulense, que não variou por um milhão ou mais de anos, começa a ser substituída por um novo método. Seixos de diferentes formatos passam a ser talhados criando vários tipos de utensílios, continuamente retocados para melhorar sua eficiência. Essa nova técnica é chamada *musteriana* em virtude da gruta francesa de Le Moustier, onde foram descobertos os primeiros exemplares (o local é próximo de Cro-Magnon, porém bem mais antigo).

Uma galeria de ancestrais

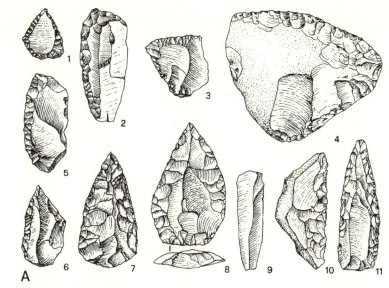

1, 6, 7, 8: pontas; 2, 3, 4, 5, 10: raspadores; 9, 11: lâminas.

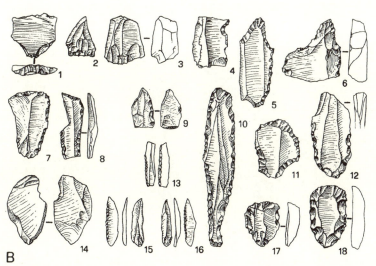

1: lasca; 2, 3: núcleos; 4, 10: lâminas; 5, 6, 7, 11: esfoladores; 8, 9, 12, 14: buris; 13, 15, 16: pequenas lâminas; 17, 18: esfoladores carenados.

FIGURA 2.7 – *Homo sapiens*: ferramentas (A) musterianas e (B) aurignacenses.

Quem somos?

Não sabemos ao certo onde e quando o estilo musteriano apareceu, mas ele rapidamente substituiu o acheulense e deu origem a uma série de utensílios mais refinados e diferenciados. Até cinqüenta mil-quarenta mil anos atrás, a técnica dominante na Europa, África e Oriente Médio foi a musteriana; surgiu então um estilo ainda mais evoluído, denominado aurignacense (da localidade francesa de Aurignac).

Nessa época, pelo menos na Europa, coexistiram, por um breve período, dois tipos humanos diferentes: os neandertais e os homens modernos, distintos não apenas no formato do crânio mas também nos métodos de fabricação de utensílios (musteriano e aurignacense, respectivamente). O estilo musteriano desaparece juntamente com o homem de Neandertal. Entramos na era moderna.

3
Cem mil anos

Há trezentos mil anos, o cérebro humano virtualmente atingiu as dimensões de agora; talvez tenha sido até um pouquinho maior. Isso não significa que sua estrutura interna fosse idêntica à nossa. Mudanças notáveis devem ter sido necessárias para que ele chegasse ao estado atual de aperfeiçoamento; o fato de os utensílios de então serem um tanto grosseiros e permanecerem assim por muito tempo sugere isso. Ao longo dos cem mil ou duzentos mil anos seguintes, desaparecem as características mais primitivas da face (o *sapiens* arcaico ainda tem um aspecto simiesco) e as ferramentas evoluem consideravelmente. A nova técnica musteriana, que associamos ao *Homo sapiens*, substitui a antiga técnica acheulense e dá origem a uma maior variedade de objetos com sinais de retoque e manutenção. Entretanto, ainda não sabemos exatamente onde e quando surgem a cultura musteriana e o *Homo sapiens*.

O que podemos dizer com certa segurança é que nos últimos trezentos mil anos desenvolve-se na Europa um tipo especial de *Homo sapiens*, o homem de Neandertal, que assumiu suas características clássicas há cerca de sessenta mil anos. Durante o mesmo período, encontramos na África um *sapiens* arcaico ainda mais parecido com o homem moderno que o neandertal. Isso está de acordo com outros fatos que apontam para a África como o berço e centro de difusão do homem moderno – uma hipótese não aceita por todos os especialistas e que gerou uma controvérsia aparentemente difícil de resolver. Alguns paleoantropólogos dão muita importância aos restos de *Homo erectus* descobertos na China; consideram-no parecido com os chineses atuais e sugerem que o homem moderno desenvolveu-se numa área vastíssima, praticamente o mundo inteiro, e não numa única região. Essas duas teorias opostas, a do desenvolvimento "africano" e a do desenvolvimento "policêntrico", são objeto de intensas discussões entre os antropólogos. Para um geneticista é mais aceitável a origem única seguida de uma expansão.

Quase todas as descobertas importantes de fósseis aconteceram durante escavações não-arqueológicas. Na Europa, a densidade demográfica é maior que na África ou em outras partes do mundo, excluindo-se a China e a Índia (onde, no entanto, o desenvolvimento da arqueologia foi menos pronunciado); de fato, o território europeu foi o mais escavado para a construção de edifícios, estradas e ferrovias, trazendo à superfície achados interessantíssimos, geralmente enviados a museus e universidades.

Isso explica por que a Europa foi a região mais bem estudada do ponto de vista arqueológico e paleoantropológico, tornando-se a maior fornecedora de material. É ali que foram descobertos tanto o homem de Neandertal como o de Cro-Magnon. O primeiro é um achado bastante lógico porque os neandertais difundiram-se principalmente pela Europa; já o Cro-Magnon é um tipo relativamente tardio de homem moderno. Exemplares mais antigos, encontrados em outras localidades, também são quase indistinguíveis dos humanos atuais.

Homo sapiens neandertalensis

O homem de Neandertal chamou muito a atenção porque apresenta características nitidamente primitivas e é bastante diferente de nós para sugerir um tratamento especial de imediato. Isso é tão marcante que foi criada uma subespécie somente para ele – *Homo sapiens neandertalensis*. Há quem queira considerá-lo uma subespécie de *Homo erectus* ou

Cem mil anos

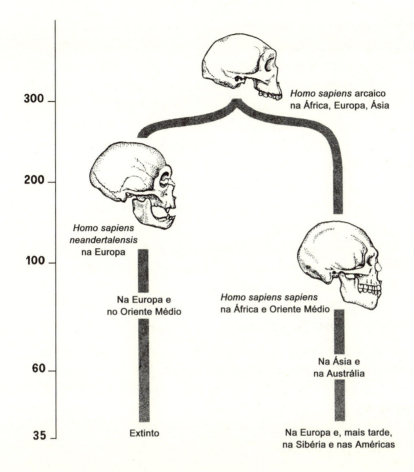

FIGURA 3.1 – Árvore genealógica do *Homo sapiens* e confronto entre o neandertal e o homem moderno. Escala à esquerda: milhares de anos.

até mesmo uma espécie distinta. Mas as disparidades na verdade não são enormes. Meu sogro, Eppe Ramazzotti, excelente naturalista mas não um antropólogo, dizia que bastava olhar em torno com atenção para perceber que o neandertal está sempre presente! Nunca cheguei a encontrá-lo e acredito que meu sogro estivesse só brincando, como de costume. Uma análise quantitativa do professor Howells de Harvard mostra que não há nenhuma semelhança particular entre os espécimens neandertais e os europeus ou os crânios de qualquer outra raça humana existente.

Graças à cortesia do professor J. J. Hublin, do Museu do Homem em Paris, pude analisar lado a lado os dois famosos crânios, o que foi encontrado em Cro-Magnon (sem dúvida, o de um homem moderno) e o do neandertal descoberto na França, em La Chapelle-aux-Saints. A diferença é notável, mas também é preciso lembrar que há muita variabilidade entre os neandertais e que os crânios provenientes da Europa Oriental talvez correspondam a exemplos menos extremos dentro dessa gama de variações.

A capacidade craniana do homem de Neandertal equivale à do homem moderno (na verdade, é até um pouco maior), mas a calota craniana é mais comprida e baixa em relação à face, a testa é estreita e as arcadas supraciliares são proeminentes. Seu rosto é comprido, o nariz é largo e o queixo pouco pronunciado (somente no homem moderno aparece o queixo saliente). Há também uma protuberância, uma espécie de *chignon* ósseo, na extremidade posterior do crânio. Os encaixes da musculatura nos ossos indicam que ele era muito forte.

Uma característica estranha, particularmente nos velhos, é que os incisivos estão desgastados na face externa. Evidentemente, não é um sinal inato; parece ter sido causado pelo uso desses dentes para morder e fixar materiais durante a fabricação de objetos, talvez cordas ou algo do gênero. Os esquimós também apresentam esse tipo de desgaste, embora menos pronunciado.

A vida de um neandertal

Os neandertais adaptaram-se a climas diferentes e sobreviveram a várias glaciações. Acreditamos que viviam em cavernas porque nelas foram feitas quase todas as descobertas arqueológicas mais importantes. É bom mencionar, no entanto, que os arqueólogos preferem escavar cavernas porque ali a probabilidade de encontrar restos é sempre boa e o material permanece via de regra intocável (e, conseqüentemente, mais bem preservado). Também foram encontrados sítios ao ar livre (freqüentemente próximos a nascentes, rios e lagos) que, porém, não demonstram modificações associadas a estadas mais prolongadas, como indicam os restos de acampamentos do homem moderno. Nos sítios neandertais ao ar livre foram recuperados especialmente materiais de pedra; isso sugere que talvez fossem locais usados para a confecção de ferramentas ou para esquartejar a caça e depois transportá-la até outros lugares.

Esses homens eram, sem dúvida, caçadores e nômades; talvez utilizassem um campo principal para onde eventualmente retornavam. Alimentavam-se sobretudo de carne de veado, bovinos e eqüinos. Nos locais que habitavam sempre foram encontrados utensílios de fabricação musteriana, razão pela qual o estilo musteriano tornou-se um bom indicador da presença dos neandertais na Europa. Não podemos esquecer, entretanto, que essa técnica durou muito tempo e chegou a ser utilizada pelos *sapiens* arcaicos e homens modernos.

Além de facas, raspadores, furadores e tantas outras ferramentas, também foram encontradas lanças, entre elas uma de madeira, com mais de dois metros de comprimento e a ponta endurecida pelo fogo, ainda cravada no costado de um elefante. Evidentemente o caçador saiu-se vitorioso. Os neandertais não trabalhavam marfim ou ossos, mas sim a pedra e a madeira; ao contrário dos seus sucessores, não deixaram sinais que indiquem um interesse pela arte. A descoberta de esqueletos com sinais de doenças prolongadas ou de indivíduos de idade avançada sugere que eles cuidavam de seus idosos e doentes.

Comportamentos rituais?

Algumas cavernas neandertais abrigavam sepulturas. O corpo era geralmente colocado numa posição agachada, de cócoras. Isso não indica necessariamente um ritual particular – quem sabe a intenção fosse apenas cavar um buraco menor. Também foram encontradas ossadas humanas fragmentadas, o que nos faz pensar que eles talvez utilizassem a medula dos ossos mais longos e o cérebro como alimento. Esse achado não implica que matassem seus vizinhos para consumi-los. Talvez se trate de necrofagia, o costume de comer os mortos, um tipo de canibalismo ainda comum na África e praticado na Nova Guiné até poucos anos atrás.

Quem somos?

Durante meu trabalho na República Centro-Africana, casos de antropofagia eram ocasionalmente descobertos, embora fosse proibida e sujeita a punição. Ao que parece, o próprio presidente Bokassa, que a seguir proclamou-se imperador desse país, chegou a banquetear-se com os corpos de estudantes dissidentes, mortos pela sua polícia durante protestos. A necrofagia tem acompanhado a humanidade ao longo da história. Em 1967, visitei uma região da Nova Guiné onde ela ainda era comum, sendo responsável pela transmissão do *kuru*, uma síndrome neurológica grave que leva à morte inevitável em alguns anos. Parecia ser uma doença genética, uma vez que vários casos foram encontrados numa mesma família; mais tarde descobriu-se que é causada por um vírus, transmitido de geração a geração pelo costume de comer os pais falecidos. A contaminação também pode ocorrer durante a preparação do corpo para os rituais funerários, responsabilidade esta dos parentes do defunto, e das mulheres em particular – o que mais uma vez causa a concentração de casos de *kuru* numa mesma família, levando à suposição errônea de uma doença geneticamente transmitida.

Os ossos dos neandertais não apresentam sinais de ataque de outros homens, mas há marcas aparentemente causadas por animais (sinais de dentes etc.). Outras lesões indicam que os músculos eram destacados dos ossos com raspadores ou esfoladores, quem sabe antes da inumação. O enterro talvez fosse uma maneira de evitar que predadores se alimentassem dos cadáveres. O hábito de remover a carne dos ossos pode ter nascido da necessidade de eliminar o cheiro da putrefação, caso quisessem continuar vivendo na caverna da sepultura.

Alguns achados sugerem a existência de rituais associados aos enterros. Em 1939, durante as escavações para construir uma vila em Monte Circeu, ao sul de Roma, foi descoberto um círculo de pedras disposto ao redor de um crânio, no chão de uma caverna. Infelizmente, os descobridores retiraram o crânio do lugar antes da chegada dos antropólogos, de modo que desconhecemos a posição original da cabeça. A base do crânio havia sido aberta, possivelmente para comer o cérebro, contudo pesquisas mais recentes não confirmaram essa hipótese.

Um caso que gerou muita agitação, talvez sem merecimento, é a descoberta de pólen numa outra sepultura neandertal. Chegou-se a especular que um arranjo de flores havia sido depositado como homenagem ao morto, mas a questão é muito incerta, porque poderia tratar-se de material intrusivo, de outra proveniência. Esse é um dos grandes problemas com todas as escavações. Para concluir, não temos certeza da existência de uma intenção religiosa no enterro dos mortos. Na verdade, muitos arqueólogos decididamente excluem essa possibilidade.

A difusão dos neandertais

Encontramos neandertais por toda a Europa Central e Oriental. No auge da sua expansão ele chegou ao Oriente Médio e ao leste do Mar Cáspio.

Até agora, entretanto, não fomos capazes de resolver a questão da sua presença em diferentes eras. O homem moderno começa a ser detectado muito cedo no Oriente Médio – cem mil anos atrás. As mesmas áreas geraram exemplos de neandertais mais recentes. Em Israel, restos de neandertais e homens modernos foram recuperados em grutas próximas; a datação pelo método do Carbono 14 (C14) fixou suas idades em quarenta mil anos – o período limite que essa técnica permite estimar. A seguir, datações mais precisas estabeleceram que esses dois grupos viveram em épocas diferentes e mais antigas. Com base nesses últimos dados, lançou-se a hipótese de que o homem moderno teria chegado pela primeira vez ao Oriente Médio cerca de cem mil anos atrás, mas sem sucesso; os neandertais teriam ocupado essa área há sessenta mil-65 mil anos, e desaparecido um certo tempo depois, ocorrendo então uma nova invasão do homem moderno.

Os últimos vestígios de neandertais foram encontrados na Europa e estima-se que tenham cerca de 35 mil anos.

Homo sapiens sapiens

Os testemunhos mais antigos dos nossos ascendentes diretos são dois, e quase contemporâneos: ambos provêm da África do Sul, das cavernas chamadas *Border Caves* e de outras descobertas na foz do Rio Klasies. As datações desses dois sítios são um tanto imprecisas; o primeiro foi datado em 130 mil a 74 mil anos, e o segundo, em 115 mil a 74 mil anos. Esses achados reforçam a idéia de que o homem moderno originou-se na África, inicialmente embasada no fato de o *Homo sapiens* arcaico habitante de várias regiões da África em tempos anteriores ser mais parecido com o homem moderno que o *Homo sapiens* arcaico encontrado no resto do mundo.

Na segunda metade dos anos 1980 foram descobertos e datados com precisão vários sítios arqueológicos do Oriente Médio onde viveu o homem moderno. O primeiro e mais importante talvez seja o de Qafzeh, em Israel; dependendo da metodologia utilizada, sua idade é entre 109 mil e 92 mil anos, com certa margem de erro estatístico para ambas as datas, que são muito próximas das estimadas para os sítios africanos e outros do Oriente Médio.

Dois novos sistemas de datação

O sítio de Qafzeh foi datado mediante duas novas metodologias: a da termoluminescência e a do *Electron Spin Resonance* (ESR).

A termoluminescência é particularmente útil para cerâmicas e, de maneira geral, para materiais que foram expostos a altas temperaturas no tempo remoto que tentamos estimar. Foi utilizada no sítio de Qafzeh para estabelecer a idade de utensílios líticos quase certamente submetidos ao fogo durante sua fabricação. O método baseia-se no fato de urânio, radiopotássio e outros elementos radioativos deixarem vestígios da transmutação à medida que decaem. Esses vestígios podem ser quantificados porque geram luz visível quando aquecidos. Entretanto, durante a produção do objeto, o calor tem que ser suficientemente forte para "zerar o relógio", eliminando qualquer vestígio anterior e permitindo apenas a contagem de decaimentos radioativos subseqüentes. É por essa razão que esse método é recomendado na datação de cerâmicas cozidas em forno.

Cem mil anos

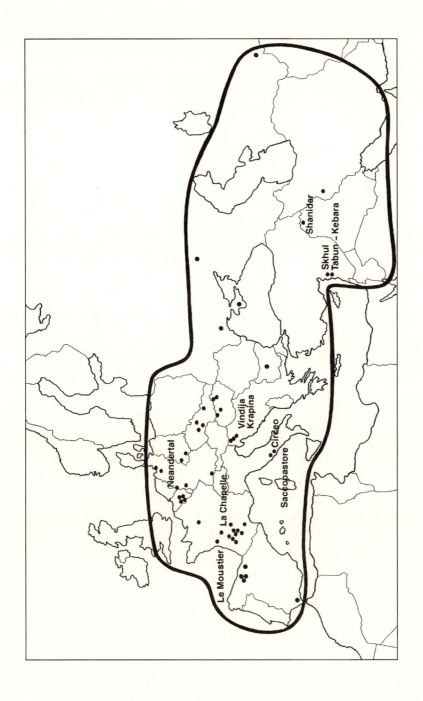

FIGURA 3.2 – Dispersão máxima dos neandertais.

Quem somos?

A expansão do homem moderno

Simplificando um pouco a questão, podemos dizer que a cronologia mais provável dos nossos ancestrais próximos é a seguinte: vários tipos de *sapiens* arcaico habitaram diversas regiões do Velho Mundo há trezentos mil anos, talvez há mais tempo; os neandertais apareceram na Europa há duzentos mil anos, enquanto o homem moderno (isto é, *sapiens sapiens*) surgiu na África em torno de cem mil anos atrás, e em Israel, há aproximadamente o mesmo tempo. Os neandertais alcançaram o Oriente Médio há aproximadamente sessenta mil anos; a região não apresenta indícios do homem moderno para esse período.

O *Homo sapiens sapiens* passou então a difundir-se por todo lado. Há sessenta mil ou setenta mil anos chegou a atingir todo canto do planeta, demonstrando uma adaptação aos ambientes mais diversos e, por que não dizer, um forte espírito de aventura.

Na China foi encontrado um resto de *sapiens sapiens* com mais de sessenta mil anos. Infelizmente, trata-se de apenas um e sua datação é um tanto incerta. Parece que o homem moderno alcançou a Nova Guiné e a Austrália nessa mesma época, e para tal deve ter utilizado algum tipo de embarcação. Embora o mar que separava essas ilhas do continente fosse menos extenso naqueles tempos, ainda devia representar um obstáculo superável apenas por meios náuticos, mesmo que primitivos. Na Austrália foram encontrados fósseis humanos (de homens modernos, segundo a maioria dos antropólogos) com idades estimadas em quarenta mil a 35 mil anos e também sítios ricos em material arqueológico de 55 mil a sessenta mil anos. A chegada do homem moderno à Europa é tardia. Ele apareceu primeiro na Europa Oriental e um pouco mais tarde na França, há aproximadamente quarenta mil-35 mil anos, e a seqüência cronológica dos achados sugere que veio do Leste. Os últimos vestígios dos neandertais são mais ou menos dessa época.

Em seguida, o homem moderno avançou em direção às partes mais gélidas da Ásia. Deve ter sido uma conquista bastante difícil, porque a Sibéria é um dos lugares mais frios do mundo. Essas condições climáticas provavelmente exigiram adaptações culturais e também biológicas. De lá chegou à América, no mais tardar há quinze mil anos (talvez um pouco antes). Presume-se que ele aproveitou um longo período em que o estreito de Bering tornou-se terra emersa durante a última glaciação. As águas dos oceanos retraíram-se ao concentrar-se nas geleiras polares e, em conseqüência, parte da costa marítima ficou exposta – especialmente nos mares de pouca profundidade, como no estreito de Bering. O Capítulo 5 contém um mapa das possíveis e principais vias de expansão do homem moderno.

O homem moderno e o neandertal: concorrência ou miscigenação?

É difícil dizer se os homens modernos eliminaram os neandertais (talvez fisicamente) ou se os dois chegaram a misturar-se, questão esta bastante complicada porque não temos meios de verificar se de fato representam uma única espécie ou espécies diferentes. Em geral, quando espécies distintas competem por muito tempo pelos mesmos recursos em um mesmo ambiente, apenas uma sobrevive. Não podemos excluir a possibilidade de intercruzamentos, mas as importantes diferenças culturais entre homens modernos e neandertais no período em que ocuparam simultaneamente a Europa tornam a hipótese da miscigenação menos plausível.

Há um mistério ainda por resolver. Quando surge o homem biologicamente moderno – na África do Sul e em Israel, há cerca de cem mil anos –, ele ainda utiliza objetos do tipo musteriano, assim como os neandertais e todos os *sapiens* arcaicos, tanto na África como no resto do planeta. Isso nos leva a pensar que a mudança biológica precedeu a cultural. Em geral acontece o contrário, a evolução cultural é muito mais acelerada que a biológica. Entretanto, se existir uma base biológica para a transformação cultural – por exemplo, o aparecimento de novas estruturas cerebrais –, então é possível que haja um longo período de mudanças biológicas culminando numa rápida evolução cultural. Talvez o desenvolvimento da linguagem moderna tenha acontecido exatamente assim, naquela época.

Quem somos?

Já vimos que cerca de cinqüenta mil anos atrás o homem moderno começa a usar utensílios diferentes dos musterianos, chamados *aurignacenses* (também conhecidos por outros nomes), e os transporta consigo até a Europa. São tão originais que servem para distinguir os sítios do homem moderno dos sítios neandertais na ausência de vestígios humanos. É um critério um tanto arriscado, mas até agora sempre foi comprovada a associação entre estilo musteriano e os neandertais e estilo aurignacense e o homem moderno nas descobertas feitas em território europeu.

A gama de utensílios aurignacenses é maior e mais variada que a musteriana. Compreende muitos tipos diferentes de objetos, com formas precisas e funções reconhecíveis, que implicam maior especialização. Há pedras com corte de lâmina, mais compridas e largas, com bordas muito cortantes, e raspadores bem afiados. Marfim, chifres e ossos passaram a ser trabalhados, além do sílex.

O estilo aurignacense evoluiu rapidamente no tempo e no espaço gerando uma multiplicidade de culturas locais, que produziram objetos diversificados e estimularam novas denominações. De fato, deparamos com uma explosão de nomes arqueológicos. Glynn Isaac, um brilhante arqueólogo que infelizmente faleceu há alguns anos, lançou a interessante hipótese de que essa variedade corresponde a uma extensa diferenciação das línguas, cujo grau de aperfeiçoamento começou a ser particularmente elevado. Alguns consideram que a faringolaringe dos neandertais não foi suficientemente longa para permitir a mesma riqueza vocal à qual teve acesso o homem moderno. Essa é mais uma hipótese a favor da idéia de que a linguagem neandertal foi menos desenvolvida que a do homem moderno.

Embora o estilo musteriano também apresente variações regionais, nunca chegou à multiplicidade da cultura aurignacense. A grande diversificação local de utensílios coincide com a rápida difusão do homem moderno. A diversificação lingüística foi provavelmente simultânea e aconteceu pelas mesmas razões – evolução independentemente de comunidades isoladas pela distância.

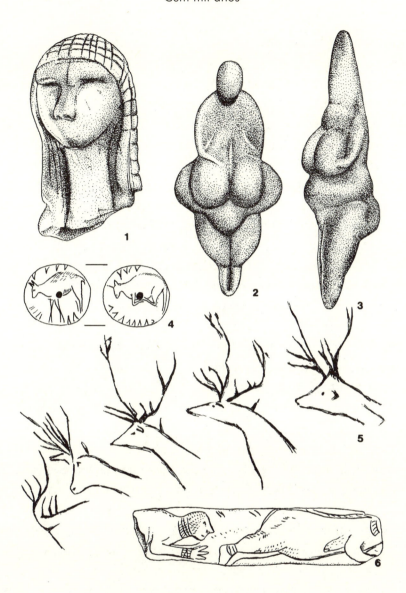

FIGURA 3.3 – Arte parietal e objetos ornamentais do Paleolítico superior na Europa. 1. cabeça de estatueta proveniente de Brassempouy, na França (datação: 22 mil anos, 3,5 cm); 2. estatueta de figura feminina talhada em mármore de mamute, proveniente de Lespugue, na França (14,7 cm); 3. Vênus de Savignano (Emília Romagna, Itália); 4. frente e verso de uma minúscula rodela de osso, com gravação e perfuração no centro (Dordonha, França); cabeças de veado das pinturas rupestres da caverna de Lascaux (França); 6. imagem de mulher perseguida por homem, talhada em osso (caverna de Isturiz, França).

Quem somos?

Um novo estilo de vida

Ao contrário do neandertal, o homem moderno revela um grande interesse pela arte. Essa divergência comportamental é, na minha opinião, outro motivo para acreditar que existiram diferenças substanciais entre esses dois tipos humanos. Descobrem-se, contudo, pinturas e outras marcas feitas sobre rochas. As primeiras manifestações artísticas – encontradas no sudoeste da França, não longe dos Pirineus – sem dúvida coincidem com a chegada do homem moderno à região, 35 mil anos atrás. A arte floresce, sobretudo na zona franco-cantábrica, entre a atual Dordonha e a costa atlântica que une França e Espanha, onde até agora foram descobertas umas 150 cavernas decoradas! Provavelmente eram excelentes locais onde viver, como, aliás, é o caso até hoje. Junto às pinturas rupestres, que contêm especialmente imagens de animais desenhadas com incrível precisão e expressividade, encontramos rochas esculpidas e estatuetas de pedra (em geral de figuras femininas com seios, ventre e quadris enormes); há também objetos pessoais (colares e outros ornamentos) feitos com dentes de animais e conchas, ou mesmo marfim, pedras menos duras e ossos, que eram elaboradamente trabalhados.

O arco foi uma inovação importante; seu aparecimento data de talvez vinte mil anos atrás e seu uso difundiu-se rapidamente. A lança foi aperfeiçoada pela introdução de um bastão curto, com uma cavidade para apoiar a base da haste; era uma espécie de prolongamento do braço, que permitia atirar a lança mais longe e com mais força. Associada a uma ponta afiadíssima de obsidiana, chamada *ponta de Clóvis*, a lança foi utilizada na América para caçar mamutes. Juntamente com o refinamento dos objetos de caça surgem instrumentos de pesca, como o arpão e o anzol.

Os sítios arqueológicos revelam que o tipo e a distribuição das instalações mudaram em relação às neandertais, e são parecidas com as dos caçadores-coletores atuais.

FIGURA 3.4 – O propulsor, um instrumento para "alongar" o braço, que permitia atirar a lança com mais força e a distâncias maiores. Foi muito comum no Paleolítico superior, tanto na Europa como na Austrália e na América. Embaixo: exemplo de propulsores decorados.

O homem continuou a viver em cavernas, que modificou para torná-las mais confortáveis. Evidências de entrelaçados de madeira recobertos de peles (fixadas no chão com pesos feitos de osso dos grandes animais da época) demonstram que ele também construiu tendas e cabanas, às vezes de grandes dimensões. Produziu vestimentas de pele e pelame e inventou a agulha para costurá-las. Uma sepultura descoberta ao norte de Moscou, que aloja três esqueletos com idades estimadas em 22 mil anos, revela vestígios de roupas completas, incluindo capuz, camisa, casaco, calças e mocassins.

Quem somos?

FIGURA 3.5 – Arte parietal do Paleolítico Superior na Europa: representação de bois nas paredes das cavernas de Altamira (noroeste da Espanha; 18 x 9 m).

A questão da "Eva africana"

Nos últimos anos falou-se muito sobre a "Eva africana", termo de impacto, mas um tanto enganoso por vários motivos, entre outros pelo fato de sugerir a idéia de que existiu uma única "mãe" para a nossa espécie. É uma concepção que, claro, pode agradar muito aos fundamentalistas cristãos, porque aparentemente apóia a interpretação literal da Bíblia (desde que esqueçamos que a idade estimada desta chamada Eva, com base em dados moleculares, é de duzentos mil anos e não seis mil anos). Precisamos discutir um pouco de biologia para explicar essa hipótese, que nasceu da pesquisa sobre mitocôndrias conduzida por Allan Wilson, um excelente bioquímico interessado em evolução. Ele trabalhava na Universidade de Berkeley e infelizmente teve uma morte prematura no verão de 1991.

A mitocôndria é uma pequena organela presente em todas as células de organismos superiores, que utiliza o oxigênio trazido pela respiração para produzir energia. É como uma central elétrica, embora a célula também possa produzir energia de outras formas menos eficientes. Ela se encontra fora do núcleo, no meio contido entre o núcleo e a membrana celular externa. Podemos encontrar milhares ou dezenas de milhares de mitocôndrias em cada célula; no mínimo uma vai estar sempre presente. Tem o formato de uma pequena bactéria e provavelmente é o que ela é: uma bactéria que há mais de um bilhão de anos adaptou-se a viver em simbiose com a célula e tornou-se um componente importantíssimo, assumindo exatamente a função de central energética.

Entretanto, a mitocôndria tem uma certa independência do resto da célula, na medida em que ela contém seu próprio e pequenino cromossomo, que, como qualquer cromossomo, é feito de DNA. O DNA, ou ADN (ácido desoxirribonucléico), é a estrutura responsável pela hereditariedade, o material que contém toda a informação necessária para transformar a matéria inanimada em matéria viva e gerar novos organismos, direcionando a transformação de nutrientes na produção de novas células – ou seja, produção de filhos, descendentes. É bom analisarmos o DNA de maneira mais detalhada, porque é graças a ele que as características biológicas dos seres vivos são transmitidas de geração a geração.

Quem somos?

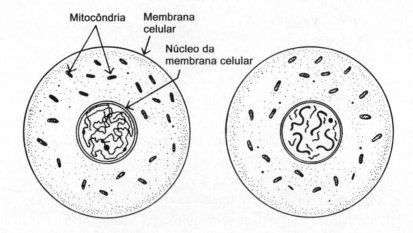

FIGURA 3.6 – Estrutura simplificada da célula. À *esquerda*: quando em repouso, o DNA do núcleo é uma "massa" de fitas. As mitocôndrias parecem bactérias e encontram-se fora do núcleo, cada uma contendo uma ou mais cópias de um minúsculo DNA circular (não desenhado). Existe pelo menos uma mitocôndria por célula, mas podemos chegar a encontrar dezenas de milhares. À *direita*: preparando-se para a divisão celular, as fitas de DNA nuclear que formam os cromossomos ficam mais curtas e espessas, passando a ser visíveis ao microscópio óptico.

A estrutura do DNA

As longas fitas de DNA compõem os famosos cromossomos, que são segmentos de DNA presentes no núcleo celular. As células de uma pessoa contêm cromossomos iguais e eles representam uma característica própria. Isso não significa que podemos individualizar pessoas ao microscópio analisando seus cromossomos. A diferença é muito mais fina: o grau de detalhe interno dessas estruturas é enorme.

Um cromossomo é feito de inúmeras unidades que, no entanto, pertencem a quatro tipos apenas: A, G, C e T. As letras correspondem às iniciais de quatro compostos químicos simples e bem conhecidos (adenina, guanina, citosina e timina). A e G fazem parte de uma classe de substâncias chamadas *purinas*, à qual também pertencem a familiar cafeína e o ácido úrico. C e T são *pirimidinas*, moléculas um pouco menores (a vitamina B1 é um derivado de pirimidina). Do ponto de vista químico,

Cem mil anos

todas se comportam como um álcali ou base (o oposto de um ácido) e por essa razão são simplesmente chamadas *bases*. Cada base está ligada a uma molécula de açúcar, a desoxirribose (que corresponde ao D na palavra DNA). A estrutura geral de uma fita de DNA é muito simples: o esqueleto é gerado pela alternância de um ácido fosfórico e de uma desoxirribose. Indicando o ácido com a letra P e o açúcar com a letra D, podemos representar esse esqueleto da seguinte maneira:

... – P – D – P – D – P – D – P – D – P – D – P – D – P – D – ...

Uma das bases, A, C, G ou T, fica ligada ao açúcar D; há uma seqüência de bases que é característica de um determinado segmento de DNA e varia em outros segmentos. A estrutura de uma única porção de DNA pode ser, por exemplo:

... – P – D – P – D – P – D – P – D – P – D – P – D – ...
      T   A   A   C   T   G   C

Podemos dividir o DNA em seções, cada uma contendo uma molécula P, uma molécula D e uma das bases (A, C, G ou T). As seções, chamadas *nucleotídeos*, são de quatro tipos na medida em que o número de bases disponíveis também é quatro. Passaremos a adotar essa nova palavra porque é um pouco menos genérica que *base* e é o termo normalmente utilizado.

Também podemos visualizar o DNA como uma cadeia de nucleotídeos, um "colar de pérolas", como o que mencionamos no Capítulo 2 para explicar a estrutura das proteínas e o relógio molecular. No entanto, o DNA possui quatro tipos de "pérolas", e não vinte como as proteínas.

A seqüência de nucleotídeos do DNA é responsável por *toda* a biologia de um indivíduo. A ordem dos nucleotídeos nos cromossomos estabelece se somos loiros ou morenos, altos ou baixos, se nosso nariz é pequeno ou grande. Tudo o que é determinado pela hereditariedade está registrado nos cromossomos, que são feitos de DNA: conseqüentemente, todas as características hereditárias estão contidas no DNA e dependem da seqüência de bases. O DNA é como um livro que especifica a identidade biológica de cada indivíduo.

101

Quem somos?

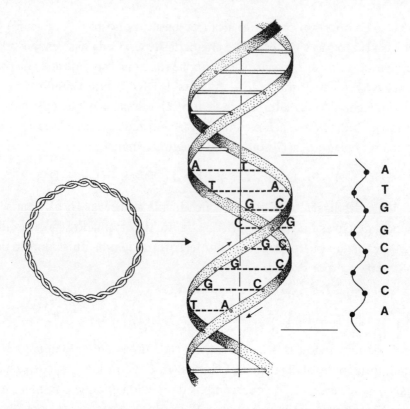

FIGURAS 3.7 – Cromossomo circular da mitocôndria. O DNA que o compõe forma uma hélice dupla. Cada hélice simples é uma fita de nucleotídeos que apresentam uma distância constante entre si. Os nucleotídeos são de quatro tipos: A, T, C e G, dispostos numa ordem característica. Cada hélice mitocondrial possui aproximadamente 16.500 nucleotídeos.

O DNA mitocondrial

Numa célula, onde se abrigam as mitocôndrias, o núcleo contém cromossomos que controlam a divisão celular. As mitocôndrias, entretanto, perderam a capacidade de crescer e duplicar-se independentemente. Como mencionado antes, há um bilhão (ou mais) de anos existiam bactérias de vida livre que depois se adaptaram a viver dentro de células, como simbiontes: uma célula normalmente não pode viver sem as mitocôndrias, e as mitocôndrias não podem viver sem a célula.

Cada mitocôndria contém uma ou mais fitas de DNA na forma de pequenos anéis (outra característica das bactérias, que geralmente possuem um único cromossomo circular). O pequeno cromossomo de uma mitocôndria humana é composto de aproximadamente 16.500 nucleotídeos e é muito mais curto que qualquer um dos cromossomos nucleares (que contêm dezenas ou centenas de milhões de nucleotídeos). O cromossomo mitocondrial serve para gerar outras mitocôndrias, mas consegue agir somente em parceria com o núcleo, o qual "apossou-se", por assim dizer, do controle geral da situação. Isso impede que a mitocondria se replique loucamente; ou seja, impede que ela se transforme numa espécie de tumor crescendo sem controle dentro do ambiente celular. Muitas das substâncias que compõem uma mitocôndria são produzidas pelo núcleo, garantindo a integração entre núcleo e mitocôndrias.

É muito importante ressaltarmos que *as mitocôndrias são transmitidas aos filhos apenas pelas mães*. Se analisarmos o DNA mitocondrial de dois irmãos veremos que é idêntico, mesmo que eles tenham pais diferentes. De vez em quando essas minúsculas estruturas circulares sofrem pequenas mudanças, ou *mutações*, e um dos 16.500 nucleotídeos é substituído por outro. A partir desse momento, os descendentes de uma mesma mãe herdarão a fita de DNA *mutada*.

Essas mutações são um fenômeno bastante raro, e quando olhamos para o DNA mitocondrial de indivíduos relacionados por parte de mãe normalmente não encontramos diferenças. Já o contrário acontece se compararmos indivíduos não aparentados. A seqüência de 16.500 nucleotídeos é muito longa para ser estudada de uma vez. Podemos facilitar as comparações utilizando uma porção representativa do DNA mitocondrial.

À procura de "Eva"

O melhor trabalho desenvolvido por Allan Wilson e seus estudantes utilizou uma seqüência de seiscentos a setecentos nucleotídeos do DNA mitocondrial, uma porção pequena mas tão variável que é difícil encontrar dois indivíduos idênticos nesse sentido, a não ser que sejam irmãos ou parentes muito próximos por parte de mãe.

É possível construir uma árvore genealógica analisando as diferenças, porque os indivíduos que diferem em um nucleotídeo têm descendentes comuns mais próximos que os que diferem em dois ou mais. Já vimos esse método sendo utilizado para estudar a evolução de proteínas no capítulo anterior; ele é a base do chamado relógio molecular.

A árvore de Wilson é simbolizada por uma figura que parece uma ferradura. Os indivíduos examinados foram 182, dispostos na parte externa e representados por diferentes símbolos que indicam suas origens. Encontramos africanos, europeus, asiáticos e aborígines da Austrália e da Nova Guiné. A árvore (Figura 3.8), deduzida depois de analisar os seiscentos-setecentos nulceotídeos de DNA mitocondrial, é feita de ramos de diferentes comprimentos. A pessoa mais antiga, de quem descendem os outros 182, foi indicada pela palavra ANCESTRAL (parte inferior da figura, à direita). A pergunta a fazer é: quando e onde viveu? A árvore pode fornecer-nos respostas. Notamos dois ramos ou linhagens partindo do ancestral comum. Depois de algumas bifurcações, o ramo mais baixo dá origem a sete africanos; já o superior, depois de muitas bifurcações, dá origem ao resto dos indivíduos, incluindo outros africanos. Essas bifurcações não são igualmente compridas. O tamanho do segmento que vai de uma bifurcação a dois indivíduos mede o número de nucleotídeos que diferem entre os indivíduos. Dois indivíduos conectados por uma bifurcação curta, como o 68 e o 69, não diferem muito. Essas diferenças são expressas como o percentual de nucleotídeos distintos na seqüência de DNA examinada. Assim como no caso das proteínas, partimos da seguinte premissa: o número de mutações que diferenciam dois indivíduos aumenta, em média, com o tempo que se passou desde o último ancestral comum, simbolizado pela bifurcação.

Notamos que a primeira bifurcação (portanto, a mais antiga, correspondente ao ancestral comum a todos) separa africanos de africanos. As bifurcações que diferenciam indivíduos de outros continentes são mais tardias, sugerindo que o homem moderno originou-se na África.

Essa conclusão foi criticada porque, com base nos mesmos dados, seria possível construir genealogias talvez melhores e que não indicam

Cem mil anos

uma origem claramente africana. De fato essa construção não é o método mais seguro para lidar com a questão. Há vários outros sistemas de construção de árvores e diferentes resultados possíveis; entretanto, a maioria dos métodos usados e alguns outros dados apontam para a mesma conclusão.

Existe um outro tipo de análise que também favorece a hipótese da origem africana. Entre os povos de vários continentes, os africanos são, de longe, o grupo mais heterogêneo. É razoável supor que a população

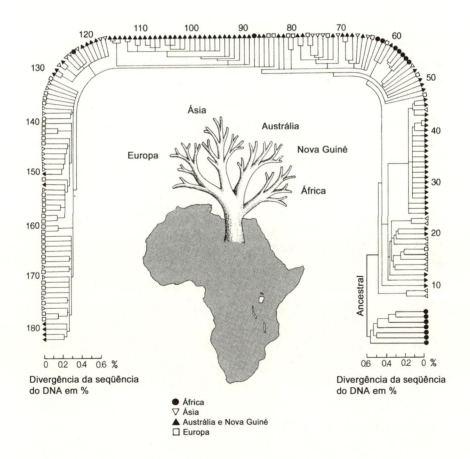

FIGURA 3.8 – Árvore do DNA mitocondrial segundo Wilson e colaboradores. A história da origem da mitocôndria de muitos indivíduos reconstruída com base na estrutura de seu DNA.

que teve mais tempo para diferenciar-se mostre a maior diversidade. Esse critério é independente do método utilizado para construir a árvore, que poderia ser considerado insatisfatório por razões tanto teóricas como estatísticas.

Wilson e colaboradores chegaram a calcular a data de aparecimento da Eva africana, isto é, da ancestral comum a todos os indivíduos incluídos na ferradura (tem que ser uma *Eva* e não um *Adão* porque o DNA mitocondrial é transmitido apenas pelas mães). Para fazer isso, eles compararam as diferenças genéticas entre descendentes, desde a primeira bifurcação que vai da ancestral comum aos primeiros e outros africanos até a observada entre um homem comum e o chimpanzé. O próprio Wilson já havia mostrado que a separação entre o homem e seu primo chimpanzé aconteceu há aproximadamente cinco milhões de anos, e ele então estimou que a primeira separação na árvore de DNA mitocondrial aconteceu 190 mil anos atrás. Por causa da grande margem de erro envolvida nesse cálculo, a idade adotada na prática é de trezentos mil a 150 mil anos.

Uma data de origem para o homem moderno

A idéia é que tudo começou na África. O *Homo habilis* surgiu nesse continente, assim como também o *Homo erectus*, o qual mais tarde difundiu-se pelo Velho Mundo. As descobertas arqueológicas sobre o homem moderno sugerem que ele nasceu no continente africano – ou talvez em Israel –, e que de lá irradiou-se pelo resto do planeta. A África é, portanto, um elemento constante. Quando tudo começou? No caso do *habilis*, consideramos que foi há 2,5 milhões de anos; acreditamos que o *erectus* deixou a África há pelo menos um milhão de anos. Quanto a *sapiens sapiens* (o homem moderno), tendemos a usar a estimativa de cem mil ou mais anos, porque é a partir dessa época que encontramos evidências paleoantropológicas de sua existência na África e também no Oriente Médio.

Os 190 mil anos indicados por Wilson são compatíveis com essa última estimativa. Entretanto, ainda temos que explicar a diferença entre os 190 mil anos sugeridos pelo DNA mitocondrial e os cem mil anos atribuídos aos restos mais antigos do homem moderno, originários da África do Sul e Israel.

É importante deixar claro que os 190 mil anos de Wilson não podem referir-se ao primeiro *homem* moderno. Tratando-se de um cálculo baseado em diferenças mitocondriais, o correto é dizer que ele indica o momento da primeira mutação de DNA mitocondrial de que temos conhecimento, representada pela primeira bifurcação na árvore de Wilson; ou seja, indica o tempo em que viveu a *Eva* africana – a última ancestral comum a todos os indivíduos atuais. Os 190 mil anos demarcam um acontecimento muito especial: no óvulo de uma mulher, um único nucleotídeo mitocondrial sofreu uma mutação; do óvulo fecundado nasceu uma filha diferente por carregar essa mutação. Embora os destinos de seus descendentes tenham sido muito variados geograficamente, parece provável, embora não absolutamente certo, que a ancestral comum tenha vivido na África. Os descendentes que deixaram a África não necessariamente emigraram *logo após* a mutação. Pelo contrário, muito tempo deve ter passado até que um grupo deles se formasse em algum lugar (desconhecido) do território africano e migrasse até seus confins, alcançando o Oriente Médio, pelo istmo de Suez, ou a Arábia, pelo Mar Vermelho. A migração poderia ter ocorrido não muito antes da época em que viveram os donos dos primeiros crânios modernos de Israel – e é bem provável que isso tenha acontecido muito depois da mutação no DNA mitocondrial *da* ancestral que encabeça a árvore de Wilson. Faz sentido, portanto, que a data mitocondrial e a arqueológica sejam diferentes, e que a primeira seja mais antiga que a segunda.

O exemplo dos sobrenomes para compreender melhor a Eva africana

Nas culturas ocidentais, os sobrenomes – ao contrário das mitocôndrias – são transmitidos pelo lado paterno. Para muitas pessoas, a implicação do trabalho de Wilson é que todos descendemos de uma única mulher. Esse é o primeiro equívoco introduzido pela palavra Eva, facilitando a reação "portanto existiu uma única progenitora". O termo foi muito útil aos jornalistas, pelo que consegue evocar: segundo a Bíblia, Eva foi a primeira mulher; nenhuma outra a precedeu e todos descendem dela. Ora, isso pode ser mais ou menos verdade no que diz respeito às mitocôndrias, no sentido que apenas as mitocôndrias de uma mulher sobreviveram enquanto as de todas as suas contemporâneas desapareceram. Já mencionamos o fato de as mitocôndrias serem transmitidas de geração a geração somente pela via materna; vamos pensar então no caso dos sobrenomes que são transmitidos pelo lado paterno, para entender melhor o dilema de uma Eva "mitocondrial", não bíblica.

O número de sobrenomes em muitas aldeias de regiões montanhosas é com freqüência limitado. É um efeito do acaso que tende e eliminá-los a cada geração (vamos rever essa questão mais adiante, porque se trata de um fenômeno muito importante na evolução dos genes, chamado *deriva genética*). Se o processo for bastante prolongado, isto é, continuar por muitas gerações, eventualmente restará apenas um sobrenome em cada aldeia. Isso é muito raro na Europa, onde os sobrenomes têm apenas alguns séculos de existência e não houve tempo de chegar à situação extrema. Na China, entretanto, os sobrenomes com freqüência são muito antigos (às vezes chegam a ter mais de quatro mil anos) e há vilas e até mesmo pequenas cidades onde todos têm o mesmo. Se a eliminação continuasse por tempo suficiente (milênios e milênios) apenas um sobrenome restaria na China – ou mesmo no mundo inteiro, caso todos tivessem adotado a língua e os costumes chineses. Nessa altura, naturalmente, os sobrenomes passariam a ser inúteis como sistemas de identificação.

Da mesma maneira, hoje existem apenas descendentes de uma mitocôndria introduzida por uma única mulher do passado – a "Eva mitocondrial". É como se fosse um único sobrenome, exceto que as mitocôndrias descendentes de Eva modificaram-se um pouquinho, por meio de mutações acumuladas ao longo de muitas gerações. São as mutações que permitiram que Wilson construísse sua árvore genealógica.

A maior parte do patrimônio genético está contida nos cromossomos do núcleo celular, para os quais o princípio que discutimos não vale, porque eles são herdados tanto por parte de mãe como de pai (ex-

Cem mil anos

ceto os cromossomos sexuais Y e X, que seguem leis especiais de transmissão de pais a filhos). A análise do patrimônio cromossômico por métodos matemáticos nos diz que entre os ancestrais que levaram ao homem sempre existiram muitos homens e mulheres, digamos que da ordem de dez mil a cem mil – portanto, nada de Adão e Eva no sentido bíblico.

Nos primeiros meses de 1993, algumas revistas científicas que divulgam as notícias mais recentes encheram-se de títulos sobre evolução humana inspirados pelo estudo das mitocôndrias, alguns às vezes um tanto sensacionalistas; exemplos são: "Eva mitocondrial ferida mas não mortalmente", e a seguir "Eva africana recusa-se a morrer". Algumas críticas à construção da árvore de Wilson e à data do ancestral comum colocaram em dúvida a significância dos achados da equipe de Berkeley, mas sua validade foi praticamente anulada por análises posteriores. Existem atualmente três grupos de observações sobre diferentes partes do DNA mitocondrial que confirmam a origem africana. Alguns laboratórios propuseram datas anteriores aos 190 mil anos de Wilson, porém novos resultados de laboratórios japoneses e americanos, divulgados muito recentemente, indicam datas inferiores a essa e, de qualquer forma, compatíveis com a origem africana do homem moderno. Veremos que a análise dos cromossomos do núcleo celular também levam à mesma conclusão.

Ciência e certeza

O leigo com freqüência espera que a ciência lhe traga certezas. Mas o cientista dedica boa parte da sua energia levantando dúvidas e mudando as próprias teorias, se necessário for. Já temos um excesso de religiões e ideologias proclamando a "verdade". Para entender como procede a ciência, e quão certa ou incerta ela pode ser, é bom lembrar que existem dois tipos de trabalho científico profundamente diferentes: a experimentação e a observação.

Na pesquisa do tipo experimental podemos chegar a um grau de certeza tão alto quanto se queira. As conclusões alcançadas podem ser corroboradas e refinadas repetindo os experimentos em escala maior ou introduzindo mudanças nas condições experimentais. Talvez os resultados contrariem a hipótese inicial, que será substituída por outra. Em várias disciplinas, no entanto, chegamos a acumular um vasto conhecimento e notamos que, mesmo depois de muitos testes, certas conclusões básicas não mudam ou mudam tão pouco que podemos considerá-las rigorosamente válidas, depois de esclarecidas e refinadas.

A biologia moderna delega ao DNA um papel central na explicação dos fenômenos da vida, incluindo a origem dos seres vivos. Essa conclusão é o resultado de inúmeras observações e testes, às vezes indiretos. Seria impensável querer repetir agora todos os experimentos que contribuíram para validar certas teorias, com o intuito de assegurar que elas sejam incontestavelmente legítimas. Se temos dúvidas, uma excelente maneira de convencer-nos de que a teoria funciona é aplicando-a. Citando um exemplo da biologia, o conhecimento teórico do DNA permitiu-nos inserir o gene responsável por uma substância complexa – como uma enzima, um hormônio ou um fator de crescimento – dentro de um cromossomo de bactéria. Muitos experimentos de engenharia genética desse tipo foram bem-sucedidos, fazendo que bactérias produzissem moléculas características do organismo humano com a mesma estrutura e funções das produzidas pelo próprio homem. Sem isso teria sido muito difícil obter quantidades suficientes de certas substâncias de uso clínico. Essa aplicação é a melhor prova de que uma teoria está correta. Do mesmo modo, é tranqüilizador poder andar na Lua e confirmar que muitas das conclusões científicas alcançadas antes de pousar em solo lunar estavam certas. A Lua não é um pedaço de queijo ou o lugar dos mortos, como se chegou a pensar no passado.

Existe, no entanto, um outro tipo de ciência baseada apenas em observações, sem possibilidade alguma de experimentação. É a história, a reconstrução de fatos ocorridos no passado. Não podemos repeti-la à vontade, tampouco recapitular a evolução das estrelas, dos seres vivos ou da humanidade, para ver se, por exemplo, a Lua ou os homens resultariam os mesmos ou seriam diferentes do que são agora.

Experimentos de evolução são realizados, mas eles representam simplificações extremas se comparados à história de que fazemos parte.

Podemos pegar algumas drosófilas (as moscas-da-fruta, organismos muito utilizados no estudo da genética), criá-las em garrafas ou outras condições controladas, gerar populações de milhares de espécimens e analisar se e como eles diferem entre si – por exemplo, se perdem as asas ou passam a ter dois pares em vez de um. Podemos usar o computador para simular processos evolucionários cada vez mais complexos. Temos à mão uma sólida teoria matemática da evolução que nos permite fazer previsões importantes e verificá-las. Mas, com todas as nossas teorias ou simulações computacionais, nunca poderemos reproduzir a história exatamente como ela ocorreu, por ser um fenômeno excessivamente complexo e detalhado, impossível de imitar na sua totalidade. Além disso, o acaso também tem um peso importante nos acontecimentos históricos; podemos prever o que acontecerá em situações médias, mas não em casos isolados. Portanto, todas as interpretações históricas – e a evolução é uma delas – estão condenadas a uma incerteza maior que a do conhecimento experimental. A esperança de chegar a ser completamente convincentes, de não deixar lugar para dúvidas, é mais tênue nesses casos.

Também não nos surpreende o fato de ainda existirem pessoas que não acreditam na evolução, que consideram tudo o que dissemos um engano. Essa visão é normalmente defendida por leigos cuja convicção vem de outra fonte: sua religião, que os ensina a negar o processo evolucionário. Algumas religiões são mais flexíveis. Outras têm as mãos e os pés amarrados, pois vêm-se obrigadas a ater-se à interpretação literal da Bíblia. A segurança absoluta de que a evolução ocorreu é uma prerrogativa de quem estudou a questão objetiva e demoradamente.

Para ser convincentes na interpretação dos fenômenos históricos devemos tentar obter o maior número de evidências possível. Sempre haverá alguém que duvida, especialmente quando fortes preconceitos o impedirem de aceitar até as comprovações mais contundentes.

Nesse sentido, as ciências históricas apresentam um maior grau de incerteza que outras disciplinas; o único modo de superar isso é observar os mesmos fenômenos de todos os pontos de vista possíveis. Esse é um dos motivos pelo quais tento estudar a evolução humana não apenas no plano biológico, mas também no arqueológico, cultural, lingüístico etc.

Quem somos?

Darei mais crédito ao que digo se encontrar vários elementos apontando para a mesma direção em diferentes disciplinas. Uma única prova que contradiga incontestavelmente uma teoria é suficiente para derrubá-la; se ela existe, é do meu interesse descobri-la, qualquer que seja sua natureza. A única maneira de controlar nossas hipóteses e teorias científicas é submetê-las a novos pontos de vista, fazer novas observações para avaliar se obtemos os resultados esperados. Devemos considerar-nos satisfeitos apenas se a nossa teoria efetivamente permitir prever o resultado de observações confiáveis. Portanto, é importante estender nossa indagação até qualquer disciplina que for relevante para o problema.

De todo modo, a ciência sempre comporta um certo grau de incerteza. Se existe uma possibilidade de dúvida, mais cedo ou mais tarde algum pesquisador interessado na questão vai trazê-la à tona. Por essa razão, nossas afirmações freqüentemente contêm a palavra "provavelmente", "parece que", e assim por diante; os cientistas têm plena consciência de que mesmo pequenas mudanças poderiam desbancar suas interpretações e tentam analisar fenômenos de pontos de vista distintos, controlar de várias maneiras as interpretações para ver com maior clareza se estão corretas ou não. Experimentadores ou historiadores, os cientistas trabalham imersos na dúvida. Formulam teorias para entender fenômenos, testando-as ao máximo, sempre prontos a modificar suas posições ou mesmo abandoná-las.

À procura de Adão

O exemplo dos sobrenomes nos ajudou a compreender por que o DNA mitocondrial pode nos levar a um tipo de Eva um tanto especial. Existirá uma maneira parecida de chegarmos a um Adão? A resposta é sim, por meio do cromossomo Y, encontrado apenas nos machos, por ser o que determina o sexo masculino. Já dissemos que o DNA é a base física do patrimônio hereditário; ele está contido nos 23 pares de cromossomos presentes no núcleo celular (lembrem-se de que o DNA mitocondrial é externo ao núcleo). O DNA dos cromossomos contém muito mais nucleotídeos que os 16.500 do pequeno DNA mitocondrial. Em qualquer um dos 23 pares de cromossomos, um dos membros do par provém da mãe e o outro, do pai. É impossível distinguir ao microscópio óptico qual é o componente materno e qual o paterno, exceto num par, chamado XY. Os machos possuem o par XY e as fêmeas o par XX. É fácil fazer a distinção porque X tem um tamanho médio, enquanto Y é bem pequeno e pode ser diferenciado de outros cromossomos nucleares também pequenos por métodos de coloração específicos.

As equações que denotam o sexo são, portanto:

XY = macho   XX = fêmea

Os espermatozóides são células que possuem uma longa "cauda" ou flagelo; estão presentes no esperma e movimentam-se na vagina e útero em direção às trompas de Falópio, à procura do óvulo, para fecundá-lo e formar um embrião. Durante a produção dos espermatozóides, X e Y separam-se; cada espermatozóide recebe ou um X ou um Y. Os óvulos somente podem receber um cromossomo do tipo X. Podemos ver claramente que a união de um espermatozóide contendo Y e um óvulo dá origem ao embrião XY, um futuro macho, enquanto a de um espermatozóide contendo X e um óvulo resulta no embrião XX, uma futura fêmea.

Assim como no caso do DNA mitocondrial, mutações também ocorreram no cromossomo Y. Portanto, é possível utilizá-lo como base para construir árvores genealógicas e estimar a idade do portador da primeira mutação sobrevivente – um Adão que, por analogia com a Eva "mitocondrial", deveria ser chamado "Adão Y". Se conseguirmos realizar a estimativa, a data de aparecimento desse Adão provavelmente não vai coincidir com a de Eva, tornando a idéia do casal expulso do paraíso terrestre ainda mais difícil de aceitar.

4
Por que somos diferentes?
A teoria da evolução

Se analisarmos dois indivíduos selecionados ao acaso vamos encontrar características mais ou menos marcantes que os diferenciam. Por que tanta diversidade? Não estamos nos referindo a diferenças entre raças, sempre tão evidentes. O fato é que em qualquer cidade ou país do mundo observamos que pessoas escolhidas aleatoriamente variam entre si.

Algumas diferenças são causadas por fatores acidentais ou mudanças voluntárias. Por exemplo, hoje em dia encontramos muitas mulheres com cabelos verdes. Esse fenômeno é atribuído ao uso de uma tintura e não a um fator biológico. Mas é bastante fácil aceitar que outras diferenças sejam verdadeiramente biológicas, ou seja, genéticas, hereditárias, inatas. Com nuanças de significado, essas palavras querem dizer que as diferenças biológicas são determinadas pela nossa natureza, isto é, nosso DNA, nossos cromossomos, nossos genes.

Entre pais e filhos encontramos semelhanças impressionantes: o mesmo redemoinho no cabelo, tantos outros sinais e comportamentos em comum. Os pais evidentemente não se parecem dessa maneira. Analisando características individuais observamos que um filho lembra mais a mãe ou o pai, é uma mistura dos dois ou então é bastante diferente deles. Existem também os chamados gêmeos idênticos, que de fato são como duas gotas d'água. Dramaturgos gregos e latinos e mesmo Shakespeare os incluíram em obras famosas, explorando as confusões que tamanha semelhança pode proporcionar. Gêmeos idênticos são tão parecidos que às vezes as próprias mães ou companheiras não sabem qual é qual e recorrem a marcas ou sinais especiais para diferenciá-los. Esses exemplos demonstram o quanto a herança biológica chega a ser poderosa.

Os mecanismos da hereditariedade tornam pais e filhos ou irmãos gêmeos parecidos e ao mesmo tempo determinam as diferenças entre indivíduos. De que maneira os caracteres hereditários são transmitidos de pais a filhos?

Células germinais: DNA, genes e cromossomos

Todo ser vivo é composto de muitos tipos de células, e cada um desempenha funções particulares. O homem contém milhões de bilhões de células. A geração de filhos depende de um tipo especial chamado "germinal", na medida que dá origem ao "germe" ou *gameta* que forma um organismo da próxima geração: nos machos corresponde ao *espermatozóide* e nas fêmeas, ao *óvulo*. Uma pessoa passa a existir quando um espermatozóide fecunda um óvulo. As células germinais contêm todo o DNA que gera o novo indivíduo e o torna parecido com seus pais.

Os espermatozóides possuem um núcleo onde se abrigam os cromossomos, uma membrana protetora, um longo flagelo ou cauda para movimentar-se, uma cabeça que serve para penetrar no óvulo e pouco mais que isso. Os óvulos são células bem maiores, mas seus núcleos, com os cromossomos no seu interior, têm aproximadamente o mesmo tamanho que os dos espermatozóides. A herança genética transmitida de pais a filhos encontra-se nos cromossomos nucleares e o composto químico que permite a transmissão é o DNA. Toda a biologia confirma isso. Não é surpreendente, portanto, que o mesmo DNA seja encontrado em cada célula de um organismo e não apenas nas suas células germinais.

Por que somos diferentes? A teoria da evolução

Podemos imaginar o DNA como um manual de instruções para montar um novo ser. O manual é "lido", por assim dizer, pelos mecanismos da célula que geram fisicamente o filho, transformando o material disponível no ambiente (isto é, os nutrientes à disposição da célula) segundo as informações contidas no DNA. A totalidade do DNA que compõe os cromossomos é como uma grande obra em vários volumes, que seriam os cromossomos e que correspondem a 23 em cada célula germinal humana. É uma documentação muito abrangente, uma verdadeira enciclopédia. Cada cromossomo, visto como livro, seria bem maior que o volume de uma enciclopédia convencional, por conter um número muitíssimo maior de "palavras".

Falando de mitocôndrias, vimos que a "obra" de DNA usa um alfabeto próprio, feito de quatro letras (A, C, G e T) correspondentes a quatro nucleotídeos distintos. Uma fita de DNA consiste de uma seqüência de nucleotídeos cuja ordem é única para cada indivíduo.

Essa é a base química da hereditariedade. O que chamamos de gene ou fator hereditário é um segmento de DNA com uma função especial, formado de algumas centenas de nucleotídeos (às vezes bem mais) dispostos numa determinada ordem. São sempre as mesmas quatro letras básicas, porém a seqüência muda em cada segmento e determina a função de cada gene individual. Assim sendo, temos um gene responsável pela produção do pigmento que confere cor ao cabelo, aos olhos ou à pele; enfim, um gene responsável pela formação de cada uma das muitas características visíveis e invisíveis do nosso corpo.

A célula germinal contém uma série completa de cromossomos, um de cada tipo. No homem, tanto o espermatozóide como o óvulo possuem 23. Após a fecundação do óvulo, nasce um indivíduo e suas células terão 46 cromossomos nucleares. É importante perceber que eles correspondem a 23 pares: uma cópia de cada par veio do lado materno (do óvulo) e a outra, do lado paterno (do espermatozóide).

A transmissão das características hereditárias

Para resumir um pouco o assunto, aqui vai uma espécie de pequeno glossário com os termos fundamentais à compreensão da hereditariedade: O *DNA* é uma substância química de estrutura precisa; é uma fita que contém quatro tipos de nucleotídeos dispostos numa determinada seqüência, como as letras que formam as palavras de um livro. O *gene* é uma seqüência de DNA que tem uma função específica no desenvolvimento e atividade de um ser vivo. É composto de centenas ou milhares (às vezes centenas de milhares) de nucleotídeos. O *cromossomo* é uma fita de DNA muito comprida, enovelada de uma certa maneira que possibili-

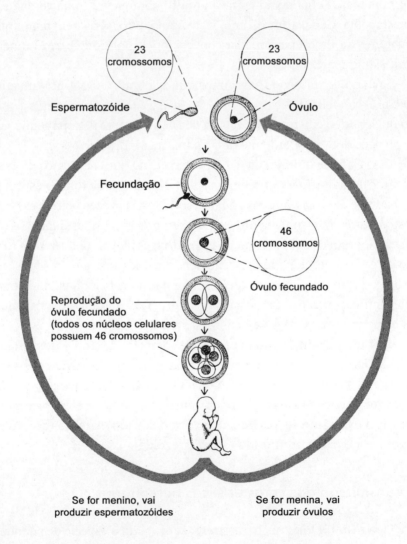

FIGURA 4.1 – Fecundação do óvulo e formação do embrião humano.

Por que somos diferentes? A teoria da evolução

ta, sob certas condições, sua visualização ao microscópio e reconhecê-lo num formato mais curto, próprio de cada cromossomo individual.

Os genes estão dispostos um em seguida ao outro no cromossomo. Há também segmentos de DNA não considerados genes porque desconhecemos sua função, que talvez nem exista; são como parasitas que na verdade não perturbam ninguém (o chamado "DNA egoísta" ou, em inglês, "selfish DNA").

O número de cromossomos varia nos seres vivos, desde um único nas bactérias a dezenas ou mesmo centenas deles nos organismos superiores. Na célula humana, como já vimos, existem 23 pares, um membro de cada par vindo da mãe e o outro do pai.

Todo o DNA presente num organismo – e responsável pela hereditariedade – está contido nos cromossomos do *núcleo celular*. É claro que não podemos esquecer o DNA extranuclear das *mitocôndrias* (que mencionamos ao falar da Eva africana), essas pequenas organelas, com seu DNA próprio formando um minúsculo cromossomo circular que é transmitido de modo especial (somente a mãe passa as mitocôndrias para os filhos, sejam eles do sexo masculino sejam do feminino).

Todas as células de um organismo contêm cromossomos, porém apenas os dos gametas, ou células germinais, são transmitidos aos descendentes. O óvulo, uma vez fecundado pelo espermatozóide, divide-se e dá origem a duas células, que também se dividem formando quatro novas células, e assim por diante, numa multiplicação contínua que no final gera um organismo.

Tanto o óvulo humano fecundado como todas as células que dele descendem possuem os mesmos 46 cromossomos. Uma pequena parcela delas dará origem a espermatozóides ou óvulos, dependendo do sexo do novo indivíduo.

A mutação

Quando uma célula se duplica, o DNA do núcleo é copiado e as duas cópias transmitidas às células filhas são idênticas ao DNA original. Às vezes, no entanto, erros – *mutações* – ocorrem durante o processo de

Quem somos?

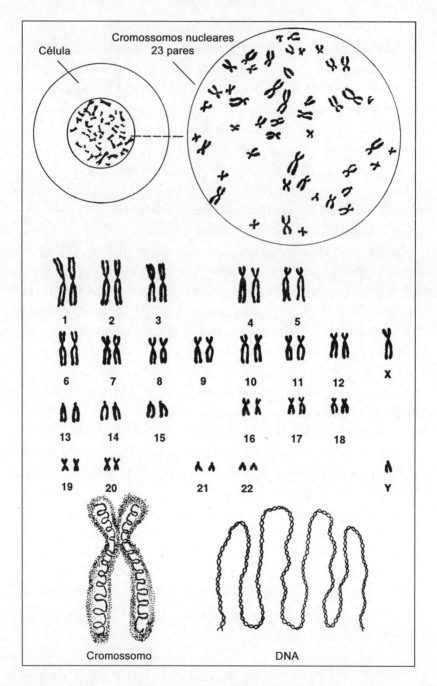

FIGURA 4.2 – Célula humana esquematizada e núcleo, com detalhes dos cromossomos e do DNA.

transcrição. Eles podem acontecer durante a divisão de qualquer tipo celular, incluindo o que dá origem aos espermatozóides no homem e aos óvulos na mulher. São exatamente as mutações nos gametas que nos interessam agora, porque essas células é que garantem a transmissão do patrimônio hereditário aos descendentes.

Já vimos que o DNA é uma seqüência de inúmeros nucleotídeos (A, C, G ou T). A mutação é a substituição de um deles por outro. Por exemplo, vamos considerar o DNA de um pai, que inclui um segmento numa determinada posição e cuja seqüência é:

GCACCAATC

Vamos agora supor que num dos espermatozóides desse pai, que vai dar origem a um filho, tenha acontecido uma mutação no terceiro nucleotídeo, o qual mudou de A para G. A nova seqüência será então:

GCGCCAATC

Todos os descendentes desse filho possuirão a seqüência mutada e não a original.

Conseqüências da mutação

Em alguns casos de mutação, uma pequena mudança pode ter conseqüências enormes, até mesmo determinar se vamos ser saudáveis ou doentes. Em outros casos, pode não ter efeito nenhum. Vai depender da posição do nucleotídeo mudado e da natureza da mudança.

Um dos primeiros lançamentos espaciais pode nos servir de exemplo: segundo as notícias divulgadas pela imprensa, um satélite foi destruído por causa de uma simples vírgula do programa de lançamento digitada no lugar errado!

Existem outros casos que não vêm do campo da alta tecnologia. Houve um rei que consultou o oráculo de Delfos porque queria saber se voltaria vivo de uma certa guerra. A profetisa délfica respondeu com a famosa frase: *"Ibis redibis non morieris in bello"*. A resposta era verbal e, portanto, sem pontuação (a resposta original é em grego, mas a ambigüidade da frase se mantém no latim). O rei entendeu "Partirás, voltarás, não morrerás em guerra". Saiu contente do oráculo e acabou sendo morto em batalha. Por uma vírgula, ele interpretou mal a resposta, que, corretamente pontuada, seria: "Partirás, voltarás não, morrerás em guerra". Mais um exemplo de pequenas mudanças, grandes conseqüências.

Uma doença genética

Existe uma anemia hereditária, chamada talassemia, segundo a qual o indivíduo não produz suficiente hemoglobina, a substância que dá cor vermelha ao sangue e permite a troca de oxigênio entre o pulmão e os tecidos (mencionamos isso ao falar sobre o relógio molecular). A produção de hemoglobina é controlada por dois genes, responsáveis pela formação de duas proteínas (ou cadeias protéicas) chamadas alfa e beta.

O defeito genético causador da forma de talassemia que é freqüente no Mediterrâneo, especialmente na Sardenha, afeta o gene da cadeia beta. O DNA dessa cadeia comporta 438 nucleotídeos e o defeito está na posição 118, que normalmente corresponde a um G. Em razão de uma mutação que provavelmente aconteceu na Sardenha há três ou quatro mil anos, o G foi substituído por um A. A conseqüência é que o gene dessa cadeia não é mais "lido" a partir desse ponto – a síntese da cadeia pára e não há produção de hemoglobina normal.

Até recentemente, algumas centenas de crianças morriam na Sardenha a cada ano em razão dessa mutação, que, a partir de um único indivíduo no qual ela ocorreu, difundiu-se por muitos habitantes da ilha durante os três ou quatro mil anos seguintes.

Nos mosteiros medievais

Mutação é uma mudança no DNA. O DNA é copiado de uma geração à seguinte; portanto, quando ocorre a modificação, a próxima cópia será uma versão alterada do original porque se baseia no DNA mutado. É assim que a mutação dos pais é transmitida aos filhos.

Por que somos diferentes? A teoria da evolução

Existe uma situação praticamente idêntica no campo cultural – são os erros cometidos durante a reprodução de manuscritos. Vamos analisar um poema escrito por um monge irlandês do século VI, que estava prestes a morrer. Ele se refere ao que acontece depois que a vida cessa. O Venerável Beda indaga se a proximidade da morte nos permite compreendê-la melhor (não causa surpresa que a resposta de Beda seja "não, de maneira alguma"). Eis as primeiras três palavras do poema, escritas em inglês antigo, da forma como chegaram até nós em sete cópias diferentes do manuscrito original. São todas muito parecidas mas com diferenças significativas que, mesmo pequenas, nos permitem reconstruir sua história:

Manuscrito	Século	Começo do poema
1	IX	FORE TH'E NEIDFAERAE
2	X	FORE THAE NEIDFAERAE
3	XII	FORE TH-E NEIDFAERAE
4	XII	FORE TH-E NEIDFAER-E
5	XV	FORE TH-E NEYDFAER-E
6	XIII	FORE TH-E NEIDFAOR-E
7	XII	FORE TH-E NEIDFAOR-E
		"Antes da inevitável viagem..."

Os sete textos foram listados de acordo com suas similaridades e não em ordem cronológica. O hífen mostra onde uma letra desapareceu; por exemplo, do manuscrito 3 ao 7, a terceira palavra torna-se *the* (*o*), como no inglês contemporâneo.

Em cada caso, um monge reescreveu um manuscrito anterior. De vez em quando, esse copiador mudou a grafia de uma palavra, por um erro na transcrição ou por uma preferência pessoal. Cada pequena mudança foi repassada pelos copiadores seguintes, que produziram um manuscrito diferente do original.

A análise começa assim: a primeira das três palavras (correspondente a *before*, isto é, antes, no inglês moderno) foi sempre escrita da mesma maneira e não nos ajuda; a segunda é idêntica do manuscrito 3 ao 7; a terceira (composta de duas palavras: *neid* equivalente a *need*, ou seja, necessidade, e *faerae* significando viagem em inglês) mostra uma relação entre os manuscritos 1 a 3, por um lado, e 4 a 7, por outro. Existe, portanto, uma incerteza quanto à posição do manuscrito 3, que é parecido com o 1 e o 2 em alguns aspectos, mas também com o 4 até o 7 em outros. Podemos resolver a dúvida estudando o resto do poema, que é muito comprido.

A Figura 4.3 mostra a reconstrução de toda a árvore genealógica dos sete manuscritos, feita por um filólogo. O manuscrito do século VII, que hoje não existe mais, foi copiado por dois monges diferentes. Uma dessas cópias deu origem aos manuscritos 1 e 2; a outra cópia serviu de base para os cinco manuscritos restantes: primeiro vieram o 3, o 4 e o 7; depois seguiram-se o 6, que descende do 7, e o 5, que descende do 4.

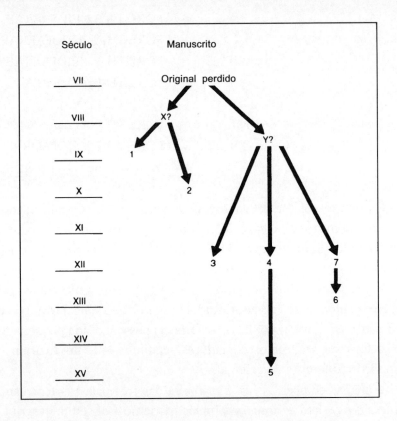

FIGURA 4.3 – Árvore genealógica de sete manuscritos medievais.

Por que somos diferentes? A teoria da evolução

Essa árvore foi construída seguindo o mesmo raciocínio usado para reconstruir a evolução molecular, descrito nos exemplos da hemoglobina e do DNA mitocondrial.

Nem sempre um erro, mesmo aleatório como a mutação, tem efeitos negativos. Freqüentemente não tem conseqüência alguma. No exemplo de Beda, o sentido do poema não foi alterado; em outros casos, uma pequena mudança poderia ter variado o significado.

Uma vantagem inesperada

Há ocasiões em que uma transformação aleatória como a mutação pode ser benéfica. É o mesmo que acontece quando, em vez de pegar a rua de sempre, viramos em outra e sem querer descobrimos que é um atalho. Também é assim com as mutações: embora raramente, elas podem ser vantajosas.

Esse é o caso da talassemia, pelo menos em parte. Trata-se de uma anemia séria, que no passado sempre levava à morte e hoje em dia exige muitas transfusões para manter o paciente vivo (transfusões perigosas pelo risco de contração da hepatite B ou da Aids). A talassemia é encontrada na Sardenha e regiões costeiras do Mediterrâneo, ou mesmo em áreas mais afastadas, e é natural perguntar por que ela ainda existe, se é fatal. Certamente uma doença genética, hereditária, deveria desaparecer com o tempo, já que impede a reprodução dos portadores, não é?

Existe uma explicação. A mãe *e* o pai da criança com talassemia não são exatamente normais do ponto de vista genético; ambos carregam o gene da talassemia sem demonstrá-lo. São os chamados "portadores sadios ou assintomáticos": eles o herdaram apenas de um lado (materno ou paterno), e por isso não desenvolvem a doença; além do mais, tornaram-se mais resistentes à malária devido ao próprio gene da talassemia.

Tempo atrás a malária era uma doença muito grave, presente em várias partes do Mediterrâneo e também na Sardenha, especialmente nas regiões costeiras. Os portadores assintomáticos da talassemia encontraram-se em grande vantagem nessas zonas maláricas, o que permitiu que o gene mutado da cadeia beta da hemoglobina se difundisse entre os descendentes. Como vimos, a anemia grave manifesta-se em quem herda o gene de ambos os pais e isso somente pode acontecer se os dois forem portadores assintomáticos. Entretanto, esses indivíduos são raros e, conseqüentemente, casamentos entre portadores assintomáticos também são raros. O número de doentes mal chega a 1%, e mesmo assim apenas em zonas intensamente maláricas; o número de portadores assintomáticos pode alcançar os 20%.

Utilizando o cálculo de probabilidades, sabemos que a talassemia afetará em média um de cada quatro filhos de um casal de portadores assintomáticos (no passado esse doente teria morrido em poucos anos). Dois dos quatro filhos serão portadores assintomáticos do gene mutado (e, portanto, mais resistentes à malária) e o quarto será totalmente saudável (e, portanto, menos resistente à malária).

A alta incidência de talassemia sempre coincidiu com áreas de alto risco de malária no passado. A perda de uma criança morta por anemia grave é mais que compensada demograficamente (um tanto cruéis, mas certamente realistas) pelo benefício que seus pais receberam (ser portadores assintomáticos) ao tornar-se mais resistentes à malária em zonas maláricas.

O genoma humano

Nossos cromossomos contêm um total aproximado de três bilhões de nucleotídeos. Certas espécies animais – por exemplo, algumas espécies de anfíbios – possuem mais DNA que a humana e nem por isso são mais inteligentes ou mais complexas que o homem. Uma parte do DNA pode ser supérflua (é conhecida por vários nomes, como os termos ingleses "junk DNA" ou "selfish DNA", que significam, respectivamente, "DNA de descarte ou sem sentido" e "DNA egoísta"). É difícil dizer qual DNA é supérfluo ou ativamente prejudicial, mas sabemos de alguns casos em que um DNA egoísta é causador de doenças. Os insetos possuem menos DNA que o homem, algumas bactérias menos ainda, e alguns vírus menos DNA que todos. Os vírus são parasitas e, como tais, sofreram simplificações ao longo da evolução até manter apenas a capacidade de

Por que somos diferentes? A teoria da evolução

estabelecer-se dentro de um hospedeiro para reproduzir-se. Com freqüência desenvolveram estratégias de penetração muito complexas e eficientes, dispensando qualquer mecanismo de replicação próprio na medida em que exploram o do hospedeiro para multiplicar-se.

A mutação é quase sempre a substituição de um nucleotídeo por outro; às vezes, no entanto, um ou mais nucleotídeos podem ser eliminados ou então acrescentados à seqüência original.

O DNA forma uma hélice dupla, como ilustrado na Figura 3.7 (em uma das praças de Pequim fizeram uma estátua em homenagem a esse ácido nucléico que reproduz o formato da dupla hélice). Essa famosa estrutura é composta de duas espirais de DNA perfeitamente complementares. Por exemplo, se uma determinada posição estiver ocupada por um elemento C em uma das hélices, na outra ela vai ser ocupada por um elemento G, e vice-versa. A e T pareiam-se da mesma maneira. As duas fitas que formam a dupla hélice são, portanto, diferentes, mas a informação contida em uma corresponde exatamente à da outra no que diz respeito à seqüência de nucleotídeos. Na essência, as duas seqüências dizem a mesma coisa e podem ser traduzidas uma na outra sem erros. Por essa razão são chamadas *complementares*.

Isso significa que o DNA humano é na verdade formado de três bilhões de *pares* de nucleotídeos, presentes na hélice dupla que forma os 23 cromossomos dos gametas. Sabemos que esse tipo de célula possui um exemplar de cada um dos 23 pares de cromossomos característicos do homem. Usando um jargão de genética, os gametas têm um *genoma haplóide*, que representa, por assim dizer, o mostruário completo de todos os genes disponíveis no patrimônio hereditário da nossa espécie. É um mostruário onde cada gene está presente em apenas uma das várias formas que podem aparecer nos diferentes membros de uma população.

Na medida em que são necessários um óvulo e um espermatozóide para gerar um indivíduo, as células de uma pessoa contêm tanto o genoma materno como o paterno, o que significa que existem duas hélices duplas de DNA, uma paterna e outra materna – e, portanto, quatro nucleotídeos para cada posição, inteirando um total de doze bilhões de nucleotídeos. Normalmente nos referimos a três bilhões porque, de uma forma ou de outra, os nove restantes são a repetição desses três. Se considerarmos as contribuições maternas e paternas, elas se parecem mas não são idênticas.

As mutações são freqüentes?

Normalmente, mutações são fenômenos muito raros. Raros porque é preciso que assim o seja. Somos construídos de maneira tão complexa e detalhada que a mutação, sendo uma mudança aleatória, pode acabar sendo prejudicial, e em geral o é. Numa analogia um tanto humorada, ela foi comparada ao que acontece quando esmurramos a televisão: em geral não muda nada, às vezes a imagem melhora, mas pode acontecer de o aparelho ficar mais estragado ainda. Para que um novo indivíduo funcione direito é necessário que todas as partes que o compõem trabalhem bem. Por isso é importante evitar mudanças muito freqüentes em algo que está "dando certo"; ou seja, é importante que mutações sejam eventos raros.

Existem mecanismos de controle e correção das cópias de DNA recém-produzidas, como num computador que verifica se o arquivo foi devidamente copiado. Os erros de transcrição do DNA são corrigidos, o que torna as mutações muito infreqüentes. Numa célula, ao longo de uma geração, algumas dezenas de nucleotídeos do total de três bilhões estarão mutadas; é um erro minúsculo, da ordem de um em duzentos milhões de nucleotídeos a cada cópia.

Gêmeos idênticos (*univitelinos*) têm exatamente o mesmo DNA porque provêm da fusão de um único óvulo e um único espermatozóide, em que o óvulo fecundado, na sua primeira divisão, gerou duas metades e cada uma deu origem a um embrião. Comparando dois gêmeos desse tipo encontraremos apenas poucas dezenas de diferenças entre eles que são creditadas a mutações.

Se, no entanto, confrontarmos dois indivíduos escolhidos aleatoriamente numa mesma população, vamos detectar uma diversidade muito maior, acumulada ao longo das gerações anteriores. Naturalmente haverá menos diferenças entre irmãos ou entre pais e filhos, mas o nível

Por que somos diferentes? A teoria da evolução

ainda será alto porque se trata sempre de dois pais geneticamente distintos contribuindo para a constituição genética do filho. Talvez seja interessante mencionar que as diferenças entre irmãos (ou entre pais e filhos) são aproximadamente metade das encontradas entre duas pessoas selecionadas ao acaso numa população. Irmãos podem, então, ser extremamente parecidos em algumas coisas e muito diferentes em outras, e isso não deveria surpreender-nos.

A probabilidade de mutação de um em duzentos milhões por nucleotídeo numa geração é uma média aproximada, ainda imprecisa. Existem alguns lugares do DNA onde a freqüência de mutações é maior. É o que observamos, por exemplo, nas mitocôndrias.

A mutação como medida da diferença genética

As mutações acumulam-se com o passar do tempo. Isso significa que podemos quantificar a variação genética entre indivíduos ou entre espécies medindo o número de mutações. Basta selecionar dois indivíduos ao acaso e contar o número de nucleotídeos que diferem entre si num determinado segmento de DNA. Se fizermos isso com dois membros de uma mesma espécie encontraremos, em média, cerca de uma diferença a cada mil nucleotídeos. Pode não parecer muito, mas no homem corresponde a três milhões de diferenças num total de três bilhões de nucleotídeos. As diferenças se ampliam entre organismos de espécies diferentes e aumentam ainda mais quanto maior for a distância evolucionária entre eles. Ao falar da comparação de proteínas e do relógio molecular, vimos que o homem é mais próximo do cavalo do que da galinha. Os mesmos conceitos se aplicam para a diferenciação do DNA, que fornece outro relógio molecular. É de esperar, então, que os resultados das duas análises moleculares sejam os mesmos, o que de fato acontece.

Um fator do qual depende o destino de uma mutação

A mutação que deu origem à talassemia da Sardenha, mencionada anteriormente, ocorreu num gene responsável pela síntese da hemoglo-

Quem somos?

bina. É considerada muito rara. Existem centenas de talassemias diferentes e todas apresentam uma distribuição geográfica bem particular; isso sugere que muitas delas se originaram de uma única mutação que é diferente em cada caso.

Vamos supor que uma mutação ocorreu pela primeira e talvez única vez num esparmatozóide. Um óvulo normal terá um gene normal na posição correspondente ao gene mutado no espermatozóide; a fusão desse óvulo e desse espermatozóide resultará num indivíduo diferente de todos os outros presentes até então na mesma população; ele será heterogêneo quanto ao gene em questão, porque terá recebido um gene mutado por parte do pai (que chamaremos T) e um gene normal por parte da mãe (que chamaremos N).

Vamos adicionar dois novos termos: *heterozigoto* e *homozigoto*. São palavras gregas compostas: "zigoto" significa óvulo fecundado, "hetero" significa diferente e "homo" significa igual. Heterozigoto indica um indivíduo que recebeu diferentes formas de um dado gene por parte da mãe e do pai (foi "fecundado diferenciadamente"). Homozigoto, pelo contrário, designa o indivíduo que recebeu o mesmo gene da mãe e do pai.

Utilizando os símbolos recém-introduzidos (T e N), o heterozigoto será NT. Quanto ao homozigoto, há duas possibilidades: NN e TT. TT é aquele que recebeu o gene mutado de ambos os pais. Isso é possível somente quando existe um certo nível de indivíduos NT em idade reprodutiva numa população. São necessárias várias gerações desde o aparecimento da mutação para que esse nível seja atingido. Algumas explicações adicionais vão ajudar a entender melhor a questão.

Primeiro, no entanto, vamos fazer uma pausa para introduzir a idéia de "aptidão" ("fitness") de tipos genéticos para aplicá-la aos grupos NN, NT, TT. Aptidão, nesse caso, descreve a capacidade de um ser vivo sobreviver até a fase adulta e procriar.

Em inglês, "fitness" tem mais de um significado e, para evitar confusões, deveríamos especificar que estamos falando da "fitness" darwinista, porque estamos usando a palavra no sentido adotado por Charles Darwin, o pai da teoria da evolução pela seleção natural. No seu uso mais comum, "fitness" significa estar em boa forma física por meio de atividades ou atitudes como o exercício, a boa alimentação etc. Existe, é

Por que somos diferentes? A teoria da evolução

claro, uma conexão entre a "fitnesss" física e a darwinista, mas enquanto os praticantes de *jogging* medem a "fitness" quanto ao tempo ou velocidade das suas corridas diárias, a "fitness " darwinista refere-se a uma *performance* genética e é avaliada quanto ao *número médio* de crianças produzidas por um tipo genético. Ela mede a capacidade tanto de chegar à vida adulta como a de ter filhos. Existem pessoas que não fariam grande coisa numa academia mas têm um monte de crianças, e há atletas que não têm filhos. A "fitness" física e a darwinista, portanto, não são a mesma coisa.

A aptidão dos tipos genéticos NN, NT e TT muda dependendo da presença ou não de malária numa região. Sem a doença, o tipo normal NN e o heterozigoto NT são igualmente aptos em termos darwinistas, enquanto TT apresenta uma anemia do Mediterrâneo (outro nome da talassemia) e morrerá antes de ser adulto, a não ser que receba os cuidados médicos mais avançados. Tratamentos recentes e muito caros (como o transplante de medula óssea) permitem que os doentes melhorem sua expectativa de vida, e até mesmo lhes dão a chance de chegar à idade reprodutiva. Até pouco tempo atrás, no entanto, eles tinham poucas esperanças de sobreviver.

A situação muda com a presença da malária, porque então NT sobrevive melhor que NN. O parasita da malária multiplica-se dentro dos glóbulos vermelhos, que destrói antes de penetrar em outros, que por sua vez também serão destruídos. É o que acontece nos ataques recorrentes da doença. Os glóbulos vermelhos de NT são diferentes em razão de uma mutação que dificultou a multiplicação do parasita, para benefício do portador assintomático da mutação. O tipo TT normalmente morre.

Fica claro, nesta altura, que a mutação T, enquanto deletéria para o homozigoto, pode ter vantagens adaptativas, mas somente na presença da malária.

Os possíveis destinos de um mutante

Essa longa introdução foi necessária mas não é suficiente para entender o que acontece com uma mutação assim que ela é produzida.

Quem somos?

Vamos voltar ao momento em que todos eram NN, exceto um que se tornou NT pela mutação. O novo NT é saudável como NN e até mais em zonas maláricas.

NT somente pode casar-se com NN, porque não existem outros tipos genéticos, e vai transmitir aos seus filhos ou filhas N *ou* T. Não é difícil perceber que os dois eventos têm a mesma probabilidade de acontecer (50%), como no caso de cara ou coroa quando lançamos uma moeda. O outro pai é NN e somente pode contribuir com N. Conseqüentemente, as crianças de um casamento NN x NT serão metade NN e metade NT.

Neste momento devemos parabenizar o leitor que nos seguiu até aqui, porque aprendeu uma lei fundamental da genética, proposta pelo monge agostiniano Gregor Mendel, abade do convento de Brno na Checoslováquia; ela foi publicada em 1865.

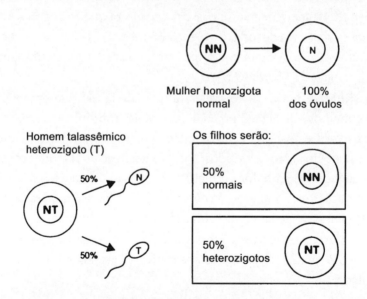

FIGURA 4.4 – Cruzamento entre homozigoto e heterozigoto. O esquema mostra os filhos possíveis de um casamento entre uma mulher NN (normal) e um homem NT (portador assintomático da doença): metade dos filhos é NN e metade, NT (estes dois tipos genéticos também são homozigotos e heterozigotos, respectivamente). O mesmo resultado é obtido quando um homem NN se casa com uma mulher NT.

Na prática, quando um dos pais é NT e o outro é NN, metade dos filhos é como um e metade, como o outro. Naturalmente, falar de metade não faz muito sentido se o casal tiver apenas uma criança. Isso me lembra a situação humoristicamente narrada por Trilussa para explicar a estatística: se eu comi um frango inteiro e você nenhum, comemos meio frango por pessoa.

Se os indivíduos NT que descendem do primeiro NT continuam a aumentar numericamente nas gerações sucessivas, como é mais plausível que aconteça nas zonas maláricas porque são mais resistentes à doença que os normais, num certo momento pode acontecer que dois NT se casem. Surge então algo novo, porque *um espermatozóide T pode fecundar um óvulo T*, criando assim um terceiro tipo genético, até então ausente naquela população. É o tipo TT, que adoece e morre.

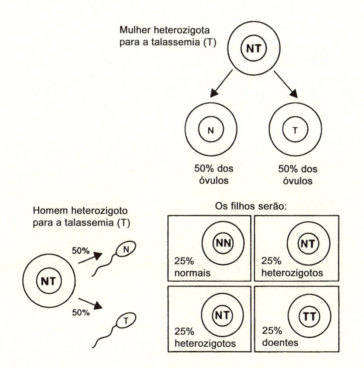

FIGURA 4.5 – Cruzamento entre dois heterozigotos. O esquema mostra os filhos possíveis de um casamento entre dois NT (heterozigotos, ou portadores assintomáticos). Em média, uma criança em cada quatro será normal, duas serão portadoras assintomáticas e uma será talassêmica.

Usando a terminologia recém-introduzida, podemos dizer que o casamento entre heterozigotos NT pode produzir um homozigoto TT a cada quatro filhos (em média).

O casamento NT x NT nos dá, portanto, um quarto de indivíduos TT. Para cada casal em que marido e mulher são NT, um filho TT nasce com a mesma probabilidade de obtermos duas coroas no lance de duas moedas. É necessária a contribuição de um espermatozóide T do marido (probabilidade de 50%) e de um óvulo da mulher (probabilidade de 50%). O evento pode então acontecer na metade da metade dos casos, ou seja, em um a cada quatro filhos.

Acabamos de digerir uma outra lei de Mendel, e infelizmente também tivemos nosso primeiro caso de talassemia, que será seguido por outros. Aproximadamente 110 pacientes talassêmicos nasciam por ano na Sardenha até pouco tempo. Agora a doença pode ser prevista e detectada em tempo para realizar uma interrupção da gestação. O resultado é que hoje há muito poucos casos de bebês talassêmicos na região. Quando nascem em geral é porque não foi feito um teste pré-natal, por razões religiosas ou porque nasceram fora do matrimônio e os pais não puderam ser submetidos a testes a tempo.

Uma pausa para reflexões

Se o leitor conseguiu digerir os conceitos apresentados até aqui, pode até pular esta seção. Se, no entanto, está sentindo a cabeça um tanto pesada, o resumo que segue pode ajudá-lo a clarear as idéias.

Consideramos dois tipos diferentes de um mesmo gene, que participam na formação da hemoglobina:

N, gene normal

T, gene mutado (talassêmico)

Quando falamos de tipos genéticos, no entanto, existem três possíveis:

NN, o homozigoto normal, que recebeu um gene N tanto do pai como da mãe;

NT, o heterozigoto, que recebeu o gene N de um dos pais e o gene T do outro;

TT, o homozigoto talassêmico, que sofre de uma doença grave porque recebeu o gene T de ambos os pais.

Qual é a aptidão desses indivíduos? Varia segundo o ambiente. Na ausência da malária, NN e NT têm a mesma aptidão; TT é doente e em geral não chega à fase adulta sem receber tratamentos muito especiais. Na presença da malária, NN é menos resistente ao parasita, especialmente no caso da cepa responsável pela forma mais letal da moléstia (*Plasmodium falciparum*), e morre mais facilmente que NT. TT está condenado de qualquer forma, na ausência de cuidados médicos.

Vamos voltar à transmissão de pais a filhos. O nosso heterozigoto NT, casado com um normal NN, pode ter filhos NT e NN com igual probabilidade, porque metade dos seus gametas contém o gene N e a outra metade contém o gene T, enquanto seu parceiro (ou parceira) fornece apenas gametas com o gene N.

Para produzir indivíduos TT (que morrem de talassemia) numa população em que inicialmente temos apenas um heterozigoto NT (gerado por uma mutação do gene N) é preciso que várias gerações se sucedam e que um certo número de descendentes NT se acumule.

Nas primeiras gerações depois do aparecimento do primeiro NT, os casamentos entre NTs em geral não existem porque teriam que acontecer entre parentes muito próximos. Um indivíduo NT pode ter um filho NT e uma filha NT. No entanto, casamentos entre irmãos caíram em desuso desde os tempos dos faraós egípcios e dos imperadores da antiga Pérsia. Depois de duas gerações poderíamos ter um indivíduo NT casando-se com sua prima NT. Uniões entre primos são permitidas também pela Igreja Católica (depois de uma autorização especial). Na verdade, elas não são raras; em muitos países europeus e em algumas comunidades da América, por exemplo, a incidência varia de um em cem a um em mil. Depois de várias gerações, o grau de parentesco nem é mais lembrado. O que acontece com os filhos quando um NT casa com outro? Cada um dos pais produz metade dos gametas contendo T e a outra contendo N; metade da metade dos filhos (ou seja, 25%) receberá o gene T de ambos os pais e será talassêmico.

O destino de uma mutação: grande final

Vamos retornar à origem da mutação. Ela determinou o nascimento de um indivíduo NT. Quantos filhos ele vai ter? As variações são enormes, como sabemos. Muitas pessoas nunca se casam, ou então casam-se mas não têm filhos – essas são situações em que a mutação desaparece. Se NT tem apenas um filho, a probabilidade de a criança ser NN é 50% – e nesse caso a mutação também desaparecerá. Entretanto, se o filho for NT, a mutação poderá possivelmente ser transmitida às gerações seguintes. Se o primeiro NT tiver vários filhos, uma parte dos quais é NT, a probabilidade aumentará. O acaso é um elemento muito importante, especialmente quando o número de NTs é baixo. Depois de muitas gerações, a freqüência do gene T pode subir e mesmo chegar a um nível muito alto, particularmente se a população for pequena.

Dispensando cálculos complexos, podemos perceber sem dificuldade que nas regiões maláricas (onde NT tem uma vantagem em relação a NN, que é menos resistente à doença) é muito mais fácil NT aumentar no tempo. Em alguns casos o gene mutado pode, eventualmente, tomar o lugar do gene que de início era o "normal". Mas os cálculos mostram que isso leva muitas gerações e que dificilmente o gene N desaparecerá de vez, a não ser que a vantagem de NT sobre NN seja realmente muito forte. No caso da talassemia, não é possível que o gene T suplante de vez o gene N na medida em que os TTs não sobrevivem até a fase reprodutiva. Mesmo que muitos NTs nasçam inicialmente, depois de um certo tempo sua freqüência vai estacionar, porque, mesmo aumentando o nascimento de TTs, eles logo morrem.

As forças que nos tornam diferentes

Podemos agora começar a responder à pergunta que fizemos no começo do capítulo: o que torna indivíduos e populações biologicamente diferentes? Existem três fatores: *mutação, seleção natural* e *acaso*.

As mutações podem ser agrupadas em três categorias: as que prejudicam um indivíduo, porque modificam uma função negativamente; as

Por que somos diferentes? A teoria da evolução

neutras, porque não têm efeito; e as vantajosas, porque melhoram o funcionamento de um organismo no seu ambiente específico. A primeira e a última são exemplos de seleção natural. A mutação prejudicial reduz ou anula a probabilidade de o portador viver e reproduzir-se normalmente. Exatamente o oposto vale para a mutação vantajosa, que influencia a sobrevivência ou a fertilidade, ou ambas, de maneira positiva. A freqüência de portadores com uma mutação benéfica automaticamente aumenta ao longo de várias gerações.

O exemplo da talassemia é complexo porque a presença do gene T é vantajosa onde existe malária mas apenas para o tipo NT. A variação TT é prejudicial e destrói seu portador. Depois de um certo número de gerações, uma relação estável entre N e T se estabelece e uma proporção fixa de crianças TTs nasce, contrai a anemia do Mediterrâneo (ou talassemia) e morre. Nesse caso, a seleção natural conserva a diferença entre indivíduos. Na ausência da malária, NN e NT são igualmente aptos e a seleção natural não exerce pressão em nenhum dos dois: temos aqui o caso de uma mutação que é irrelevante ou seletivamente neutra no que diz respeito a esses dois tipos genéticos. Como os TTs não conseguem sobreviver, o gene T se encontra em desvantagem e gradualmente diminui, a não ser que a malária venha socorrê-lo.

As doenças hereditárias

A mutação prejudicial impede o desenvolvimento normal de um indivíduo. Grandes mutações como as que resultam da perda de um cromossomo, ou a produção de um cromossomo a mais, em geral são fatais (muitas vezes ainda na vida fetal) ou então geram disfunções sérias, como o mongolismo, que é causado pela presença de um pequeno cromossomo extra. Mesmo as mutações que modificam ou adicionam apenas um nucleotídeo podem ser fatais.

Doenças hereditárias são causadas por mutações prejudiciais, que permitem o nascimento de um indivíduo mas determinam uma probabilidade elevada ou a certeza de que ele terá, cedo ou tarde, uma doença grave seguida de morte precoce. Existem alguns milhares de doenças desse tipo e a maioria é rara, porque sua natureza não-benéfica faz que sejam gradualmente eliminadas pela seleção.

Naturalmente, novas mutações aparecem com o passar do tempo, o que significa que sempre irão existir portadores de alguma disfunção genética numa população. Entretanto, como as mutações são raras, a freqüência desses indivíduos nunca chega a ser alta. Muitas doenças genéticas são tão incomuns que até agora somente foram observadas em algumas poucas famílias.

No extremo oposto, a mutação mais freqüente é a responsável pela Síndrome de Down. Essa condição, também chamada mongolismo, provoca um déficit intelectual bastante grave, dificultando a integração dos seus portadores na sociedade. Ela se manifesta nas pessoas que receberam três cópias do cromossomo 21, em vez de duas. Isso acontece quando um espermatozóide, ou mais freqüentemente um óvulo, contém duas cópias desse cromossomo por um erro durante o processo de formação do gameta. A Síndrome afeta um bebê em cada mil, ou até mais se a mãe tiver passado dos 35 anos. A incidência aumenta com a idade da mãe. É possível diagnosticar a Síndrome de Down a tempo, o que permite a interrupção da gravidez, se desejado.

Uma mutação mais rara que a Síndrome de Down, mas ainda assim freqüente (sua incidência é de aproximadamente um em cada mil nascimentos), provoca a neurofibromatose, um tumor benigno causador de pólipos, geralmente na epiderme. Eles podem ser numerosos e chegar a ter dimensões consideráveis se não forem removidos (o caso famoso de um nariz que parecia a tromba de um elefante inspirou o filme de David Lynch, *O homem-elefante*).

Outras doenças sérias – como a coréia de Huntington, que leva a uma demência progressiva e perda de movimentos coordenados – são raras (um em doze mil nascimentos). A seleção natural é praticamente inoperante em relação à coréia de Huntington porque ela se manifesta tardiamente, começando aos quarenta anos e levando à morte aos cinqüenta, em média. Seu efeito sobre a aptidão é virtualmente zero, porque o indivíduo afetado em geral já teve filhos bem antes de a doença tomar conta.

Muitas mutações são irrelevantes, ou neutras, quanto à seleção natural. Nem sequer percebemos que as temos.

Por que somos diferentes? A teoria da evolução

Mutações vantajosas

Relativamente poucas mutações são vantajosas, porque no fundo todas as que eram úteis e que se manifestaram no passado já foram fixadas pela seleção natural, e portanto fazem parte de nós. Se uma mutação nos tornou mais resistentes a uma determinada doença antes freqüente, os doentes morreram e permaneceram apenas os indivíduos resistentes. Um exemplo relevante de uma mutação vantajosa na evolução humana recente é a capacidade de utilizar a lactose em adultos. Esse açúcar está presente no leite e é um nutriente importante que o lactente recebe da mãe. Isso vale para todos os mamíferos, ou melhor, quase todos, porque alguns, como a foca, não têm lactose no leite.

A utilização desse açúcar é possível graças a uma enzima – a lactase – que o digere, quebrando-os em componentes menores. Depois do desmame, os mamíferos deixam de produzir lactase porque ela se torna desnecessária. O homem no entanto é uma exceção. Muitos bebês humanos continuam a produzir a enzima, o que permite que eles tomem leite mesmo enquanto adultos. Entretanto, os que não produzem mais lactase depois do desmame não se dão bem com a lactose, que eventualmente pode causar náusea, inchaço do ventre, flatulência ou até mesmo diarréia. Quem tem essa intolerância costuma instintivamente não gostar de leite, mas sua presença em outros alimentos pode desencadear ataques. Até alguns anos atrás a intolerância ao leite não era notada ou diagnosticável. As pessoas afetadas em geral não percebem que têm o problema, pelo menos na Europa e na América do Norte, onde o leite é muito popular: talvez possam tomar um pouco sem sentir-se mal ou então simplesmente não relacionam a ingestão com o mal-estar estomacal. Em lugares como a China, e muitas outras partes do mundo, o leite não é considerado um alimento apropriado para os adultos e deixa de ser consumido depois do primeiro ano de vida.

A mutação propõe, a seleção dispõe

A mutação é casual e gera inovações que podem ser benéficas ou prejudiciais. A seleção decide a questão automaticamente, favorecendo

Quem somos?

as vantajosas e eliminando as desvantajosas, o que pode depender das condições ambientais: as que conferem vantagem na região ártica não necessariamente fazem o mesmo nas zonas tropicais. A mutação que determinou a persistência da lactase no adulto é inútil e, quem sabe, talvez até um tanto negativa, se o indivíduo portador não tomar mais leite depois do desmame, mas passa a ser vantajosa se esse for um alimento tipicamente consumido não só por crianças, mas também por adultos. Nesse caso, o meio está sendo determinado por um hábito alimentar, que é um fator cultural, não genético.

Existem outros exemplos em que a nutrição define se um tipo de gene é benéfico ou prejudicial. Ao que parece, um gene comum entre os nativos da América (e talvez de outros lugares) determina a capacidade de acumular alguns nutrientes no corpo (principalmente amido e açúcares) quando há escassez de comida, como fazem os camelos e os cactos, que armazenam água no deserto. Se houver abundância de açúcares, ou álcool, esse tipo genético mostra uma tendência à obesidade e ao diabetes (ou ambas), o que explica a freqüência das duas doenças entre alguns grupos atuais de nativos americanos. Os genes que consentem certos tipos de armazenamento são potencialmente deletérios quando a estocagem dos nutrientes deixa de ser uma necessidade.

Na Europa, nos últimos dez mil anos, o desenvolvimento da agricultura difundiu o uso de cereais como fonte primária de alimento. Cereais não contêm vitamina D como a carne e, principalmente, o fígado de peixe. Entretanto, eles contêm o precursor que se transforma nessa vitamina quando exposto aos raios ultravioleta absorvidos pela pele. Consumindo cereais podemos chegar a produzir níveis de vitamina D suficientes para sobreviver e crescer de maneira normal, desde que nossa pele seja clara. Assim sendo, os habitantes das regiões setentrionais, onde há menos luz solar, podem continuar comendo cereais à vontade porque durante sua evolução as peles claras foram selecionadas. No entanto, em algumas dessas regiões, mesmo no extremo norte, alguns povos obtêm suficiente vitamina D do peixe, o que torna a baixa pigmentação cutânea irrelevante.

A pele escura protege contra certos efeitos dos raios ultravioleta, que podem causar danos à pele se o sol for muito forte, mas também atrapalham a transformação dos precursores específicos em vitamina D. Mesmo assim, nos lugares onde a intensidade da luz solar é alta, as populações locais, apesar da pele escura, ainda produzem níveis adequados dessa vitamina.

Outro tipo de seleção, talvez menos importante no sentido estrito da sobrevivência mas que pode ter um enorme peso, é a sexual. Ela atua durante a escolha de parceiros e não é fácil de estudar. É influenciada por gostos, que variam individualmente, estão sujeitos a modismos, podem mudar e tornar-se bastante imprevisíveis. Talvez a cor dos olhos tenha sido selecionada dessa maneira, assim como também a cor dos cabelos, em geral associada à da pele (cabelos claros, pele clara; cabelos escuros, pele escura). Como vimos, a pigmentação da pele pode ter uma importância adaptativa associada ao clima e à alimentação, mas também pode estar ligada à moda e ao preconceito.

Fatores de seleção sexual podem ter causado variações da cor da pele. Quem sabe o tipo mais raro, branco ou negro, sempre tenha feito grande sucesso. A raridade com freqüência é atraente e as mutações podem fornecer uma grande variedade delas. Não sabemos qual foi a cor original da pele humana. Uma antiga lenda chinesa conta que Deus moldou os homens e os cozinhou num forno. Na primeira fornada ficaram muito queimados, e assim Ele criou os africanos; na segunda tentativa ficaram pouco assados, e assim Ele criou os europeus; na terceira tentativa ele atingiu o cozimento ideal – que foram os chineses.

Vantagens evolucionárias

A seleção natural garante a sobrevivência dos mais aptos, isto é, os que estão mais bem adaptados às condições prevalecentes no local que habitam. O clima, a alimentação e a resistência a doenças são os fatores ambientais mais importantes. Acabamos de ver que é melhor ter pele escura nas regiões tropicais e pele clara nas regiões mais ao norte (a não ser que outras fontes ricas em vitamina D estejam disponíveis). Essa é uma das razões de existirem peles de cor diferente. Outra é com certeza a resistência à luz solar, porque a pele escura protege contra o eritema solar e os tumores causados pelos raios ultravioleta.

A humanidade, ao povoar as diversas regiões do planeta, foi diversificando-se à medida que se ajustava a situações ambientais específicas. A difusão do homem pelas regiões mais setentrionais e a adaptação ao frio invernal foram eventos mais tardios na evolução humana. Foi o homem moderno quem desenvolveu as inovações necessárias a essa expansão para o norte, que chegou aos extremos da região ártica. Algumas dessas inovações são biológicas, isto é, mutações introduzidas ao acaso e favorecidas pelo ambiente. Várias características faciais e corporais fazem parte de um "projeto" biológico adaptado a determinados climas. Um exemplo são os pigmeus em relação à quente e úmida floresta tropical.

No outro extremo, o frio, é útil ter narinas pequenas, porque assim o ar gelado leva mais tempo para chegar até os pulmões e vai esquentando ao longo do caminho; uma fenda palpebral reduzida e bolsas de gordura nas pálpebras conferem proteção aos olhos; um corpo mais "redondo" (ou seja, curto e largo, o mais arredondado possível) diminui a superfície corporal em relação ao volume e reduz a perda de calor.

Esses fatores biológicos foram acompanhados por importantes inovações culturais: o uso do fogo e de peles de outros animais, a produção de roupas (peles costuradas com agulhas), a construção de abrigos mais quentes, e centenas de outros detalhes, como preservar a comida para sobreviver a períodos de escassez, ou cobrir o corpo com gordura durante o frio intenso. A seleção natural entra em cena mais uma vez na medida em que favorece os tipos humanos capazes de um progresso cultural adequado, mas sua ação aqui é indireta. Para compreender a evolução na sua totalidade precisamos levar em conta tanto a adaptação biológica como a cultural.

A importância do acaso

Existe um terceiro componente importante da evolução. Tecnicamente é conhecido por *deriva genética,* mas poderia simplesmente ser chamado *acaso.*

Por que somos diferentes? A teoria da evolução

Já mencionamos que quando ocorre uma mutação, seu portador (o *mutante*) pode não ter filhos ou então ter descendentes normais; conseqüentemente, a mutação desaparecerá. Isso pode acontecer em várias ocasiões ao longo do tempo. Se acompanharmos a presença de uma única mutação por várias gerações sucessivas veremos que quase sempre ela foi eliminada. São muito poucas as que persistem. É uma questão fortuita e pode acontecer o contrário: depois de um ou vários eventos aleatórios, a mutação propaga-se nas gerações subseqüentes e torna-se consideravelmente freqüente, ou até mesmo toma o lugar do tipo que a precedeu.

O acaso tem um papel particularmente relevante numa população de poucos indivíduos. Se lançamos uma moeda no ar, a probabilidade de tirar cara ou coroa será 50% para cada caso. Lançando duas, é mais fácil tirar só caras ou só coroas. Já a probabilidade de que dez moedas caiam todas de cara para cima é de aproximadamente um em mil lances (ou, se quisermos precisão, será ½ multiplicado por ½ multiplicado por ½, e assim sucessivamente, até completarmos dez multiplicações). A mesma coisa vale para coroas. Lançando cem moedas é muito difícil que o resultado não seja pelo menos uma vez cara ou uma vez coroa.

No caso das moedas, a probabilidade de dar cara ou coroa é igual em cada lançamento. No caso da deriva genética, a probabilidade muda a cada geração. Se houver um mutante em mil indivíduos, não estaremos certos de encontrar outros portadores dessa mesma mutação na próxima geração, porque pode ser que não nasça nenhum; a mutação irá então desaparecer. Para quem gosta de números, uma fórmula mostra que a probabilidade de isso acontecer é de 37%; a de existir apenas um mutante, como na primeira geração, também será de 37%; de existirem dois mutantes, será de 18%; de existirem três, será de 6%, e assim por diante. Se houver três mutantes na segunda geração, a probabilidade de a mutação desaparecer na geração seguinte será definitivamente menor que no caso de um único mutante. Portanto, a freqüência de mutantes pode mudar a cada geração e com ela a probabilidade da perda da mutação. Se a freqüência dos mutantes aumenta, ela tende a estabilizar-se no tempo (especialmente quando a população contém muitos indivíduos) e a importância da deriva genética diminui.

Quem somos?

As ilhas do Pacífico normalmente são pouco habitadas; mesmo as maiores foram originalmente colonizadas por grupos pequenos, que subseqüentemente se expandiram até chegar a dezenas ou centenas de milhares de indivíduos, como na Nova Zelândia ou nas ilhas do Havaí. Um caso clássico é o dos amotinados do *Bounty*. Seis marinheiros ingleses e um número equivalente de mulheres melanésias ou polinésias (ou a mistura das duas) foram os "fundadores" da ilha de Pitcairn, no Pacífico. Depois de um tempestuoso começo em que todos quase se mataram, mas somente depois de terem procriado, o grupo começou a aumentar a ponto de ter que mudar-se para outras ilhas.

Nessas ilhas tidas como felizes a população freqüentemente passou por um "efeito gargalo" (redução drástica) em diferentes ocasiões, em razão das invasões ou do efeito devastador dos furacões. Quando, depois de um "efeito gargalo", há poucos "fundadores" (ou "refundadores"), e por acaso sua composição genética não é igual à da população anterior, importantes mudanças podem ocorrer na composição da população que se expande. O fenômeno é conhecido por "efeito do fundador" mas ainda se trata de um caso de deriva genética. Na realidade, cada geração é a fundadora daquela que a sucede e os efeitos da deriva genética acumulam-se ao longo das gerações.

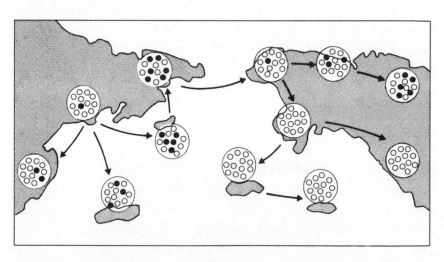

FIGURA 4.6 – Mudança das freqüências de um gene em gerações sucessivas em razão da deriva genética. As flechas indicam o processo de colonização.

Por que somos diferentes? A teoria da evolução

A patologia pode sofrer conseqüências dramáticas em razão da deriva genética: doenças hereditárias que são raras em certas populações podem estar ausentes no grupo fundador e permanecer assim por gerações sucessivas. Entretanto, elas podem ser reintroduzidas por uma nova (e rara) mutação ou (mais facilmente) por algum imigrante. Se estiverem presentes entre os fundadores, as doenças raras podem tornar-se extremamente comuns. Na ilha de Pingelap, na Micronésia, um grave defeito ocular que impede a percepção das cores afeta 10% da população, mas é praticamente inexistente em outras partes do mundo. A mutação responsável deve ter ocorrido num habitante da ilha há alguns séculos e tornou-se freqüente em razão da deriva genética. Se existirem dez fundadores e um deles tiver uma doença genética rara, que se transmite de geração a geração porque não é fatal ou então porque se manifesta em idades mais avançadas (como a coréia de Huntington), a freqüência relativa da doença será de 10% no início – portanto altíssima – e pode permanecer elevada nas gerações seguintes.

Esse princípio evidentemente não vale apenas para populações geograficamente isoladas mas para qualquer grupo humano que se encontre numa situação de isolamento genético. Um conjunto de indivíduos que, por razões históricas, religiosas ou culturais, não pratica casamentos mistos, e portanto realiza poucas trocas genéticas com outros grupos, em geral apresenta um padrão de doenças genéticas incomum. Uma moléstia rara em outras comunidades porém muito difundida entre os judeus é a doença de Tay-Sachs, que se desenvolve durante os primeiros meses de vida e rapidamente leva à morte. Um caso detectado na África do Sul tempos atrás surpreendeu a todos por ter ocorrido numa família cristã. Mais tarde descobriu-se que as famílias dos dois noivos eram de origem judaica e haviam se convertido ao cristianismo recentemente. Hoje em dia o mal de Tay-Sachs pode ser evitado – assim como muitas doenças hereditárias – avaliando a constituição genética dos pais e, quando os dois forem heterozigotos, controlando as células do embrião. Esse tipo de análise é realizado nos judeus originários do norte da Europa (*askhenazim*) mas não em outros grupos em que a condição é rara e, portanto, não justifica um diagnóstico profilático.

Em regiões montanhosas, onde as aldeias são pequenas e as trocas migratórias são menos importantes que nas planícies, a influência da deriva genética é maior. Nos vales da região alpina, e de maneira geral em aldeias isoladas nas montanhas, é comum encontrar pequenos focos (às vezes grandes) de doenças ou defeitos genéticos. Um exemplo clássico é o albinismo, ou seja, a falta de pigmentação na pele e na retina; as pessoas afetadas são extremamente brancas, hipersensíveis à luz solar, e têm os olhos cor-de-rosa. O defeito é relativamente raro (um em dez mil) mas costuma concentrar-se em áreas isoladas aqui e ali. É o resultado de uma única mutação que, em vez de ser eliminada, tornou-se freqüente em certas localidades por acaso.

Da mesma forma, outros defeitos genéticos graves, desde a deficiência mental até a cegueira ou a surdez, tendem a concentrar-se em países que recebem poucos imigrantes. Em alguns casos demonstrou-se, com precisão, que isso decorre do aumento casual na concentração de apenas um ancestral mutante. Na Costa Rica, numa comunidade isolada chamada Taras, existe uma forma local de surdez que vem sendo pesquisada em detalhes. Por intermédio dos registros das paróquias foi possível construir a genealogia dos doentes e constatar que todos os casos descendem de um único casal, que viveu há aproximadamente quatrocentos anos. A avaliação genética de muitos pacientes indicou que é sempre a mesma mutação sendo analisada.

Uma pesquisa de campo: o vale do Rio Parma

A deriva genética é responsável por todas essas situações excepcionais, geradas de maneira aleatória; naturalmente, sua ação não se limita a doenças genéticas mas estende-se a todas as características hereditárias. Há algum tempo (na década de 1940) decidi estudá-la de forma mais sistemática na região italiana do vale do Rio Parma. A pesquisa foi possível graças ao auxílio da Fundação Rockefeller e à tenacidade do meu então superjovem colaborador Franco Conterio, hoje presidente da Faculdade de Ciências em Parma.

Por que somos diferentes? A teoria da evolução

Coletamos amostras de sangue de quase cem aldeias. Primeiro na planície próxima à cidade de Parma (com localidades ricas e muito povoadas) e depois avançando rio acima, em direção à colina (com numerosas aldeias de dimensões médias, algumas famosas como Langhirano, onde se encontra o melhor presunto e queijo parmesão dessa região, e Torrechiara, muito conhecida por abrigar um dos mais belos castelos da Itália). Finalmente chegamos à montanha, onde as comunidades continham somente algumas centenas de habitantes, ou até menos. Naquela época podíamos estudar apenas poucos genes: grupos sangüíneos como o ABO, o Rh e outros. A pesquisa evoluiu com facilidade graças ao apoio dos párocos, todos seminaristas de Dom Antonio Moroni, que havia sido meu aluno e hoje é professor de Ecologia e Presidente da Sociedade Italiana de Ecologia em Parma. Coletávamos as amostras de sangue nas sacristias, depois da função dominical.

Baseados na deriva genética, não aceita por muitos naqueles tempos, esperávamos encontrar poucas diferenças entre as aldeias da planície, as maiores. Os percentuais para um certo grupo sangüíneo deviam ser muito parecidos entre essas comunidades; por exemplo, considerando os indivíduos Rh+ e Rh-, os valores esperados eram em torno de 86% para o primeiro caso e 14% para o segundo, freqüências típicas desses genes nessa região italiana. Nas aldeias da colina pensávamos encontrar uma variação mais acentuada entre comunidades, pelo fato de elas serem menores. Projetávamos diferenças mais marcantes ainda entre as pequenas aldeias da montanha. Nossas expectativas foram totalmente confirmadas pelos resultados, às vezes nos mínimos detalhes.

Os efeitos da deriva genética

A deriva genética é "a flutuação aleatória das freqüências de genes de geração a geração". É totalmente previsível utilizando dois fatores demográficos: o número de indivíduos por população e as trocas migratórias entre populações. No exemplo do Rio Parma foi possível analisar os registros das paróquias de todo o vale, que desde o fim do século XVI compilam os batismos, as mortes e os casamentos ocorridos em cada localidade; a partir desses dados calculamos as variações genéticas entre aldeias e as comparamos aos resultados do trabalho de campo sobre grupos sangüíneos.

Pode parecer estranho que, estudando a casualidade, possamos detectar efeitos regulares: não deveriam ser imprevisíveis por definição? Na verdade, o acaso impede a previsão de um resultado único (por exemplo, se uma determinada paróquia terá um percentual maior de indivíduos Rh-) mas permite tanta precisão quanto desejada se as observações forem muitas, porque isso implica trabalhar com as médias de um grande número de dados.

Não devemos pensar que a deriva genética deixa de agir numa comunidade muito grande. Seus feitos persistem, mas simplesmente levam um tempo maior para tornar-se evidentes.

Uma população que possui duas formas de um mesmo gene (Rh+ e Rh-, por exemplo) deveria, eventualmente, conter apenas um. No entanto, isso é verdade apenas quando a migração não reintroduz o tipo eliminado pela deriva genética por meio de indivíduos vindos de outras populações. Quanto mais freqüentes as migrações, mais modesto o efeito da deriva. Valem também as trocas migratórias entre países, que não são necessariamente aleatórias.

Acaso e necessidade

O que dissemos sobre os três fatores evolucionários (mutação, seleção e acaso) vale para qualquer espécie: é sempre a mutação que fornece uma mudança genética, ou seja, o material sobre o qual a evolução atua pelo acaso e pela seleção natural. Essa seleção também poderia ser chamada *necessidade* ou *destino*. Como dissemos, a mutação propõe, a seleção dispõe, e o acaso é um fator adicional que literalmente muda as cartas na mesa a cada aposta.

Até recentemente, o acaso era considerado irrelevante. Nos dias de hoje, pelo contrário, notamos que ele tem uma importância dupla: pelo efeito estatístico que chamamos deriva genética (que faz que as fre-

Por que somos diferentes? A teoria da evolução

qüências de tipos nas populações oscilem entre gerações e entre regiões) e pela natureza aleatória da mutação.

Algumas mutações extremamente raras podem causar grandes surpresas. Vez ou outra aparece uma completamente nova, ou então que não foi detectada nos últimos dez séculos ou dez milhões de anos. Pode ser algo totalmente inovador e positivo, capaz de abrir caminhos para novas possibilidades evolucionárias. Naturalmente, não basta que a mutação se manifeste, ela precisa ser aceita pela evolução; isto é, precisa ser favorecida pela seleção e além do mais ter sorte. A seleção não é apenas a sobrevivência do mais apto, como pensou Darwin, mas também a sobrevivência do mais afortunado, como afirma o geneticista japonês Motoo Kimura, que analisou como ninguém a influência do acaso na evolução.

Mutações que marcaram história

As mudanças genéticas mais importantes da história do homem foram o aumento das dimensões do cérebro e o desenvolvimento de novas funções cerebrais, iniciadas a partir de aproximadamente três milhões de anos. No último milhão houve um salto fundamental: trezentos ou quatrocentos mil anos atrás já havíamos alcançado o tamanho do cérebro atual, quatro vezes maior que o do nosso primo mais próximo na escala zoológica – o chimpanzé.

A expansão do volume cerebral foi sem dúvida determinada por mutações genéticas. Com certeza não é apenas uma mudança quantitativa. Variações qualitativas também devem ter acontecido, como o aparecimento da região do cérebro que controla a produção e compreensão da linguagem, a principal diferença entre nós e o resto dos animais.

Outras mutações fundamentais permitiram o desenvolvimento de habilidades manuais, que levaram à criação de ferramentas aperfeiçoadas, uma característica exclusiva da espécie humana. Elas foram precedidas por outras responsáveis pelo andar em pé e não mais sobre quatro membros, liberando assim o uso das mãos para novas funções.

Quem somos?

A perda quase completa de pêlos foi outra transformação genética significativa, que nos diferencia das espécies mais próximas. Pode ter sido menos desvantajosa para o homem (os outros animais raramente não apresentam pelame) porque talvez ocorreu quando ele já havia desenvolvido a capacidade cultural de produzir roupas. A perda, portanto, não implicou um dano grave; ao contrário, podemos considerá-la uma característica positiva no verão, quando faz muito calor. Além disso, o ato de transpirar, e portanto o resfriamento do corpo, torna-se muito mais eficiente na ausência de pêlos; no tempo frio recorremos aos de outros animais para cobrir-nos e aquecer-nos.

É importante lembrar que a capacidade de apropriar-nos das peles de outras espécies não basta para criar uma roupa. Ela torna-se funcional somente quando modelada e costurada, habilidades estas que fazem parte do dote cultural do homem moderno.

A migração

Além da mutação, da seleção e da deriva genética, a migração é um quarto agente evolucionário normalmente considerado. Na verdade, a especificação de causas adicionais poderia não ter fim: a própria migração não é um fator único, podendo assumir diversos aspectos e funções.

Praticamente toda espécie, incluindo a humana, está subdividida em muitas populações que vivem distantes umas das outras. Quando o isolamento entre dois grupos é total, isto é, quando não ocorrem migrações de um a outro, ambos tendem a diferenciar-se. Se o isolamento continuar sendo completo ou quase completo por muito tempo cada grupo poderá transformar-se numa nova espécie (para os mamíferos, esse tempo em geral é da ordem de um milhão de anos).

A deriva genética é suficiente para criar diferenças profundas entre populações completamente isoladas. Além disso, as que vivem em lugares distintos deverão adaptar-se a novas condições do ponto de vista de clima, plantas comestíveis e animais disponíveis para caçar. Os problemas que um grupo habitante de uma região árida enfrenta são completamente diferentes dos problemas de um outro que ocupa uma região talvez não tão distante, porém muito úmida. A diversificação causada pela deriva genética soma-se à da seleção natural operante durante a adaptação ao meio.

É raro, entretanto, que duas populações estejam completamente isoladas: a migração entre grupos limita o isolamento e diminui a influência da deriva. Geralmente a migração humana ocorre entre aldeias e cidades vizinhas, ou não muito distantes; as mais próximas sempre vão ser geneticamente mais parecidas que as mais afastadas. Esse tipo de movimento de indivíduos via de regra repete-se a cada geração, seguindo um mesmo ritmo entre as mesmas populações; muitas vezes é motivado pela procura de um parceiro, com freqüência não disponível numa comunidade pequena. A migração humana inevitavelmente reduz a diversidade entre aldeias gerada pela deriva genética.

Também existem migrações em massa. Ocasionalmente, um grupo inteiro (às vezes poucos indivíduos de cada vez) muda-se para estabelecer-se num outro lugar, que pode ser bem distante do original. As migrações em massa são freqüentes em tempos de crise, para fugir da fome, dos desastres naturais, das guerras, ou simplesmente de uma superpopulação. Muitas ocorreram ao longo da história da humanidade e permitiram a ocupação de novas regiões e continentes. Quando o grupo era impelido para muito longe, especialmente nos tempos em que viajar era muito mais complicado que agora, o contato entre a matriz e a colônia com freqüência ficava interrompido – foi então que a deriva genética e a adaptação a novos ambientes criaram oportunidades para diferenciações, algumas até extremas. Migrações em massa, portanto, levam a um aumento da diversificação entre populações, enquanto migrações de indivíduos entre grupos vizinhos a reduzem.

Uma escolha estética

Tenho usado uma linguagem comum para cobrir os pontos mais importantes de uma teoria matemática, elaborada ao longo do século XX por muitos geneticistas. Devemos as contribuições de maior destaque a três deles: Sir Ronald Fisher e J. B. S. Haldane, ambos da Grã-Bretanha, e Sewall Wright, dos Estados Unidos. Os centenários de seus nascimentos foram, ou serão, recentemente comemorados. Trabalhei com Sir Ronald Fisher por dois anos em Cambridge e cheguei a conhecer Haldane e Wright bastante bem. Eram personalidades extraordinárias, que poderíamos considerar verdadeiros gênios. É uma coincidência excepcional que essas três pessoas tenham vivido na mesma época, compartilhando praticamente as mesmas idéias e paixões. Mais que quaisquer outros, foram eles os criadores da teoria matemática da evolução.

Formei-me em medicina durante a Segunda Guerra Mundial. Naqueles tempos a genética era bastante desconhecida na Itália. Fui sendo atraído em direção ao estudo da evolução por uma consideração que chamarei de estética: a simples beleza da teoria. Meus primeiros contatos com essa disciplina aconteceram na Universidade de Pávia, quando era estudante de Adriano Buzzati-Traverso, irmão de Augusto, Nina e Dino Buzzati (um conhecido escritor italiano, já falecido). Além de introduzir-me à ciência da hereditariedade, Adriano involuntariamente impeliu-me a exercitar a genética, no sentido mais literal da palavra, ao apresentar-me sua sobrinha Alba, que é hoje a mãe dos meus quatro filhos.

5
Quão diferentes somos?
A história genética da humanidade

Podemos reconstruir a história da humanidade com base na situação genética atual?

É a pergunta que me fiz há mais de quarenta anos. Apostei que sim porque acreditei que fosse possível, que a chave do problema estava contida na teoria da evolução. Quando comecei minha pesquisa, em 1941, a genética ainda era uma ciência muito recente e passei vinte anos adquirindo as ferramentas necessárias para tentar responder à questão. O que se segue é um relato do caminho que percorri, começando pelo que se sabia sobre a disciplina da hereditariedade no início da minha jornada.

Entre 1948 e 1950, eu ocupava um cargo de pesquisador na Universidade de Cambridge. Era o princípio da minha carreira e tive a sorte de trabalhar com um dos maiores geneticistas do século XX, Sir Ronald A. Fisher, o pai da estatística moderna e um dos criadores da matemática da evolução – um homem excepcional.

Durante esses dois anos dediquei-me a um trabalho experimental sobre genética de bactérias. Vinha de um ambiente onde havia estudado genética de populações; conhecia imunologia e grupos sangüíneos, temas de minhas pesquisas no Instituto de Sorologia de Milão logo depois de formar-me em medicina.

Em Cambridge, Fisher dava muito peso ao exame de grupos sangüíneos como meio para estudar a evolução humana. Ele havia desenvolvido métodos estatísticos para analisar a genética dos grupos ABO e MN e, especialmente, havia interpretado os ainda misteriosos grupos Rh, formulando uma teoria que provavelmente é válida até hoje. Também havia criado métodos de pesquisa extremamente inovadores, que prometiam ser de grande interesse no futuro. Trabalhando nesse ambiente, contaminei-me com sua paixão e sede de um maior conhecimento e compreensão desses assuntos.

Uma cidade do saber

Cambridge é uma cidade gótica, no estilo florido do fim da Idade Média, cheia de igrejas com naves altíssimas e capelas esculpidas, as ruas ladeadas pelas imponentes construções de pedra cinza-rosada das faculdades – os *colleges*. O ar é puro, o clima é mais seco que o do resto da Inglaterra. Cambridge cresceu durante quase oitocentos anos em volta da universidade que – como a de Oxford – se distribui entre algumas dezenas de *colleges* espalhados aqui e ali, onde vivem os estudantes e muitos dos professores. Os *colleges* em geral são parte de palácios góticos, alguns às vezes renascentistas, outros até modernos, quase todos muito bonitos, com grandes pátios internos e gramados maravilhosos. Andando sobre esses tapetes de relva temos a sensação de pisar um veludo macio, apesar da grama muito aparada, quase rente. Com pouquíssimas exceções, somente quem dá aula pode caminhar nos gramados da própria faculdade, que na verdade lembram museus delicadíssimos, cuja manutenção exige muito cuidado e constância (mesmo porque em Cambridge chove menos que no resto da Inglaterra). Certa vez perguntei quanto tempo levava para conseguir um gramado daqueles; a resposta típica foi quinhentos anos, mas alguns jardineiros protestaram, afirmando que uns duzentos já eram suficientes!

Quão diferentes somos? A história genética da humanidade

Cambridge tem uma tradição de autogestão que prevalece desde sua origem. Cada *college* é regido pelos docentes e dispõe de meios financeiros próprios, razão pela qual a universidade conseguiu defender-se legitimamente do poder da Igreja e do Estado. Conservou antigas e peculiares tradições acadêmicas. Durante as solenidades, o corpo docente veste trajes e segue cerimoniais que foram estabelecidos há séculos.

A cidade é cortada pelo Rio Cam, ladeado por alguns dos mais belos *colleges* e pelos "backs" – amplos jardins gramados, onde as pessoas se encontram para passear e tagarelar à vontade. Nos fins de semana o rio fica muito animado; enche-se de barcos movidos não a remo, mas com longuíssimas varas. As regatas seguem regras especiais, porque o rio é muito estreito: o barco que tocar no da frente toma seu lugar. Ganha quem conseguir encostar em todas as embarcações à sua frente.

Durante minha estada em Cambridge, trabalhei na casa do próprio professor Fisher. Junto ao belíssimo jardim, a residência era, por assim dizer, o apanágio da cadeira de genética. A universidade não havia cedido um laboratório, razão pela qual Fisher usava a quase totalidade do seu lar para esse fim. As flores cultivadas incluíam as da famosa ervilha *Pisum sativum*, utilizadas cem anos antes pelo abade Gregor Mendel para desvendar as leis da hereditariedade que levam seu nome. De forma um tanto sorrateira, eu já as introduzi ao leitor no capítulo anterior. A casa de Fisher também abrigava um grande biotério de ratos, destinados aos seus experimentos de genética; o cheiro nada agradável dos animais em cativeiro invadia todos os cantos. Eu havia armado um pequeno laboratório de genética de bactérias; meu trabalho também envolvia muita matemática e estatística, seguindo a trilha das pesquisas de Fisher.

Meu envolvimento com genética de populações já datava dos tempos de estudante, quando trabalhei com Adriano Buzzati-Traverso. No fim da guerra, coletávamos enormes quantidades de drosófilas nos tonéis usados para a fermentação de vinho, na adega da sua família, em Belluno. Essas mosquinhas-da-fruta possibilitaram um grande avanço da genética; nós as observávamos ao microscópio e depois as colocávamos em pequenos recipientes, para que se reproduzissem. Até aquele momento existiam apenas poucos estudos de campo sobre a drosófila;

Quem somos?

nossa pesquisa genética era realizada em laboratório, baseada em cruzamentos experimentais. Naturalmente, não é possível fazer o mesmo com seres humanos, dos quais estudamos apenas os cruzamentos espontâneos. Hoje em dia, células humanas cultivadas em tubos de ensaio podem ser usadas para realizar experimentos comparáveis a cruzamentos, os quais, no entanto, têm suas limitações. Por exemplo, seria impossível desvendar o formato do nariz do dono das células originais a partir das culturas celulares.

A pesquisa de grupos sangüíneos

No tempo em que trabalhava em Cambridge, genética do ser humano significava quase exclusivamente pesquisa de grupos sangüíneos, porque a única variação bem conhecida havia sido individualizada analisando transfusões de sangue entre indivíduos. Para um clínico, importava saber quem podia receber o sangue de quem; as regras básicas de compatibilidade a esse respeito haviam sido descobertas no início do século XX. Os *grupos sangüíneos* são exatamente grupos de pessoas que podem trocar sangue entre elas sem sofrer reações adversas. Existem quatro tipos principais: O, A, B e AB. O primeiro da lista é chamado grupo dos doadores universais porque um indivíduo O pode doar sangue a pessoas de outros grupos, apesar de os médicos sempre preferirem que doador e receptor pertençam ao mesmo tipo sangüíneo. O sistema ABO é determinado por três formas do mesmo gene (chamadas *alelos*) nomeadas A, B e O. Indivíduos do tipo O recebem o alelo O de ambos os pais. Os do tipo A podem ser AA ou AO. Os AA receberam A de ambos os pais (são *homozigotos*); os AO receberam A de um dos pais e O do outro (são *heterozigotos* – termo explicado no Capítulo 4). De maneira análoga, indivíduos do grupo B podem ser BB ou BO. Já os do grupo AB podem ser apenas AB. Vou apresentar dois problemas simples, para quem tiver vontade de pensar a respeito: um pai e uma mãe do tipo A podem ter um filho do tipo O? O casamento de alguém do tipo AB com alguém do tipo A pode gerar uma criança do tipo O? (As respostas estão na p.384).

Muitos outros sistemas sangüíneos foram descobertos a seguir. Entretanto, os mais importantes continuam sendo o ABO e o Rh, ambos essenciais para as transfusões. As regras da transfusão sangüínea são muito precisas. As pessoas não podem doar sangue umas às outras sem restrições, porque nosso corpo reage à introdução de substâncias não próprias secretando *anticorpos* contra elas. Ligando-se a essas substâncias, os anticorpos permitem sua eliminação. As conseqüências de receber um tipo de sangue diferente do próprio podem ser sérias para o paciente, em razão dos anticorpos que *aglutinam* os glóbulos vermelhos do sangue doado; os pequenos grumos que se formam circulam com dificuldade e causam a obstrução de vasos sangüíneos, podendo levar à morte. Usando reagentes apropriados, essa mesma *reação de aglutinação* permite estabelecer o grupo sangüíneo de uma amostra de sangue no laboratório.

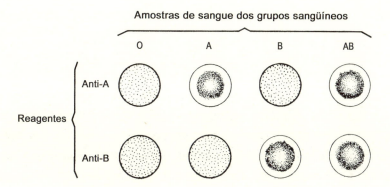

FIGURA 5.1 – Reações de aglutinação dos glóbulos vermelhos em amostras de sangue humano. Sistema ABO.

O estudo do sistema ABO mostrou que a freqüência de cada grupo varia entre povos diferentes: em média, 40% dos europeus são O; 40% são A; 15% são B; e 5% são AB. Esses valores não são os mesmos em outras regiões do mundo e podem variar na própria Europa, entre diferentes localidades.

Um novo grupo sangüíneo descoberto em 1940 passou a ser extremamente importante na prática clínica. Uma mãe havia perdido um fi-

Quem somos?

lho recém-nascido. Philip Levine, excelente imunologista de Nova York, conseguiu demonstrar que o bebê morrera por causa de anticorpos maternos, produzidos contra substâncias presentes nos glóbulos vermelhos do filho, mas ausentes nos da mãe. Ou seja, o sistema imune da mãe havia reagido contra uma substância estranha proveniente do filho. Essa substância havia sido transmitida ao filho pelo pai. Foi chamada Rh por causa de outra descoberta independente, feita nesse mesmo ano.

O fator Rh foi originalmente individualizado nos glóbulos vermelhos de macacos da espécie *Macacus rhesus*, mas também é detectável nos de muitos seres humanos. A sigla Rh corresponde às duas primeiras letras da palavra *rhesus*. Na população de brancos americanos (os primeiros a serem analisados), 85% dos indivíduos são Rh positivos (*Rh+*) e 15% são Rh negativos (*Rh-*). Rh foi exatamente a substância que causou a morte do recém-nascido estudado por Levine. Pai e bebê eram RH+; a mãe, sendo RH-, reagiu imunologicamente contra o fator, introduzido no seu corpo pelos glóbulos vermelhos do filho durante a fase uterina. Os anticorpos anti-Rh passaram de mãe a filho através da placenta e provocaram a destruição dos glóbulos vermelhos da criança, causando uma anemia fatal.

Mais tarde descobriu-se que esse é um fenômeno bastante freqüente. Mulheres Rh- reagem contra um feto Rh+ produzindo anticorpos que aglutinam os glóbulos vermelhos do filho e causam sua morte. Numa primeira gravidez o bebê geralmente sobrevive, porque o nível de anticorpos produzidos é baixo; nas gestações sucessivas, níveis mais elevados podem ser muito prejudiciais ao feto Rh+ e chegam a ser fatais para a criança ainda no útero. Por sorte, no sistema Rh, ao contrário do que acontece no sistema ABO, os anticorpos não existem espontaneamente; são produzidos por pessoas Rh- somente quando recebem sangue Rh+ numa transfusão e por mulheres Rh- durante a gravidez, se o filho for Rh+. É possível salvar o recém-nascido logo após o parto, trocando seu sangue por outro compatível.

A pesquisa do gene Rh mostrou que a maior concentração de indivíduos Rh- ocorre em povos de origem européia, onde o valor médio chega a ser 10%-15%. Em algumas populações essa freqüência pode aumentar – a maior registrada chega aos 30% e foi detectada entre os

Quão diferentes somos? A história genética da humanidade

bascos. Indivíduos Rh- são raros na África e ausentes na Ásia e entre os ameríndios.

O passado no nosso sangue

Na metade do século XX não se sabia muito mais que isso, porém Miguel Ângelo Etcheverry, um hematologista basco, já havia observado uma alta freqüência de Rh- entre seus conterrâneos. Ele sugeriu que os bascos atuais descendiam de uma população proto-européia com alta incidência de Rh- (talvez até 100%), os quais teriam vivido na Europa antes da chegada de outros povos majoritariamente Rh+. A presença destes teria tido menor impacto na Espanha e no sul da França (onde atualmente vivem os bascos) do que no resto do continente europeu, porque essas regiões ficavam mais distantes do ponto de origem dos migrantes, provavelmente situado na Ásia. Hoje em dia há muitas razões para acreditar que a hipótese de Etcheverry, revolucionária na época da sua proposição, esteja correta.

Um outro caso surpreendente, descoberto há algumas décadas, diz respeito ao sistema ABO entre os índios americanos: todos pertencem ao grupo O, exceto algumas tribos do Canadá, onde ocorre uma alta incidência de indivíduos do tipo A e ausência do grupo B. Em outros continentes, além de O, tanto A como B são encontrados em percentuais variáveis. O mesmo se aplica à comunidade dos esquimós, os últimos migrantes a chegarem à América nos tempos pré-históricos. Mais intrigante ainda é a análise de múmias pré-colombianas, que revelou a presença de A e B em ameríndios de alguns milhares de anos atrás. No entanto, essa pesquisa enfrentou vários problemas técnicos, na medida em que algumas bactérias produzem substâncias parecidas com as que definem os tipos sangüíneos A e B. Os métodos de análise de DNA disponíveis nos últimos anos permitirão testar o material novamente e levarão a conclusões mais seguras, embora ainda existam dificuldades a serem superadas.

Há duas explicações interessantes para a ausência de B e A no continente americano. A primeira é que, nos tempos da colonização da

Quem somos?

América pelo homem, pouquíssimos indivíduos (e todos do grupo O) teriam passado da Sibéria ao Alasca pela Terra de Beringia – a rota percorrida pelo *Homo sapiens sapiens* há quinze mil anos ou mais (atualmente, a Terra de Beringia encontra-se submersa e corresponde ao estreito de Bering). Esse seria um caso de deriva genética e um exemplo de "efeito do fundador" muito pronunciado. Mencionamos isso ao falar dos polinésios. Um grupo fundador muito pequeno pode não incluir um determinado tipo genético, o qual somente aparecerá por mutações ou imigrações de grupos que o contenham. Na verdade, o "efeito gargalo" não precisa estar entre os fundadores; pode ter se verificado mais tarde, o que explicaria a presença de A e ausência de B em algumas tribos do norte.

A segunda possibilidade é que o desaparecimento dos outros grupos foi conseqüência da seleção natural; por exemplo, o grupo O poderia ter sido selecionado por ser mais resistente a determinadas doenças. Nesse caso, uma explicação adicional também seria necessária para justificar a presença de A no extremo norte.

A ausência dos grupos A e B em quase toda a América tem sido relacionada com uma doença que apareceu na Europa logo depois da volta de Cristóvão Colombo: a sífilis. Algumas tentativas foram feitas visando verificar se indivíduos do grupo O são mais resistentes a essa enfermidade, muito difundida até o fim da Segunda Guerra Mundial e praticamente eliminada depois da descoberta da penicilina, uma droga bem mais eficaz que os tratamentos anteriores. Até hoje, nos Estados Unidos, quem quiser casar é obrigado, por lei, a fazer um exame de sangue (a reação de Wassermann) para estabelecer se é sifilítico ou não; caso seja, deverá curar-se antes do casamento. O intuito da lei é evitar o contágio do outro cônjuge e eventualmente dos filhos que o casal venha a ter.

Verificou-se que indivíduos do grupo O não eram menos sujeitos a contrair a sífilis, porém saravam mais rapidamente com os tratamentos anteriores à penicilina. Isso sugere que o tipo O seja mais resistente à doença que os tipos A e B e que a ausência destes entre os ameríndios tenha resultado da seleção natural. É uma possibilidade, não uma certeza.

Também foi observado que, dependendo do grupo ABO, as pessoas são particularmente sensíveis a alguns problemas do aparelho digestivo (úlceras e tumores gastroduodenais) e a determinadas moléstias infecciosas (entre elas a tuberculose, as doenças causadas por estreptococos e também por algumas cepas de *Bacterium coli*, particularmente freqüentes em crianças). É provável, portanto, que a seleção influencie o sistema ABO. Apesar disso, excetuando-se os ameríndios, a freqüência dos grupos ABO no mundo é bastante estável; as variações entre diferentes localidades são bem mais limitadas que as observadas para muitos outros genes. Talvez a seleção natural, mesmo favorecendo diferentes grupos em diferentes climas e regiões, tende a mantê-los relativamente constantes. Isso acontece quando indivíduos que recebem formas distintas de um gene dos seus pais (ou seja, os heterozigotos) têm uma vantagem seletiva sobre outros indivíduos (como no exemplo da talassemia nas zonas maláricas). Por alguma razão, esse mecanismo não teria funcionado entre os ameríndios, de maneira que o tipo sangüíneo A e particularmente o B desapareceram em quase toda a América.

Os estudos contemporâneos sobre as mitocôndrias dos ameríndios parecem indicar que o número de fundadores era baixo, mas não nos revelam o valor exato. As duas hipóteses, seleção natural e deriva genética, não são mutuamente exclusivas, de modo que, por agora, a questão permanece em aberto.

Como reconstruir nosso passado?

Essas e outras poucas conclusões e hipóteses eram tudo o que se sabia quando comecei a dedicar-me à evolução humana. Não bastavam para reconstruir o passado do homem. Os genes dos sistemas ABO e Rh teriam permitido no máximo afirmações genéricas e em geral limitadas a casos isolados, como o dos bascos.

Meu ponto de partida foi: se juntarmos dados sobre outros genes talvez possamos reconstruir a evolução da espécie humana, sua árvore genealógica. Parecia bastante provável que as informações sobre um grande número de genes levasse a uma compreensão maior e mais clara que as conclusões um tanto vagas, às vezes intuitivas, embasadas num único gene. Desenvolvi um método que permitiria usar dados sobre as diferenças genéticas entre povos, caso aparecesse suficiente material sobre muitos genes de diferentes populações. Eu mesmo não poderia analisar pessoalmente as populações indígenas de várias partes do mundo, mas tinha certeza de que essas informações viriam com bastante rapidez, graças a tantos outros pesquisadores interessados em grupos sangüíneos e outras variações genéticas constantemente descobertas. Era uma questão de tempo.

Por volta de 1960, o material contido na literatura científica parecia ser suficiente para dar início ao trabalho. Nessa época, em Pávia, dispunha de verbas italianas e americanas para pesquisa e convidei Anthony Edwards (outro discípulo de Fisher) a juntar-se a mim. Anthony, que atualmente voltou a Cambridge, é um especialista tanto em estatística e genética de populações como em processamento de dados. Tínhamos à disposição um computador Olivetti, recém-adquirido pela Universidade de Pávia num período em que o Ministério da Educação de então, normalmente muito relutante quanto à concessão de fundos, havia decidido encorajar o processamento de dados nas instituições universitárias. O computador era uma novidade para todos; durante muito tempo fomos os principais usuários, às vezes os únicos, sem limitações de tempo. Ele ocupava toda uma sala com ar-condicionado e era muito mais lento e menos potente que um PC atual. Anthony escreveu alguns programas, para poder aplicar os métodos estatísticos mais adequados (hoje comuns e disponíveis em "pacotes" de uso simplificado, mas inexistentes naquela época) e os nossos novos métodos de montagem de árvores filogenéticas ao nosso conjunto de dados. Ele também desenvolveu um sistema original de construção de árvores, diferente do que havia proposto e baseado num princípio atualmente popular (o "princípio da evolução mínima"). Os métodos de construção de árvores disponíveis hoje em dia são muitos, todos com suas vantagens e desvantagens, mas os resultados gerados por cada um não diferem significativamente entre si.

Muitos genes existem em várias formas distintas, mas as suas freqüências em populações diferentes às vezes são muito próximas. Por

Quão diferentes somos? A história genética da humanidade

sorte, no entanto, um número significativo deles varia o suficiente entre populações, o que é de grande utilidade. Eu estava convencido de que, para poder traçar a história da humanidade, nossa análise teria que se basear num grande número de genes diferentes.

Anthony e eu precisávamos obter um valor único que, sintetizando de alguma forma os dados sobre todos os genes disponíveis, indicasse a diferença global entre duas populações. Vamos chamar esse índice sintético de "distância genética". Pensando na alternativa Rh positivo-negativo, se registrássemos, por exemplo, 20% de Rh negativos entre os bascos, 15% entre os italianos do norte e 2% entre os chineses, uma distância genética muito simples seria: 5% entre bascos e italianos (20 - 15 = 5), 18% entre bascos e chineses (20 - 2 = 18) e 13% entre italianos e chineses (15 - 2 = 13). Na verdade, já então tínhamos bons motivos para utilizar uma fórmula um pouco mais complicada que essa e que não precisa ser explicada agora. Mais tarde vimos que a fórmula em si não era particularmente relevante; o que importava, vou repeti-lo, é que o número de genes simultaneamente considerados fosse o maior possível: qualquer que seja a fórmula básica para calcular a distância a partir de um gene, a distância genética global será obtida fazendo a média das encontradas para cada um dos genes analisados.

Uma árvore genealógica baseada nos grupos sangüíneos

Entre 1961 e 1962 conseguimos juntar os valores publicados para quinze populações (três por continente) sobre vinte variantes genéticas. Os dados eram todos sobre grupos sangüíneos: ABO, Rh e três outros sistemas (conhecidos como MN, Diego e Duffy).

Calculamos a distância genética entre populações para cada uma das 105 combinações obtidas comparando as populações duas a duas. Assim, usando os dados disponíveis e os métodos que havíamos desenvolvido, construímos uma árvore mais razoável.

A Figura 5.2 mostra a árvore da nossa primeira tentativa, reproduzida de forma simplificada. Ainda é aproximadamente correta, apesar do número um tanto modesto de genes utilizados. Analisando o resultado, notamos que as populações de um mesmo continente tendem a estar associadas: um bom sinal, porque é razoável esperar que, sendo do mesmo continente, elas sejam mais parecidas. Além disso, em alguns casos também há uma tendência à associação num mesmo ramo da árvore: os índios americanos, por exemplo, aparecem mais próximos dos esquimós e mais distantes dos coreanos. Esse foi outro achado encorajador, porque é praticamente consenso que ameríndios e esquimós tenham uma origem mongólica, tendo chegado à América pela Ásia Oriental, através da Sibéria e do Alasca, como já mencionado.

No caso de algumas populações, obtivemos resultados difíceis de avaliar com base nos conhecimento de então. Por exemplo, os europeus ocuparam uma posição bastante próxima à dos africanos, mas também à de outras populações, como se fossem de alguma maneira intermediários. Os pólos da variação eram os africanos num extremo e os povos da Nova Guiné e os aborígines australianos no outro.

A produção dessa árvore genealógica naturalmente foi uma grande satisfação tanto para Anthony como para mim. Entre outras coisas, ao

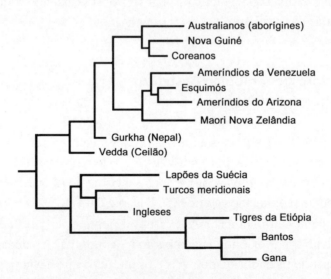

FIGURA 5.2 – Árvore genealógica obtida em 1962, baseada em cinco sistemas de grupos sangüíneos e quinze populações, três por continente (em colaboração com Anthony Edwards).

dispô-la sobre um mapa geográfico do mundo, obtivemos uma figura que parecia mostrar as rotas percorridas pelo homem moderno durante sua expansão. A indicação era, obviamente, muito aproximada. A árvore da Figura 5.2 e a projetada sobre o mapa haviam sido feitas por meio de métodos diferentes, o meu favorito e o elaborado por Anthony, que davam resultados semelhantes mas não idênticos. Partir de populações vivas e reconstruir a história com um sistema matemático era algo que agora parecia realmente possível. Estávamos ganhando a aposta mas sabíamos que essa era apenas a primeira tentativa. Ainda havia um longo caminho a percorrer.

As bifurcações dos ramos da árvore devem corresponder historicamente às separações entre duas populações, ou seja, ao momento em que parte de uma delas destacou-se e migrou para outro lugar, instalando-se numa região distante o suficiente para tornar raro ou nulo o contato entre o grupo migrado e o original. Se a construção fosse correta, as seqüências de ramos representariam as seqüências das cisões e, com muita sorte, o comprimento dos ramos corresponderia ao tempo em que elas aconteceram. Ousamos calcular os tempos das separações apenas mais tarde, depois de dispor de dados bem mais consistentes.

Uma árvore baseada na aparência corporal

Nosso trabalho seguinte foi checar esses resultados examinando características completamente diferentes, sobre as quais também existiam dados coletados: a cor da pele, a estatura e todas as outras medidas chamadas *antropométricas*, como a circunferência do tórax, o comprimento dos membros e as medidas do crânio, incluindo os diâmetros transversal e ântero-posterior, tão populares entre antropólogos. O cálculo da relação desses dois diâmetros cranianos foi proposto na metade do século XIX e gerou a distinção entre dolicocéfalo (cabeça alta) e braquicéfalo (cabeça chata); entretanto, o interesse biológico e evolucionário desse parâmetro, chamado índice cefálico, é atualmente considerado modesto. Analisamos em torno de vinte caracteres correspondentes a aspectos externos do corpo; sabemos hoje que esse tipo de característica é determinado apenas em parte pela hereditariedade, pois também é muito influenciado por fatores ambientais.

Utilizando exatamente o mesmo método de construção obtivemos uma árvore um tanto diferente. Os aborígines australianos tornaram-se mais afins dos africanos que dos asiáticos (chineses e japoneses), enquanto os ameríndios, que na árvore genética eram semelhantes aos chineses, dessa vez aproximaram-se dos europeus.

Quais características nos contam a história do homem?

Era naturalmente necessário explicar a discrepância entre a árvore dos genes e a antropométrica. Entretanto, a questão não nos preocupou muito porque as características antropométricas não são tão estritamente hereditárias quanto os grupos sangüíneos. Sabíamos que existiam fortes influências ambientais, diretas e indiretas, que podiam incidir sobre os nossos resultados. A estatura, e todas as medidas do corpo que inevitavelmente relacionam-se com ela, mudam segundo as condições de vida. Quem come mais, e melhor, cresce mais. A cor da pele se altera pela exposição ao sol (mesmo os africanos podem ficar bronzeados). É claro que também existe uma base genética para as dimensões do corpo, a pigmentação, o formato do rosto. Se o componente gênico dessas características é forte, por que a nossa árvore antropométrica resultou diferente da primeira? Deveríamos concluir que a influência dos genes sobre o antropométrico é pequena ou inexistente?

Ainda não se sabe bem qual a importância dos fatores genéticos na determinação dessas características, mas existe uma outra consideração que nos exime de qualquer preocupação maior.

A aparência externa, ou seja, a cor da pele, a forma e as dimensões do corpo, é muito influenciada pela seleção natural em virtude do clima. É razoável, portanto, que africanos e australianos ocupem posições próximas na árvore antropométrica, pelo fato de viverem em climas muito parecidos. Aliás, é até perigoso usar essas características para estudar a história genética, porque elas nos dizem muito sobre a geografia de uma região e pouco sobre a história da população. Elas nos indicam que

Quão diferentes somos? A história genética da humanidade

tanto os africanos como os australianos e os habitantes da Nova Guiné viveram em climas quentes por muito tempo, e os mongóis em climas frios, mas não esclarecem quando essas populações divergiram nem de qual povo preexistente descendem. Trabalhos subseqüentes revelaram que o clima também pode ter seu peso sobre os genes dos grupos sangüíneos e outros que analisamos; muito provavelmente trata-se de efeitos da seleção natural mas as influências nesses casos são muito menores que as que atuam sobre as características antropométricas.

A variação entre genes é muito influenciada por eventos casuais. Se interpretada corretamente, pode levar-nos à história das separações que acompanharam a invasão de novas regiões e continentes por grupos colonizadores. Parece estranho que eventos aleatórios possam ajudar-nos a reconstruir a história evolucionária em termos de cisões entre populações. A explicação, como vimos no Capítulo 4, é que fenômenos casuais são perfeitamente predizíveis se calcularmos as médias de um conjunto de dados suficientemente amplo.

É interessante mencionar que Darwin (o qual não sabia nada sobre deriva genética ou mutações aleatórias simplesmente porque esses conceitos ainda não existiam no seu tempo) tenha percebido que as características mais úteis para o estudo da evolução fossem as que ele chamou de "triviais". Atualmente as chamamos "seletivamente neutras" por não terem valor adaptativo. Sabemos hoje que muitas características são total ou quase completamente neutras em termos de seleção, precisamente como argumentou Motoo Kimura no seu famoso artigo de 1968 sobre a interpretação de dados de evolução molecular. Um longo debate teve lugar entre Kimura na sua posição "neutralista" e muitos biólogos inicialmente céticos quanto à proposta revolucionária do geneticista japonês. Hoje a questão está resolvida com satisfação parcial de ambas as partes. Os biólogos modernos cresceram sob a noção de que a seleção natural é a única força evolucionária que permite a adaptação ao ambiente e, portanto, a sobrevivência. A afirmação é verdadeira; tanto o DNA como as proteínas mostram marcas inequívocas da seleção natural. Mas também existem muitos outros sinais que confirmam a importância do acaso, especialmente em regiões do DNA protegidas da ação da seleção porque são silenciosas. Por exemplo, o genoma contém muitas duplicatas de genes ativos, que não podem funcionar porque sofreram mutações que os tornam inativos; são chamados *pseudogenes*. A seleção natural torna-se impotente diante desse DNA, que é particularmente precioso para o estudo da evolução pelo próprio fato de ter sofrido, durante períodos de tempo muito extensos, apenas a influência de mutações aleatórias. O nosso material de estudo não continha pseudogenes, que podem ser estudados com facilidade somente agora e são relativamente raros; entretanto, várias análises atuais permitem concluir que a maior parte dos genes que estudamos é muito influenciada pela deriva genética e portanto pelo acaso, talvez até mais que pela seleção natural.

Precisávamos decidir qual das duas árvores ilustrava com maior fidelidade a história da evolução do homem. Concluímos que deveria ser aquela obtida com os dados genéticos, porque as características antropométricas na verdade dizem muito a respeito de climas, uma questão atraente que não era, porém, nossa prioridade.

Genes e características antropométricas

Desenvolvimentos subseqüentes mostraram que estávamos certos. Eles incluem o trabalho de um renomado antropólogo de Harvard, W. W. Howells, que correu o mundo medindo inúmeros crânios pessoalmente, em dezessete populações de diferentes continentes. Seus métodos de análise foram semelhantes aos que havíamos usado para grupos sangüíneos. Os dados antropométricos com freqüência variam de acordo com quem tirou a medida, mas o grau de precisão alcançado é consideravelmente maior quando uma única pessoa faz o trabalho. A árvore construída com as medidas do crânio gerou resultados praticamente iguais aos que havíamos obtido com as características externas do corpo (que, aliás, incluíam uma pequena parcela de dados craniométricos como os de Howells, além da cor da pele e das medidas somáticas). A árvore de Howells coloca os africanos e os australianos juntos; isso implica que se o diagrama tem relevância evolucionária os dois grupos devem ter uma origem comum recente. O mesmo ocorreu com os ameríndios e os europeus, um resultado muito parecido com o da nossa árvore antropométrica.

Como dissemos há pouco, havíamos rejeitado a árvore baseada nas características externas porque estas são mais que tudo o resultado da adaptação ao ambiente e revelam mais sobre a geografia do clima que sobre a evolução por descendência. A mesma objeção vale para as medidas craniométricas de Howells: pudemos demonstrar que seus dados mais importantes estavam estreitamente relacionados ao clima.

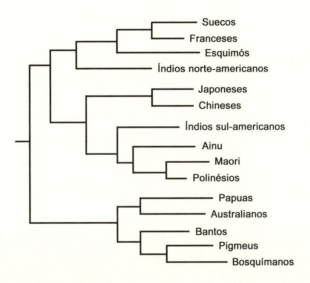

FIGURA 5.3 – Árvore das populações do mundo baseado em dados craniométricos, segundo W. W. Howell's.

Isso não é nada surpreendente, porque todas as dimensões do corpo se adaptam às condições climáticas; já discutimos esse assunto consideravelmente ao falar dos pigmeus e da colonização das regiões árticas pelo homem moderno. Há observações muito mais extensas que indicam, por exemplo, uma relação precisa entre estatura e clima (expresso em termos de temperatura anual média). Nos climas frios é melhor ser alto, para limitar a dispersão de calor através da superfície corporal; o oposto se aplica aos climas quentes (ver a Figura 1.4). Em geral, um indivíduo alto tem um crânio maior que o de um indivíduo baixo e as outras dimensões corporais tendem a seguir a mesma regra. Há também uma tendência a todas as medidas da cabeça e do corpo estarem correlacionadas entre si e com a temperatura.

Num trabalho posterior, Howells calculou índices estatísticos que refletem mais o formato que as dimensões da cabeça, mas a forma também apresentou uma correlação com o clima. A cabeça de um mongol, com sua face larga e achatada, como que fechada em si mesma, mostra uma adaptação ao frio – um rosto sem apêndices proeminentes defende-se melhor do gelo. Já nos climas quentes é útil ter um rosto saliente e alongado – o clássico prognatismo dos africanos, parecido com o de outras zonas tropicais no sudeste da Ásia e Nova Guiné.

O formato do rosto nos revela a mesma coisa que as dimensões do crânio. As características externas do corpo exprimem principalmente o resultado da seleção natural em razão das diferenças climáticas. Há também outras razões, de ordem estatística, que tornam as medidas corporais menos úteis que os genes para a análise da evolução.

Aperfeiçoando a árvore genealógica

Quis mostrar nossa primeira árvore (Figura 5.2) porque gosto dela – apesar de exigir alguns acertos e da modesta quantidade de dados que usamos então para construí-la. Atualmente o material disponível é quase dez vezes maior.

Nos anos subseqüentes continuamos a aperfeiçoar nossa árvore, introduzindo novos dados e corrigindo alguns erros inevitáveis. Hoje temos à disposição informações sobre centenas de genes: muitos são do mesmo tipo que os já examinados, ou seja, grupos sangüíneos; outros pertencem a outras categorias, como algumas proteínas e enzimas estudadas mais recentemente. Geralmente os genes úteis para o estudo da evolução são coletivamente chamados "marcadores genéticos", porque mostram as diferenças entre indivíduos e portanto marcam as populações em termos do seu material hereditário.

Na última década, tornou-se possível trabalhar no nível molecular utilizando o DNA, o que garante uma análise genética mais clara. Gru-

Quão diferentes somos? A história genética da humanidade

pos sangüíneos e proteínas permitem apenas um estudo indireto e menos completo.

Os resultados obtidos continuam muito parecidos, embora áreas de incerteza permaneçam. Podemos resolvê-las acumulando mais dados e testando as várias explicações possíveis. Numa árvore mais recente, estudamos 110 genes num grupo de 42 populações aborígines do mundo todo. Utilizamos genes do tipo clássico, como os examinados até pouco tempo atrás. Nossas amostras incluíram grupos sangüíneos, proteínas do sangue, enzimas e outros caracteres hereditários. O diagrama da árvore completa está representado mais à frente, na Figura 7.7; a Figura 5.4 deste capítulo mostra uma versão simplificada, onde agrupamos as 42 populações em nove grandes categorias.

A árvore mostra que a maior diferença ocorre entre os africanos e os não-africanos; isso reforça a visão de muitos paleoantropologistas de que o homem moderno originou-se na África e mais tarde difundiu-se pelo resto do mundo. Nossa análise inicial não chegou a revelar que a primeira bifurcação dividia africanos de não-africanos, uma descoberta feita pelo geneticista japonês Masatoshi Nei. Os dados limitados sobre grupos sangüíneos de que dispúnhamos então indicavam uma grande semelhança entre africanos e europeus e, conseqüentemente, tendiam a estabelecer a primeira bifurcação entre afro-europeus e o resto do mundo. Pelo menos em parte, tratava-se de um "erro estatístico", porque a insuficiência de dados não permitia uma precisão maior e a intervenção do acaso desviava nossa árvore dos resultados atuais.

Os não-africanos dividem-se em dois ramos principais. Um corresponde a populações que atualmente habitam o Sudeste Asiático e outras que – tendo muito provavelmente partido daí – chegaram à Austrália, à Nova Guiné e às ilhas do Pacífico. O outro ramo colonizou a Ásia do Norte, com uma birramificação principal em direção ao Leste (a Sibéria e, portanto, a América) e outra em direção ao Oeste (que inclui principalmente os caucasóides europeus e não-europeus). Os caucasóides são prevalentemente povos de pele clara, mas também incluem populações do sul da Índia que vivem em áreas tropicais e apresentam peles mais escuras (embora seus traços faciais e características corporais lembrem mais os caucasóides que os africanos ou australianos).

Quem somos?

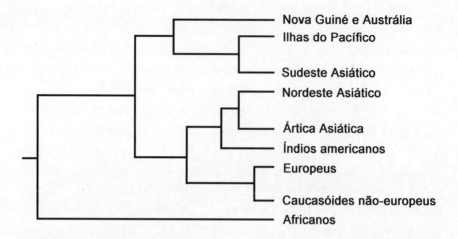

FIGURA 5.4 – Árvore genealógica das populações do mundo baseada em 110 genes (de grupos sangüíneos, proteínas, enzimas etc.). Elaborado por Paolo Menozzi, Alberto Piazza e L. Luca Cavalli-Sforza (*History and Geography of Human Genes*, Princeton University Press, 1984).

Nessa árvore, os habitantes do Sudeste Asiático tendem a agrupar-se com os da Austrália e da Nova Guiné. É uma posição ainda incerta, porque métodos de análise um pouco diferentes indicam que esses asiáticos deveriam estar próximos dos mongóis que vivem mais ao norte, e não dos habitantes da Oceania. Existem heterogeneidades genéticas entre populações do Sudeste Asiático que são difíceis de avaliar por causa de dados insuficientes. Certos grupos, como os vietnamitas e alguns cambojanos, têm um tipo mais mongólico e são mais parecidos com chineses e japoneses; outros, como os malaios, e os "negritos" em particular, assemelham-se mais às populações da Oceania. Certamente, pesquisas mais abrangentes nessa área ajudarão a esclarecer as dúvidas. Há uma necessidade geral de aumentar os dados genéticos sobre populações humanas; nesse sentido, as novas técnicas de genética molecular são de grande valia. Essa é a finalidade de uma recente iniciativa, um projeto internacional para estudar a diversidade do genoma humano, no qual eu e muitos colegas estamos trabalhando desde 1991.

Quão diferentes somos? A história genética da humanidade

Migrações recíprocas

O principal problema que dificulta o quadro, resolvido parcialmente até agora, é que há muitas trocas entre populações vizinhas por causa das migrações recíprocas que ocorrem depois de uma cisão, ou seja, depois de uma bifurcação.

As trocas de maior peso dão lugar a anomalias. Observamos uma entre os europeus e, mais genericamente, entre os caucasóides. O fator complicador é que os caucasóides (um grupo que inclui europeus, habitantes do Oriente Médio, iranianos, paquistaneses e indianos asiáticos) se parecem tanto com os africanos como com os asiáticos. Uma conseqüência visível já na primeira árvore é que os europeus, e em parte os asiáticos, têm ramos mais curtos. A primeira explicação possível é que tenham acontecido trocas genéticas entre caucasóides e africanos, por um lado, e entre caucasóides e asiáticos, por outro. Na medida em que os caucasóides encontram-se numa espécie de sanduíche geográfico entre a África e o Leste Asiático, há boas razões para acreditar que essas trocas migratórias tenham de fato acontecido, tanto em tempos mais remotos como mais recentemente.

A outra explicação a considerar é de natureza técnica: a seleção dos marcadores utilizados até agora nessas pesquisas privilegiou a variabilidade entre populações européias. Não foi uma escolha mal-intencionada ou racista mas apenas de conveniência. O fato é que os pesquisadores, à procura de amostras de sangue de indivíduos e famílias para controlar a natureza hereditária de marcadores recentemente descobertos, voltaram-se sempre para as pessoas de mais fácil acesso, que eram ou são quase invariavelmente de origem européia. Portanto, é preciso escolher novos marcadores que englobem a variabilidade entre populações não-européias, uma tarefa que ainda pode levar anos de trabalho.

Quando ocorreram as grandes cisões entre os grupos humanos?

As datas mais definitivas, do ponto de vista arqueológico, são as que se referem à ocupação de novos continentes. Hoje dispomos de quatro bastante confiáveis, embora possam mudar dependendo das descobertas futuras.

A primeira diz respeito aos exemplares mais antigos dos homens modernos, girando em torno de cem mil anos atrás. Os achados são provenientes da África e do Oriente Médio, como já mencionei; estritamente falando não podemos dizer quais sejam os mais antigos. Os crânios africanos que precedem essa data parecem mostrar uma certa progressão em direção ao homem moderno, razão pela qual muitos paleoantropólogos estão convencidos de que a origem de *Homo sapiens sapiens* seja realmente a África. A presença do homem moderno a oeste e a leste do Suez há cem mil anos sugere que esse foi o tempo aproximado em que ocorreu a migração da África à Ásia (ou vice-versa, embora essa segunda hipótese seja menos provável); a diferenciação entre africanos e não-africanos teria acontecido nessa época ou um pouco antes. A origem da famosa "Eva africana" é mais recente, o que não é uma contradição, porque está baseada num evento diferente, revelado pela análise do DNA mitocondrial: o aparecimento do primeiro mutante detectável, que demarca a última ancestral comum. Podemos então afirmar com segurança que a data sugerida pelo DNA mitocondrial deve preceder o ingresso efetivo dos africanos na Ásia.

Os primeiros rastros humanos na Austrália e na Nova Guiné datam de 55 mil a sessenta mil anos. A distância genética entre aborígines da Oceania (termo utilizado para os aborígines australianos e da Nova Guiné, que apresentam uma certa semelhança genética) e seus vizinhos do Sudeste Asiático é aproximadamente metade da que existe entre os africanos e não-africanos. A data de invasão da Oceania (cinqüenta mil a sessenta mil anos atrás) também corresponde aproximadamente à metade da idade estimada para os testemunhos do homem moderno na África e Oriente Médio (cem mil anos); portanto, até agora, a relação entre datas e distâncias parece ser perfeitamente coerente.

As outras duas datas são mais recentes e correspondem à ocupação da Europa há 35 mil-quarenta mil anos (aparentemente por grupos vindos da Ásia Menor) e à invasão das Américas, cuja época ainda é bastante incerta mas provavelmente se encaixe entre 35 mil e quinze mil anos atrás.

Quão diferentes somos? A história genética da humanidade

A Figura 5.5 mostra as possíveis rotas percorridas pelo homem moderno (a escassez de material não permite definir o itinerário preciso) e as datas de sua chegada nos vários continentes, estabelecidas com base nas informações arqueológicas.

A esta altura podemos calcular a relação entre data de chegada num determinado continente e distância genética entre duas populações que possuem um mesmo ancestral comum: as que emigraram para esse continente e as que permaneceram no continente de origem. As distâncias genéticas que correspondem às bifurcações na árvore dos nove grupos de populações (Figura 5.4) foram listadas numa tabela a seguir. Os valores estão apresentados em escala relativa, e o valor máximo encontrado, entre africanos e não-africanos, foi arbitrariamente expresso como 100%.

Eis então os índices percentuais das quatro comparações entre dados arqueológicos e dados genéticos de que dispomos:

Separação entre populações	Data	Distância genética
África e resto do mundo	100 mil anos atrás	100
Sudeste da Ásia e Austrália	55-60 mil anos atrás	62
Ásia e Europa	35-40 mil anos atrás	48
Nordeste da Ásia e América	15-35 mil anos atrás	30

A distância genética entre populações deve aumentar com o tempo da separação. Segundo a hipótese mais simples, esse aumento é constante. A tabela nos mostra uma progressão exata: como esperado, quanto menor o tempo que se passou desde a cisão, menor a distância genética. Infelizmente as datas são aproximadas e as distâncias (mesmo trabalhando com em torno de 110 genes) ainda apresentam um erro estatístico alto, da ordem de 20%. Levando em conta esse erro, as três primeiras comparações se ajustam bem, como se a distância genética realmente aumentasse de maneira regular e proporcionalmente às épocas da cisão. A última comparação, embora imprecisa demais para poder ser

Quem somos?

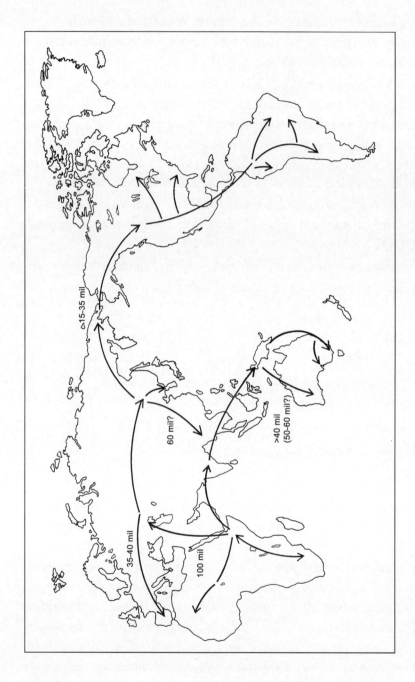

FIGURA 5.5 – Prováveis rotas de expansão do homem anatomicamente moderno (*Homo sapiens sapiens*), de um ponto de origem africano em direção a outros continentes, incluindo as prováveis datas de chegada.

Quão diferentes somos? A história genética da humanidade

confiável, pode ser usada para tentar calcular o momento de ocupação da América, partindo da distância genética e utilizando as três primeiras como escala de referência. O valor obtido dessa forma foi aproximadamente trinta mil anos e encaixa-se entre os dois extremos propostos pelos dados arqueológicos (35 mil a quinze mil anos), embora seja mais próximo do superior.

Diferentes, mas superficialmente

Somos muito parecidos. Acostumados a fazer distinções entre pele clara e escura, ou entre as várias estruturas faciais, somos levados a crer que existam grandes diferenças entre europeus, africanos, asiáticos, e assim por diante. O fato é que os genes responsáveis por essas diferenças visíveis são os que mudaram em resposta ao clima. Todos os indivíduos que hoje habitam as regiões tropicais ou árticas *devem ter* se adaptado às condições locais ao longo da evolução; uma variação excessiva das características que controlam nossa capacidade de sobreviver no ambiente habitado seria intolerável. Os genes que respondem ao clima influenciam *características externas do corpo* porque a adaptação às condições climáticas exige especialmente a modificação da superfície corporal, nossa interface com o mundo externo.

Exatamente por serem externas, essas diferenças raciais desvirtuam nosso olhar e automaticamente nos fazem assumir que diferenças de igual magnitude existam por baixo da superfície, no resto da nossa constituição genética. Isso simplesmente não é verdade: somos muito pouco diferentes no que diz respeito ao resto do nosso patrimônio genético.

Não podemos estudar em profundidade diferenças genéticas entre raças no que se refere à cor da pele e outros aspectos da aparência humana simplesmente porque ainda não identificamos com precisão quais os genes responsáveis. Sabemos apenas que pelo menos três ou quatro genes somam seus efeitos e determinam as diferenças extremas de pigmentação, como branco e preto. Para qualquer outro gene analisado as diferenças são muito mais modestas.

Quão diferentes somos?

Desconsiderando a pigmentação da pele, as diferenças entre raças são apenas quantitativas e não qualitativas, no sentido de que nunca encontramos duas raças absolutamente diferentes, mesmo para um único gene. Vamos analisar, por exemplo, a freqüência de três genes entre aborígines de diferentes continentes, ou de regiões distantes de um mesmo continente – como a Europa, a África (na região sub-saariana, pois o norte da África é habitado por populações caucasóides, mais parecidas com os europeus que com os sub-saarianos), a Índia, o Extremo Oriente (China e Japão), a América do Sul (onde a mistura entre nativos e colonos brancos foi menor que na América do Norte) e os aborígines australianos. A tabela a seguir contém as freqüências percentuais desses genes nos grupos selecionados. O primeiro deles, GC, codifica uma proteína do sangue que se liga à vitamina D e regula sua distribuição pelo corpo; estamos levando em conta apenas as formas principais, GC-1 e GC-2, e, portanto, a soma de suas freqüências num mesmo grupo será sempre 100. As primeira e a segunda linhas da tabela mostram como os percentuais para essas duas formas variam pouco entre populações.

Os outros genes são HP e YP. HP codifica outra proteína do sangue que se liga à hemoglobina liberada pelos glóbulos vermelhos, destruídos espontaneamente no fim da sua vida normal ou então durante certos processos patológicos (como a malária). Também existem duas formas principais, HP-1 e HP-2. Raramente encontramos uma ausência dessa proteína, associada à forma HP-0 do gene; é uma condição compatível com a vida mas pode trazer algumas desvantagens ao portador. Incluímos somente a freqüência de HP-1 porque a de HP-2 corresponde quase sempre a 100 menos HP-1.

O último dos genes, FY-0, é a ausência da substância FY, normalmente encontrada na superfície dos glóbulos vermelhos e que facilita a invasão destes por um particular parasita da malária, o *Plasmodium vivax*, que, como todo agente malárico, multiplica-se dentro dos glóbulos vermelhos. A ausência de FY dificulta o mecanismo de penetração do parasita e confere uma certa resistência a essa cepa de *Plasmodium*.

Quão diferentes somos? A história genética da humanidade

Gene	Europa	África	Índia	Extremo Oriente	América do Sul	Austrália
GC-1	72%	88%	75%	76%	73%	83%
GC-2	28%	12%	25%	24%	27%	17%
HP-1	38%	57%	17%	23%	60%	27%
FY-0	0,3%	87%	3%	0%	0,2%	0%

A flutuação dos percentuais de GC-1 ou GC-2 entre populações diferentes é mínima: de 72% a 88% (16% no máximo). Como disse antes, esse gene provavelmente é importante para garantir uma circulação normal da vitamina D pelo corpo. Foi sugerido que a forma GC-2 é mais adaptada às regiões onde a intensidade da luz solar é alta e GC-1 às regiões onde a intensidade é menor, mas as diferenças devem ser limitadas, porque a variação de freqüências percentuais é pequena mesmo entre condições climáticas extremas.

O gene HP-1 varia mais: de 17% a 60% (na faixa de 43%). Naturalmente, os percentuais para HP-2, calculados a partir de HP-1, mostram uma flutuação correspondente. Nota-se que o gene GC varia pouco em relação ao HP.

A gama de valores mais ampla é a de FY-0: de 0% a 87%. O tipo FY-0 apresenta uma vantagem seletiva na África, onde o parasita da malária é comum. Nas outras regiões ele praticamente não existe. A diferença entre africanos e não-africanos para FY é comparável com a que acreditamos que exista para a cor da pele entre as populações de áreas tropicais e as de áreas bem distantes do Equador.

As diferenças entre "raças", um termo cujo sentido e limitações examinaremos mais adiante, são portanto muito limitadas e quantitativas mais que qualitativas. Num mesmo continente, essas diferenças são, em média, ainda menores. Vistas desse prisma, a confusão, a miséria e a trágica crueldade causadas pela diversidade raciais entre os homens são, usando as palavras de Macbeth, "uma história contada por um idiota, cheia de som e fúria, que nada significa".

6
Os últimos dez mil anos:
a longa trilha dos agricultores

Dez mil anos é o período de tempo que nos separa do início de uma verdadeira revolução na história da humanidade: a passagem da economia da caça e da coleta à produção direta do alimento. Até então os homens haviam vivido do que encontravam já disponível na natureza. Suas habilidades de caçador e o conhecimento do ambiente haviam progredido de forma extraordinária ao longo de milhões de anos, permitindo uma ampla exploração das oportunidades oferecidas pelo meio.

As evidências deixadas pelos antepassados que habitaram a Europa há quinze ou vinte mil anos sugerem um elevado padrão de vida. Por meio da caça, da pesca e da coleta de plantas, frutas e raízes eles obtinham o suficiente para o sustento de pequenas comunidades, e viviam bem. Testemunho disso são o legado de ferramentas aperfeiçoadas, objetos ornamentais e obras de arte que até hoje causam nossa admiração.

Há aproximadamente dez mil anos, no entanto, esses homens começaram a produzir seu próprio alimento, cultivando plantas e domesticando animais (em geral aqueles que haviam consumido como caça). Isso causou um enorme aumento no número potencial de indivíduos que a terra poderia comportar. Ao longo das quatrocentas ou quinhentas gerações posteriores àquela época a população mundial aumentou

Quem somos?

mil vezes, passando de alguns milhões aos quase seis bilhões atuais; um aumento que, como sabemos, está longe de estacionar.

Na trilha dos megalíticos

Por que um geneticista estaria interessado na produção de alimento? Minha curiosidade surgiu de maneira um tanto indireta, que vale a pena recordar.

Aproximadamente trinta anos atrás visitei o Museu Pré-histórico de Pigorini, em Roma. Um pouco antes, viajando pela Sardenha, havia tido a oportunidade de admirar os nuragues, grandes construções em blocos de pedra secos, disseminados por toda a ilha.

Os nuragues são edifícios extraordinários. É difícil imaginar o impacto que causam a não ser vendo-os com os próprios olhos. São torres em forma de cone truncado e provavelmente eram usados como habitação e como fortaleza; formavam uma rede que cobria a ilha, dispostos segundo um critério que permitia a sinalização entre eles. Construídos há 3.800 anos, durante pelo menos mil anos, estão reduzidos a aproximadamente seis mil, número que demonstra a existência de uma população muito numerosa na Sardenha de então, talvez comportando de duzentos mil a trezentos mil habitantes. A população atual é apenas dez vezes maior.

Visitando o Museu de Pigorini, percebi que no sul da Itália, na Puglia, existem muitos monumentos, quase todos destruídos atualmente, que se chamam "specchie" e apresentam uma semelhança notável com os nuragues. Mais tarde descobri que outros monumentos parecidos são encontrados em várias ilhas do Mediterrâneo; deve, portanto, ter existido uma civilização que chegou a esses lugares e construiu os monumentos.

De fato, há uma série de grandes construções pré-históricas de pedra distribuídas ao longo de uma faixa que se estende desde o Oceano Atlântico até a Índia e quase até o Japão, porém os exemplos mais importantes e as maiores concentrações encontram-se em diversas regiões européias, não longe do mar. Os nuragues são apenas um exemplo.

Existem várias outras formas arquitetônicas e funções – residências, túmulos, templos. Poderiam ter sido erguidos por um único povo de colonizadores, navegadores e agricultores, que chamamos "Megalíticos" por falta de maiores informações a respeito. Acredita-se que sua origem tenha sido a França, a Inglaterra ou a Espanha, porque é ali que encontramos os monumentos megalíticos mais velhos. O mais antigo, Stonehenge, a oeste de Londres, foi sugestivamente apelidado "computador de pedra", porque acredita-se ter sido um tipo de observatório astronômico, utilizado para fazer previsões sobre fenômenos importantes para a semeadura e a agricultura em geral.

FIGURA 6.1 – Distribuição dos monumentos megalíticos na Europa.

Os nuragues da Sardenha são arquitetonicamente um tanto diferentes das construções erigidas em outros lugares. Os "specchie" de Puglia parecem nuragues tanto no formato (quando encontramos algum não completamente transformado em ruínas) como na sua disposição, que sugere uma função de defesa.

Minha reação ao notar semelhanças entre nuragues e "specchie" foi pensar que também poderiam existir semelhanças genéticas entre os povos que os construíram. O trabalho seria facilitado pelas diferenças genéticas já conhecidas entre os habitantes da Sardenha e quase todos os outros europeus, provavelmente o resultado da ação da deriva genética durante um longo período de isolamento. A Sardenha, uma grande ilha um tanto distante da terra firme italiana, sempre pareceu estar apartada e seu povo desenvolveu-se, até certo ponto, independentemente do resto do Mediterrâneo. Mas pouco se sabia sobre a genética do povo de Puglia. Decidi então organizar uma pequena expedição com dois ou três colegas que pensavam como eu, para coletar amostras de sangue das áreas mais interessantes. Planejamos fazer comparações genéticas primeiro com os habitantes da Sardenha e, depois, talvez, com outras populações.

Um falso começo e alguns pensamentos intuitivos

Nossa primeira tentativa de estabelecer uma conexão entre arqueologia e genética foi um fracasso total. Os resultados mostraram que não havia nenhuma semelhança especial entre os sardos e os habitantes da Puglia, que são, aliás, muito parecidos com as outras populações do sul da Itália. Esse fiasco ensinou-me algo importante: as similaridades culturais em separado não são indicadores confiáveis de similaridades genéticas.

A presença em Puglia de monumentos parecidos com os nuragues da Sardenha deveria significar que os povos capazes de edificar esse tipo de construção chegaram a essas regiões e estabeleceram boas relações com os habitantes locais ou os submeteram pelas armas. De qualquer forma, os recém-chegados teriam convencido as populações nativas a ajudá-los a erguer os enormes edifícios, com funções primordiais de moradia e defesa, mas talvez também de âmbito religioso, político e até astronômico. Mais que colonizadores, os megalíticos talvez tenham sido uma espécie de casta de sacerdotes, uma pequena aristocracia da pré-história, que dispunha de boas embarcações e talvez de boas armas, além de um conhecimento de arquitetura e astronomia bem mais avançado que o de seus contemporâneos. Impunham sua superioridade aos povos que encontravam, mas talvez não fossem tão numerosos quanto os agricultores que já haviam colonizado as costas do Mediterrâneo.

Assim, a contribuição dos genes dos megalíticos foi limitada e não modificou a composição genética dos povos com quem interagiram. Culturalmente, contudo, deixaram um legado imponente. Os grandiosos monumentos que construíram representam um dos maiores mistérios da pré-história.

Há outras interpretações possíveis – por exemplo, que outras migrações, mais numerosas e importantes, seguiram-se à chegada dos megalíticos e diluíram suas contribuições genéticas a tal ponto que não podemos detectá-las com nossos métodos atuais. Até agora, no entanto, não foi encontrada nenhuma indicação clara de uma herança genética atribuível aos megalíticos nas regiões da Europa onde os monumentos estão presentes.

A importância dos números

Se conhecêssemos a história da humanidade – se, olhando numa bola de cristal, pudéssemos observar tudo o que as gerações anteriores fizeram e foram –, poderíamos ver que os dados genéticos e os arqueológicos fazem parte da mesma história. Sabemos pouco sobre o nosso passado e, além do mais, as ciências que o estudam com freqüência fornecem fragmentos isolados (e não comunicativos) do conhecimento, por isso é importante que elas aprendam a ajudar-se mutuamente.

Comecei a analisar o desenvolvimento da agricultura (que foi a causa do primeiro *boom* demográfico), acreditando que isso me levaria a visualizar uma relação mais clara entre os fenômenos arqueológicos e os genéticos. De fato, quando uma população aumenta dramaticamente, boa parte dela se vê forçada a ocupar novos territórios, onde introduz seus genes; a constituição genética da população mestiça que resulta depende exclusivamente da razão entre recém-chegados e nativos. Cálculos muito simples podem ser feitos com base nessas duas variáveis: imigrantes e residentes.

As origens da agricultura

Evidentemente, desconhecemos a magnitude das contingências dos emigrantes agricultores. Elas foram, no entanto, maiores que em qualquer outro fenômeno migratório. Por isso dediquei-me ao período arqueológico em que teve início a atividade agrícola, chamado Neolítico ("era da pedra nova") por causa das inovações introduzidas pelas ferramentas dos cultivadores da terra. Elas agora passam a ter funções muito diversas e são mais bem acabadas, polidas; não são mais as ferramentas apenas lascadas que fabricavam os antecessores dos agricultores – ou seja, os caçadores – durante o Paleolítico ("era da pedra antiga").

Os agricultores do Neolítico precisavam de novos instrumentos de trabalho, como foices para ceifar, que fabricavam utilizando especialmente a obsidiana, onde pudesse ser achada. Eles moldavam pequenas lâminas iguais de obsidiana e as dispunham na borda da foice, obtendo assim superfícies muito cortantes e que mantinham o fio por bastante tempo por causa da dureza dessa pedra de lava.

Para realizar essas pesquisas associei-me a um jovem arqueólogo, Albert Ammermann, que já havia trabalhado comigo na Universidade de Pávia, na Itália, e mais tarde em Stanford, por vários anos. Juntos examinamos as informações disponíveis sobre a difusão da agricultura a partir dos locais de origem, sendo o Oriente Médio o mais conhecido na ocasião.

Nessas zonas começou o cultivo de cereais, que antes já eram consumidos no seu estado selvagem. A agricultura permitiu um maior controle da qualidade e quantidade do alimento e da localização das terras onde pudesse ser obtido. No Oriente Médio havia vários tipos de trigo e

Os últimos dez mil anos: a longa trilha dos agricultores

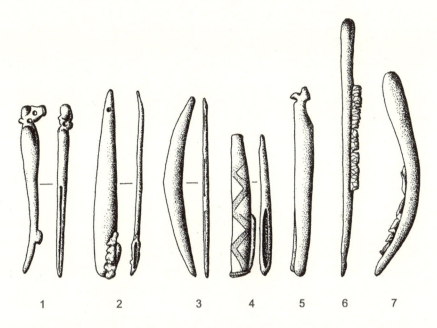

FIGURA 6.2 – Instrumentos agrícolas do Neolítico: utensílios de osso com lâmina de sílex: (1-5) facas de corte provenientes do Irã e do Egito; pequenas foices provenientes da Bulgária e da Espanha (6-7).

cevada selvagem; além do seu cultivo, também passaram a ser criados vários animais, como ovelhas, cabras, gado e suínos.

    Formou-se assim uma poderosa economia mista. A maior disponibilidade de comida permitiu que as pessoas tivessem muito mais filhos e impulsionou a construção de grandes vilarejos e, a seguir, das primeiras cidades. Um belíssimo exemplo dessas cidadezinhas encontra-se em Çatal Hüyük, na Turquia. É uma colina artificial, criada pela contínua onda de povoamentos ao longo de milênios. Um primeiro estrato de casas de argila foi construído há aproximadamente dez mil anos; quando, depois de um certo tempo, sua deterioração tornou-as inabitáveis, novas foram construídas por cima, formando assim um grande número de camadas ao longo do tempo, até chegar ao formato de uma colina. O local foi escavado com muito cuidado, permitindo estabelecer a antigüidade dos povoamentos. Mais de nove mil anos atrás, chegou a abrigar uma comunidade de agricultores de aproximadamente cinco mil habitantes. Surgiu, entre outras coisas, a arte de decorar paredes que provavelmente também foi aplicada aos tecidos. Ainda hoje é possível encontrar os mesmos desenhos em fazendas e tapetes ornamentais, como os kilim da Anatólia.

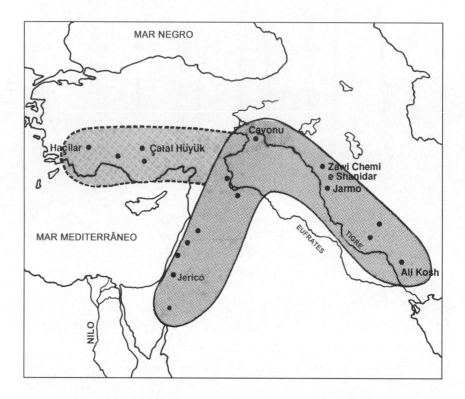

FIGURA 6.3 – A meia-lua fértil no Oriente Médio e sua extensão na Turquia, com indicações dos locais mais importantes onde foram encontrados indícios de cultivo de cereais e domesticação de animais.

A explosão demográfica

O primeiro efeito da agricultura foi, portanto, a possibilidade de alimentar mais pessoas numa mesma região, que por sua vez levou a um aumento populacional. Os hábitos e costumes que determinam a natalidade têm sempre raízes profundas. Antes da agricultura, esses costu-

Os últimos dez mil anos: a longa trilha dos agricultores

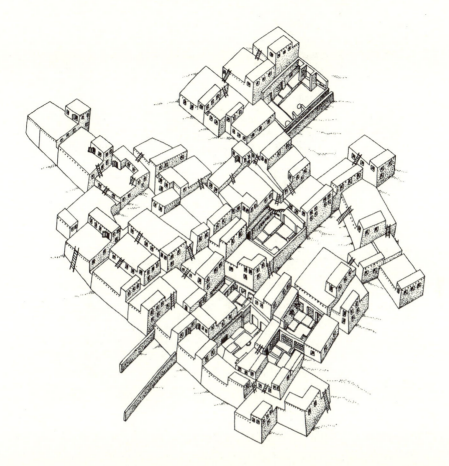

FIGURA 6.4a – A primeira cidadezinha neolítica: Çatal Hüyük, na Turquia, uma pequena colina artificial de camadas sobrepostas, cada uma correspondendo aos remanescentes arqueológicos de uma cidade construída sobre as ruínas da anterior. Não há ruas (o aceso às casas era pelo telhado).

mes eram responsáveis por um lentíssimo crescimento demográfico. A agricultura tornou possível, e útil, a elevação da taxa de natalidade. Quando ela aumenta é difícil fazê-la diminuir novamente.

    Presume-se que os caçadores-coletores de então eram como os atuais, que têm em média cinco filhos, aproximadamente um a cada quatro anos. Essa distância entre nascimentos permite que eles viajem carregando o último filho nas costas ou no colo, enquanto os outros andam sozinhos, talvez não muito rápido mas numa velocidade razoável.

Quem somos?

FIGURA 6.4b – Çatal Hüyük: exemplos de decoração de salas provavelmente utilizadas para fins religiosos. Os desenhos chegaram até nós, identificáveis apesar da estilização, nos tapetes e kilim fabricados atualmente nessas regiões e adjacências. Temas recorrentes são os chifres de boi e de carneiro, deusas da fertilidade, abutres, cavernas.

O longo intervalo entre gestações também implica que o aleitamento dura até o recém-nascido completar três anos, o que, por sua vez, diminui a fertilidade da mãe durante esse período. Com uma média de cinco filhos por mulher, a população mantém-se aproximadamente constante porque mais da metade da prole morre antes de chegar à idade adulta, em geral nos primeiros anos de vida. Portanto, na prática, cada casal tende a ter apenas dois filhos que crescem e chegam a procriar e o crescimento populacional permanece estável, ou no máximo aumenta muito lentamente.

Os agricultores, por sua vez, não têm motivos para limitar o número de filhos. Tornaram-se sedentários, não enfrentam o problema de transportar crianças muito pequenas ou de ter muitas bocas para alimentar. Pelo contrário, quanto mais filhos, mais mãos para cultivar a terra. Caso fiquem muito numerosos numa certa área, podem sempre mudar-se para outra e explorar novos terrenos. No início da revolução agrícola, as possibilidades de migrar eram ilimitadas: havia todo um planeta para ocupar.

E a expansão à procura de novos solos cultiváveis continuou em várias regiões até nosso século XX. Em tempos recentes, em que cada canto foi ocupado (especialmente nas áreas onde o desenvolvimento agrícola começou, como o Oriente Médio, a Europa e a China), foi necessário buscar novas terras ou até novos tipos de trabalho em regiões bem distantes, com freqüência localidades situadas além do oceano.

A expansão dos agricultores

A difusão da agricultura a partir das zonas onde foi criada deve ter acontecido exatamente porque as primeiras comunidades multiplicaram-se a ponto de gerar um superpovoamento local. Inevitavelmente, parte dos filhos precisou buscar terras cultiváveis nas regiões vizinhas. De início elas estavam disponíveis por todo o lado, e as populações responsáveis pelo advento da agricultura no Oriente Médio puderam expandir-se em todas as direções, incluindo a Europa. Ammermann e eu havíamos encontrado na literatura arqueológica dados muito bons, que nos permitiram construir um mapa mostrando as datas de chegada da agricultura em quase todas as zonas do continente.

A expansão começou aproximadamente nove mil anos atrás, a partir da zona contida entre o Iraque e a Turquia atuais. Esse processo gradual eventualmente alcançou cada canto do continente, às vezes de forma rápida, como ao longo da costa do Mediterrâneo e dos rios da Europa Central, e às vezes mais lenta. Tendo chegado ao extremo norte, a Escandinávia por exemplo, o movimento parou: nessa época o clima ainda era muito frio e não existiam métodos adequados de cultivo para essas condições extremas. Os migrantes adentraram-se mais ao norte somente mais tarde, e mais lentamente. A agricultura levou quatro mil anos para chegar aos locais mais distantes (a Inglaterra, a Dinamarca e a Espanha), situados a aproximadamente quatro mil quilômetros do ponto de partida. Isso significa que eles se deslocavam numa velocidade média de um quilômetro por ano, em linha reta.

Os agricultores sem dúvida usavam embarcações, viajando assim mais rapidamente que por terra. Um barco neolítico utilizado no Sena foi recentemente descoberto perto de Paris, mas a análise da distribui-

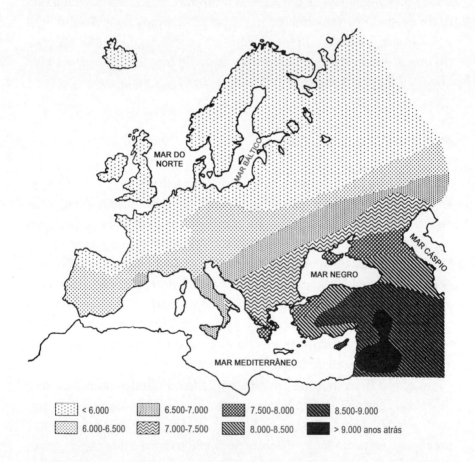

FIGURA 6.5 – Mapa da expansão da agricultura na Europa, baseada na datação arqueológica com Carbono 14 da chegada dos agricultores do Neolítico a várias regiões (segundo Ammermann & Cavalli-Sforza).

Os últimos dez mil anos: a longa trilha dos agricultores

ção das ferramentas de obsidiana já havia revelado que os neolíticos sabiam navegar. A obsidiana é uma pedra vulcânica rara, que os cultivadores obtiveram nos trânsitos da Turquia à Grécia, primeiro nas ilhas do Mar Egeu e, em seguida, tendo chegado à Itália meridional, na ilha de Lipari, onde ainda existem importantes jazidas. Essa pedra chegou a ser transportada até locais distantes da sua origem, por intermédio do que foi definido o "primeiro comércio", uma espécie de sistema de troca que operava mais que tudo entre vilarejos adjacentes.

Em terra firme, uma vez alcançado o Danúbio, foi fácil navegá-lo (bem como seus afluentes) até chegar à nascente, muito próxima da do Reno, que desce em direção ao norte, como o Elba e outros rios adjacentes; por essa via os novos colonizadores ocuparam toda a planície da Europa Central; pouco a pouco, multiplicando-se e difundindo-se repetidamente, eles preencheram todo o continente.

Durante esse período de expansão, a Europa era habitada por populações estabelecidas nos trinta mil a quarenta mil anos anteriores, no tempo do primeiro grande êxodo do homem moderno. Eram os caçadores-coletores a quem chamamos mesolíticos (da "idade da pedra intermediária"), que viveram milênios antes de surgir a agricultura. Suas técnicas de produção de ferramentas de pedra eram mais avançadas que as dos grupos do Paleolítico superior, mas ainda não sabiam trabalhar a terra. Talvez tenham desenvolvido alguma cultura local, mas sua economia não chegou a ser elaborada, como a complexa estrutura de domesticação de plantas e animais característica das economias agrícolas que vieram do Oriente Médio. Mesolíticos e neolíticos divergiam no estilo de vida e provavelmente ocupavam diferentes tipos de terreno: os caçadores-coletores selecionavam aqueles onde pudessem encontrar animais, especialmente nas florestas, que naqueles tempos recobriam a maior parte do continente europeu; os neolíticos precisavam desmatar as florestas para convertê-las em terrenos cultiváveis.

A destruição das florestas deve ter sido lenta, permitindo que caçadores-coletores e agricultores convivessem mesmo em áreas onde os mesolíticos era inicialmente mais numerosos. A zona mais povoada da Europa nos tempos pré-agrícolas, o sul da França e norte da Espanha, foram o berço da grande cultura magdaleniana – precedida e seguida de culturas que receberam outros nomes. Nessa região ainda se fala o basco, e há boas razões para se acreditar que ele descenda da língua falada antigamente pelos caçadores-coletores locais antes da chegada dos agricultores (ver Figura 9.2).

Com base na análise de dados arqueológicos, Ammermann e eu propusemos a teoria de que a expansão da agricultura foi a expansão de pessoas, os agricultores, sob o impulso demográfico da superpopulação causada pela tendência de ter muitos filhos.

Naturalmente, foi de certa forma inevitável que o crescimento demográfico diminuísse no ponto de origem dessa expansão. Nos lugares onde a atividade agrícola era mais antiga, a introdução de novas técnicas permitiu explorar melhor o solo e, assim, sustentar mais pessoas. Isso aconteceu muito precocemente no Oriente Médio, onde pela primeira vez na história do homem desenvolveu-se uma civilização urbana. Mas a vida na cidade deve ter aumentado a taxa de mortalidade, portanto o crescimento demográfico nesses centros deve ter desacelerado até estacionar.

Durante o período de urbanização dos centros de origem, as zonas agrícolas periféricas ainda utilizavam técnicas de cultivo muito simples e que deixaram vestígios arqueológicos idênticos por vastas áreas. A cultura na Hungria, Áustria, Alemanha e França, por exemplo, é muito parecida e manteve-se inalterada durante os primeiros milênios da era agrícola: por todo o lado encontramos cerâmicas decoradas no chamado estilo "linear", e casas parecidas, com uma estrutura de madeira recoberta por paredes de barro e cuja organização espacial não varia muito.

Uma teoria pouco ortodoxa

Nossa teoria contradizia a opinião prevalente entre os antropólogos, especialmente os anglo-americanos, que haviam rejeitado a teoria da expansão e da migração; eles defendiam que a composição da população de uma região mudava muito pouco e que apenas idéias e utensílios circulavam.

Os últimos dez mil anos: a longa trilha dos agricultores

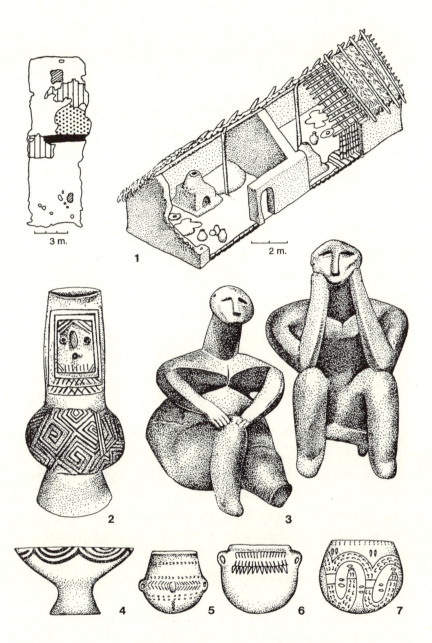

FIGURA 6.6 – Expansão neolítica na Europa: 1. planta e reconstrução de uma casa neolítica; 2. recipiente com pedestal proveniente da Hungria, 4.500 a. C; 3. figuras de um homem e uma mulher em terracota, quarto milênio a. C; 4-7. exemplos de cerâmicas: vaso Cris da Romênia, vaso danubiano, vaso cardial do sul da França e vaso com decoração linear proveniente da Alemanha.

Quem somos?

No intervalo entre as duas guerras mundiais, os arqueólogos ingleses foram seduzidos pela brilhante interpretação de um de seus colegas, Gordon Childe, de que o aparecimento de uma inovação (como a cabeça de machado, espadas de formato peculiar, copos, cálices) e sua difusão numa área maior estavam associados ao movimento de um povo. Não se sabia nada sobre essas expansões pré-históricas, e os conquistadores hipotéticos que traziam consigo os novos artefatos receberam os nomes dos restos arqueológicos encontrados (por exemplo, o povo do copo em forma de sino, ou do machado de guerra, e assim por diante). Foi com certeza um erro identificar a dispersão dos objetos com a dos povos. Podia tratar-se da difusão de modas ou técnicas, de curta duração e extensão geográfica limitada; ou da conquista de um território por uma aristocracia, que dessa forma espalhava costumes, objetos e pessoas de uma classe social pouco numerosa. Não era, portanto, a difusão de um povo, mas, no máximo, de uma fração desse povo.

Depois da guerra, o mundo arqueológico anglo-americano, certamente o mais ativo e prestigiado, rejeitou praticamente em massa a aceitação anterior, bastante entusiasta e talvez pouco crítica, do "migracionismo", de que toda mudança de utensílios refletia a migração de populações. A doutrina que a substituiu, às vezes chamada "indigenismo", manteve que apenas objetos e idéias circulavam – raramente, quando muito, as pessoas mudavam de residência; os indígenas adquiriam novas culturas imitando seus vizinhos. Pensando retrospectivamente, essa reação justificou-se em alguns casos mas não em outros. Ela mostra, no entanto, que a arqueologia dificilmente consegue diferenciar os dois fenômenos, movimento de pessoas e de objetos (em geral, pessoas físicas em oposição às suas culturas).

Chamamos nossa explicação *dêmica* (um caso especial de hipótese migracionista, em que uma inovação tecnológica determina uma explosão populacional seguida de migração, e portanto expansão) e a outra, *cultural* (a clássica indigenista, que implica transferência de idéias, tecnologias e objetos). A evidência arqueológica favorecia a possibilidade de uma expansão lenta mas regular dos agricultores neolíticos. Suas velocidades de difusão foram qualitativa e até quantitativamente coerentes com os cálculos demográficos baseados em crescimento populacio-

Os últimos dez mil anos: a longa trilha dos agricultores

nal e migração. A magnitude do aumento populacional possibilitado pela agricultura teria sido um fator demográfico essencial no controle da velocidade de expansão. A hipótese dêmica previa que esse aumento fosse grande. De fato, a densidade demográfica das populações agrícolas neolíticas foi provavelmente dez a cinqüenta vezes maior que a dos últimos caçadores. De que maneira os restos arqueológicos podem ser usados para avaliar a densidade demográfica? Em geral, contam-se os sítios individualizados, e o número de habitantes é estimado segundo o número de cabanas ou abrigos e suas dimensões. Situações etnográficas paralelas podem ser muito úteis. Multiplicando o número de sítios arqueológicos pelo número de pessoas por sítio podemos ter uma boa idéia da densidade. Naturalmente, há várias fontes de erro possíveis; a mais óbvia é que ainda não foram descobertos todos os sítios que existiram. Além disso, os cálculos somente podem levar em conta sítios examinados em detalhe, mas na maioria das áreas essa investigação meticulosa não foi feita, ou não foi possível.

Os mesolíticos da Inglaterra caçavam veados; as ossadas dos animais próximas aos acampamentos permitiram estimar que a população pré-agrícola de toda a ilha comportava de cinco a dez mil pessoas. É um número pequeno – hoje dez mil vezes maior. Um paralelo histórico foi usado para testar se a estimativa era razoável. Foi feita uma contagem aproximada da população que, em 1800, ainda vivia da caça e da pesca na Tasmânia, uma ilha que tem o terço do tamanho da Inglaterra e um clima parecido. Quando os colonos brancos chegaram, encontraram de dois a três mil nativos no total.

Infelizmente, as populações indígenas da Tasmânia desapareceram, em parte pelo desejo dos colonizadores de desfazer-se de gente que "atrapalhava a paisagem", em parte pela introdução de doenças do mundo ocidental. Ou seja, na Tasmânia, assim como em muitas outras partes do mundo, fatores voluntários e involuntários determinaram o desaparecimento dos autóctones após a chegada dos brancos.

Quem somos?

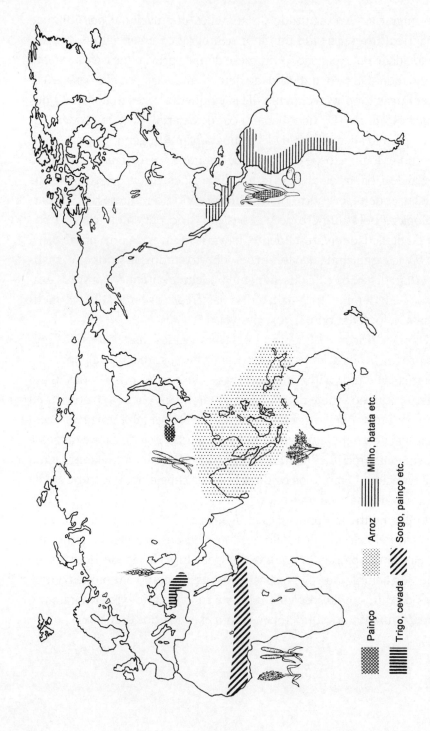

FIGURA 6.7 – As mais antigas e importantes áreas de atividade agrícola.

Por que teve início a agricultura?

Deixando de lado um pouco a validade da nossa teoria, convém perguntar por que a agricultura surgiu, e por que em certos lugares e num determinado momento da história do homem.

É razoável pensar que, em algumas zonas, a densidade populacional excedeu os limites da sobrevivência num sistema baseado na caça e na coleta. Enfim, um problema de superpovoamento, provavelmente simultâneo a importantes transformações do planeta. Nesse período, o clima tornou-se decididamente mais frio e a fauna e a flora mudaram. Na América, por exemplo, os mamutes desapareceram há aproximadamente onze mil anos, ou porque acabaram suas fontes de alimento vegetal ou porque foram caçados até a extinção. Nas planícies norte-americanas seu lugar foi tomado pelo bisão, que se transformou em novo alimento potencial. Em outros lugares, no entanto, as mudanças podem não ter sido tão rápidas e indolores, e muitas comunidades humanas devem ter enfrentado grandes dificuldades.

O fator demográfico e o ambiental podem explicar por que a agricultura desenvolveu-se mais ou menos ao mesmo tempo em vários pontos do mundo, provavelmente em zonas onde condições particularmente férteis, ou uma maior disponibilidade de animais e plantas fáceis de domesticar, encorajavam uma densidade populacional mais elevada.

Isso inicialmente aconteceu em três regiões distintas.

Uma é o Oriente Médio, onde há um certo tempo consumiam-se cereais locais que cresciam espontaneamente, o trigo e a cevada em especial. Na Israel atual, uma população chamada natufiana (ou natufiense) construiu casas de pedra, provavelmente porque não tinha que se deslocar muito para obter o que comer, podendo dar-se ao luxo de renunciar ao nomadismo típico dos caçadores-coletores. Tendo uma moradia fixa, o impulso de cultivar terrenos próximos não deve ter sido pequeno. Israel foi um dos centros de pesquisa, e de origem, mais ativos, mas certamente não o único. Existem exemplos mais distantes, como o do Irã, que também contêm alguns dos vestígios mais remotos de criação de ovelhas e cabras, datados em aproximadamente 10.700 anos.

Quem somos?

O mesmo fenômeno ocorreu, sob diferentes condições, na China. Ali, a agricultura começou no norte há aproximadamente nove mil anos, na área próxima da antiga capital Xian, onde foram escavadas inteiras aldeias neolíticas, muito grandes, que viviam principalmente do milho. As mulheres eram particularmente veneradas nessas áreas, a ponto de os arqueológos sugerirem que foram elas as primeiras a inventar a agricultura. É uma idéia interessante, porque nas comunidades de caçadores-coletores em geral os homens é que caçam e as mulheres são responsáveis pela coleta. Conseqüentemente, essas mulheres deveriam saber mais sobre a vida das plantas e seriam as maiores interessadas em estabelecer campos de cultivo próximos às habitações. Acredita-se que as mulheres eram particularmente veneradas nas aldeias neolíticas da China setentrional porque seus túmulos são mais ricos, enquanto em outras localidades se verifica o contrário ou não há diferença.

No sul da China, contudo, pelo menos nas regiões próximas de Shangai e Taiwan (que na época estava ligada à terra firme), iniciou-se a cultura do arroz. A criação de animais foi menos intensa, apesar da abundância de suínos nas duas áreas.

A terceira área importante compreende o México e o norte dos Andes, onde há pelo menos oito mil anos cultivavam-se o milho, o feijão e a abóbora. O milho somente chegou à Europa depois da descoberta da América. De início era uma planta pequena; as primeiras espigas mediam dois ou três centímetros, mas ao longo de milênios aumentaram com regularidade até chegar às dimensões atuais, graças ao cultivo cuidadoso e, provavelmente, à seleção contínua das melhores amostras.

A contribuição da América Central e do Sul à agricultura foi enorme: muitas plantas, que incluem a batata, o tomate, o cacau e a mandioca, foram exportadas para outros continentes apenas em tempos mais recentes.

A mandioca (também conhecida na Europa como tapioca) somente cresce em condições tropicais e é uma das poucas espécies facilmente cultiváveis. Desde os tempos em que foi levada até a África há dois ou três séculos, provavelmente por missionários, ela substituiu quase todas as culturas que a precederam nas regiões tropicais úmidas do continente, especialmente a do sorgo.

Os últimos dez mil anos: a longa trilha dos agricultores

A agricultura chegou à África do Norte, provavelmente do Oriente Médio, e estendeu-se pelas zonas tropicais do continente. Aproximadamente quatro mil anos atrás, os primeiros agricultores africanos do Saara, onde mantinham grandes criações de gado, começaram a abandonar a região que se tornava cada vez mais árida (e eventualmente transformou-se num deserto). Alguns dos que emigraram para o Sul continuaram com o pastoreio, outros tiveram que desenvolver o cultivo de uma variedade de novas plantas tropicais.

Do Oriente Médio, a agricultura expandiu-se por todas as direções percorríveis, não apenas rumo à Europa e África do Norte, mas também nas direções norte, onde alcançou as estepes, e leste, onde chegou à Índia através do Irã e do Paquistão. O agricultor neolítico revelou-se um hábil geneticista, domesticando muitas plantas selvagens e selecionando novas variedades.

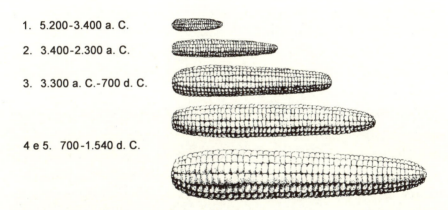

FIGURA 6.8 – Desenvolvimento da espiga de milho no México, desde o início de seu cultivo (tamanho natural).

A difusão ocorreu a partir de outros centros também. Da China, a agricultura chegou à Coréia, ao Japão, ao Tibete e ao Sudeste Asiático; uma segunda rota levou-a de Taiwan até a Indonésia através das Filipinas, avançando até a Polinésia (no leste) e Madagascar (no oeste). Na Nova Guiné houve um desenvolvimento precoce e importante do cultivo de plantas locais, que se difunde até as ilhas da Melanésia mais próximas. Isso permitiu um considerável aumento da densidade populacional, excepcionalmente não associado ao desenvolvimento de uma tecnologia de metais. Tive a oportunidade de verificar que, até 25 anos atrás, instrumentos de pedra ainda eram fabricados e utilizados no interior da Nova Guiné. A Agricultura somente penetrou na Austrália com a chegada dos primeiros colonos brancos, no fim do século XVIII.

Difundiu-se o homem ou a tecnologia?

Eu estava convencido de que a expansão da agricultura havia sido uma difusão de cultivadores e não de tecnologias por outro motivo bastante simples, algo que pude observar na África atual durante meus contatos com os pigmeus que viviam perto dos agricultores bantos: é muito difícil mudar de estilo de vida, e as diferenças entre o de um caçador-coletor e o de um agricultor são muito profundas. O caçador quer permanecer um caçador-coletor porque, nas condições adequadas, é uma existência muito agradável e fácil. A invenção da agricultura provavelmente foi uma questão de necessidade: nas zonas onde se originou, o empobrecimento ambiental causado pela pressão de comunidades locais muito numerosas e de mudanças climáticas deve ter tornado a caça e a coleta insuficientes para a sobrevivência.

No fim da pesquisa inicial, ficou claro para Ammermann e eu que a arqueologia sozinha não resolveria as questões levantadas pela nossa teoria. Exploramos o assunto no livro *Neolithic Transition and the Genetics of European Populations* [*Transição neolítica e a genética das populações européias*] (Princeton University Press, 1984), que também examina estudos genéticos subseqüentes. No entanto, a arqueologia nos forneceu alguns pontos de partida importantes, como o fato de a agricultura iniciada no Oriente Médio ter se difundido por toda a Europa num ritmo constante e muito lento, e causado aumentos substanciais no número de habitantes.

De início, nossa teoria de que a expansão da agricultura derivava dos movimentos de agricultores sob a pressão de uma densidade demográfica elevada teve dificuldade em ser aceita num meio dominado pela visão oposta. Tínhamos que encontrar provas convincentes. Minha esperança era de que a genética ajudaria. Mas como?

A contribuição da genética

Os estudos genéticos já haviam mostrado a presença de povos do extremo oeste da Europa que eram diferentes daqueles próximos à Ásia. E já havia sido considerada a idéia de que os bascos descendiam dos humanos modernos da Europa (exemplificados pelos Cro-Magnon). Essa hipótese foi de início levantada porque os bascos apresentavam a maior freqüência conhecida de genes Rh-. Uma análise posterior trouxe à tona outras diferenças genéticas. O mapa do gene Rh- indicava que o nível de Rh- é muito mais baixo na Europa Oriental e Ásia, e que às vezes caía para zero quanto mais nos afastávamos da Europa. Isso sugeria que Rh+ devia ser o tipo prevalente entre os neolíticos quando eles começaram sua jornada pelo Oriente Médio e que, do outro lado da trilha, existiam única ou essencialmente nativos europeus Rh-.

O mapa do gene Rh testemunhava a favor da difusão de povos Rh+ do Oriente Médio em direção à Europa, que teriam se misturado ao longo do caminho com comunidades prevalentes ou exclusivamente Rh-. Um gene, no entanto, é insuficiente para comprovar uma teoria; precisávamos de mais evidências. A migração envolve todos os genes, não apenas um. Era essencial reforçar nossa posição com o maior número de genes possível.

Juntamente com Paolo Menozzi da Universidade de Parma e Alberto Piazza da Universidade de Turim, dois colegas italianos que passaram vários anos no meu laboratório em Stanford, começamos a inserir no computador todos os dados científicos disponíveis sobre grupos sangüíneos conhecidos, os genes HLA (usados para prever a aceitação de órgãos nos transplantes) e outros genes que haviam sido isolados e estudados nesse meio-tempo.

Pudemos assim elaborar e comparar mapas de muitos genes. Alguns apresentaram um padrão semelhante ao do Rh e, como o Rh+, eram especialmente freqüentes nas áreas do leste e raros no oeste.

Quem somos?

Algumas vezes observávamos até um valor máximo (ou mínimo) na região de origem da agricultura no Oriente Médio. Existia portanto uma chance boa de que os mapas genéticos confirmariam nossa hipótese. Alguns genes, no entanto, se comportaram de modo diferente; por exemplo, o mapa do grupo sangüíneo B indicava que os níveis mais altos ocorriam na Rússia meridional. Era obviamente essencial que estudássemos um grande número de genes para formar um sistema unificador e explorar outras possíveis explicações.

Paisagens genéticas

Para trabalhar com uma grande quantidade de dados tentando extrapolar um comportamento geral – como foi nosso estudo de 39 genes diferentes em numerosas populações européias – é preciso recorrer à estatística.

Nos anos 30, um grande matemático americano, Harold Hotelling, desenvolveu um sistema para sintetizar conjuntos de dados grandes e complexos como os nossos. Foi pouco explorado no começo porque exigia cálculos muito extensos. Teríamos precisado de um exército de matemáticos dispostos a enfrentar uma miríade de operações aritméticas à mão. Antes do acesso ao processamento de dados em computador, quase ninguém havia ousado utilizar o método de Hotelling; até então, os únicos capazes de organizar grandes times de indivíduos pacientes e prontos a executar cálculos numéricos longos e complexos haviam sido cristalógrafos, físicos e o ocasional matemático.

Esse procedimento, a *análise do componente principal,* é praticamente impossível de descrever sem introduzir alguns conceitos matemáticos não conhecidos pela maioria dos leitores. Ele permite fazer uma síntese de muitos dados; descobrir as tendências e padrões que muitos genes têm em comum e que são o resultado de eventos influenciando sua distribuição geográfica. Dessa forma, é possível descrever as "estruturas" latentes no conjunto de dados, muito provavelmente determinadas por fatores históricos ou geográficos. É possível também isolar as estruturas mais importantes e representá-las graficamente, o que ajuda a compreender a natureza dos fenômenos que as determinaram. Os efeitos desses fenômenos também podem ser visualizados estudando-se genes isolados, mas o quadro que se obtém é muito aproximado e incompleto, porque existem oscilações casuais nas freqüências de um só gene que dificultam a análise. Como para qualquer outra aplicação estatística, as dificuldades são superadas calculando-se médias de muitas observações (nesse caso de muitos genes diferentes). Os matemáticos e físicos não-familiarizados com esse método podem compreender sua natureza notando que se trata de uma análise espectral da matriz formada pelos dados de freqüência de cada gene em cada ponto de um retículo, que representa o mapa geográfico dos genes considerados.

O mapa de cada gene (a Figura 6.9 usa o exemplo do Rh-) é formado por curvas isogênicas que unem as áreas de freqüência igual. Quando se toma a média de muitos genes, como é o caso na análise dos componentes principais, os resultados dos genes individuais estão sendo substituídos em cada ponto do mapa por um único número, que reflete o grupo de genes considerados. É o valor do componente principal naquele ponto do mapa "sintético" e o tratamos como se fosse uma altitude num mapa geográfico convencional. O resultado é uma espécie de "paisagem genética" com montanhas e vales, que revela a estrutura latente no conjunto de dados. O próximo passo é explicar a significância dos padrões de contorno.

Isso não é tudo o que a análise dos componentes principais pode dizer-nos. O primeiro componente expressa a fração máxima de variação genética mas há muito mais informação a ser extraída; por enquanto o mapa explicou apenas um certo percentual de toda a variabilidade que existe no grupo de genes. Por exemplo, na Europa, o primeiro componente explica 28% da variação das freqüências gênicas de ponto a ponto; 72% da informação ainda não foi revelada.

Aplicando essencialmente a mesma técnica ao residual, um segundo componente principal é obtido, que fornece uma paisagem genética independente da primeira – e menos importante. O segundo componente para a Europa extrai 22% da variação inicial. Repetindo de novo a operação, produzimos terceiros, quartos componentes, e assim por diante, até obter tantos quanto o número de genes menos um. As paisagens genéticas que resultam são progressivamente menos significativas. Após a quinta e a sexta, a confiabilidade é limitada; a informação mais importante sobre a variabilidade genética de uma região fica então contida nas etapas anteriores.

Em 1978, Menozzi, Piazza e eu aplicamos esse procedimento pela primeira vez, usando os dados então disponíveis sobre a Europa (39 genes). Descobrimos, para nossa grande satisfação, que o primeiro componente principal acusava um valor máximo exatamente na região do Oriente Médio, e a partir dali diminuía com a distância. Mais ainda, os valores mínimos correspondiam a regiões como a dos bascos. A Figura

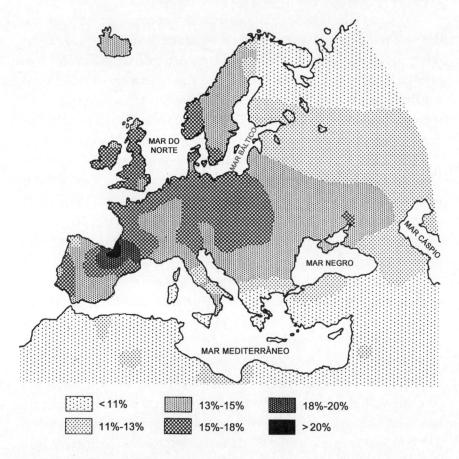

FIGURA 6.9 – Mapas de freqüência gênica por indivíduos Rh- (acima) e genes do grupo sangüíneo B na Europa.

6.10 representa a "altitude" do primeiro componente principal. O mapa nitidamente sugere uma expansão que começa no Oriente Médio e se difunde por toda a Europa de maneira bastante regular. Na verdade, esse mapa está baseado em informações mais recentes que as de 1978 e reflete os dados sobre 95 genes; apesar do considerável aumento no material utilizado, o novo mapa difere muito pouco do anterior.

Por que o primeiro componente principal dos genes europeus assumiria essa peculiar distribuição? A explicação não é difícil. No começo da agricultura sem dúvida existia uma diferença genética entre as populações das várias partes da Europa. Para nosso propósito, colocamos o Oriente Médio dentro do território europeu. Havia uma variação genética pronunciada nesse tempo porque, antes da adoção de técnicas de cul-

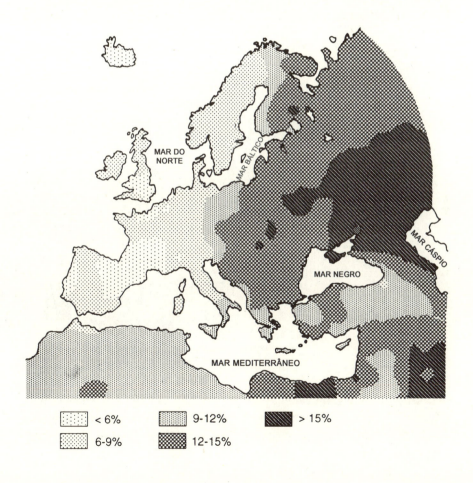

tivo, a densidade populacional era decididamente baixa. O número de habitantes da Europa e do Oriente Médio devia chegar aos cem mil (hoje corresponde a setecentos milhões). Essas populações provavelmente estavam fragmentadas em grupos menores e bastante isolados, o que permitia que a ação da deriva genética gerasse variações altas entre elas, como às vezes ainda acontece em vilarejos isolados em regiões montanhosas.

A última glaciação também teve sua influência. O clima frio, que chegou ao seu máximo dezoito mil anos atrás, dividiu os povos da Europa Central numa seção oriental, incluindo os Cro-Magnon (França Meridional e Espanha), e outra ocidental. Foi provavelmente nesse ponto que as populações da Europa Ocidental começaram a diferenciar-se muito das orientais e, talvez pela deriva genética, tornaram-se prevalentemente Rh-, enquanto o resto do mundo permanecia Rh+.

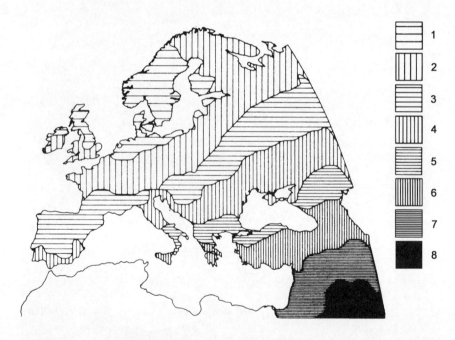

FIGURA 6.10 – A mais importante paisagem genética da Europa (o primeiro componente principal de freqüência dos 95 genes) reflete de maneira extremamente fiel a difusão de agricultura neolítica (ver Figura 6.5), que muito provavelmente é sua causa. (A escala de 1 a 8 é arbitrária.)

Os últimos dez mil anos: a longa trilha dos agricultores

Mesolíticos e neolíticos

O forte "gradiente genético" (isto é, aumento ou redução gradual de freqüências gênicas) entre a Europa e o Oriente Médio indicado pelo primeiro componente principal é bem definido e regular. Isso quer dizer que devem ter existido diferenças iniciais de freqüência gênica significativas entre essas duas regiões, pelo menos para alguns genes (não necessariamente para todos). As diferenças talvez tenham surgido em grande parte durante a última glaciação, mas poderiam até ter existido antes. No decorrer da expansão dos cultivadores do Oriente Médio em direção à Europa deve ter havido uma mistura gradual com os povos nativos, isto é, os mesolíticos, nome dado aos últimos caçadores-coletores europeus do período imediatamente anterior à chegada dos agricultores neolíticos.

Dissemos antes que as comunidades mesolíticas e neolíticas floresceram em diferentes ambientes: os primeiros queriam a floresta para suas atividades de caça e coleta; os outros precisavam de terrenos favoráveis ao cultivo (obtidos em alguns tipos de floresta abatendo árvores). No limite mais extremo da expansão (Espanha e Dinamarca, por exemplo) alguns grupos mesolíticos coexistiram com os primeiros neolíticos por um longo período, talvez porque seus costumes fossem avançados o suficiente para resistir à competição. Certamente houve numerosos contatos entre eles, mas não foram encontradas evidências definitivas de conflitos. Os agricultores geralmente habitavam em vilarejos e em casas sem proteções especiais; os cercados que construíram eram usados para manter os rebanhos. Somente milênios mais tarde, e principalmente na idade dos metais, são erguidas estruturas com um propósito defensivo.

A divisão de território entre mesolíticos e neolíticos pode ter propiciado a coexistência pacífica, até encorajado a troca de bens, e mesmo de pessoas por meio de casamentos mistos. Sempre existem contatos sociais entre caçadores-coletores e agricultores de uma mesma região; vimos anteriormente que há milhares de anos os pigmeus africanos se relacionam com os cultivadores que habitam a periferia da floresta tropical. Até no plano demográfico sempre existiu um contato, embora limitado: algumas tribos de agricultores, mesmo considerando os pigmeus inferiores, adquirem uma mulher pigméia, porque em muitas partes da África a mulher precisa ser comprada e as pigméias são mais baratas. Existiram até rainhas pigméias entre os Watusi, os orgulhosos e altíssimos pastores de Ruanda. Nesse caso, as razões não eram econômicas e sim políticas e relacionadas à feitiçaria, e até mesmo a uma genuína apreciação da qualidade dessas mulheres. O casamento oposto – entre uma mulher agricultora e um pigmeu – é raro. Em geral é aceitável que uma mulher suba na escala social, mas não o contrário; numa sociedade dominada pelos homens, a mulher é um bem precioso demais para ser concedido aos inferiores. Na Índia, algumas castas praticam a hipergamia: uma mulher pode casar-se com alguém de uma casta superior, mas se a união for com um homem de casta inferior o casal é visto com desdém e virtualmente excluído do contexto social hindu.

Trocas genéticas por casamentos mistos certamente devem ter acontecido, porque, embora não existam mais caçadores-coletores na Europa, seus vestígios genéticos podem ser detectados no gradiente contínuo do primeiro componente principal. Há uma correspondência quase perfeita entre esse gradiente e a seqüência de dados arqueológicos sobre a chegada da agricultura à Europa. Portanto, o primeiro componente principal pode ser explicado quanto à migração dos neolíticos e sua gradual fusão genética com os povos mesolíticos da Europa.

Simulação computacional

Com algumas questões ainda por resolver, fizemos uma simulação computacional em Stanford, com a ajuda de Sabina Rendine, uma estudante de Alberto Piazza, de Turim. Uma simulação é a reconstrução simplificada de um fenômeno, no nosso caso a migração dos neolíticos que partiram do Oriente Médio.

Assim, no computador, construímos uma Europa simplificada, habitada por aproximadamente quatrocentas tribos de caçadores-coletores. Distribuímos os grupos de maneira homogênea porque não sabíamos exatamente onde colocá-los, mas levamos em conta barreiras físi-

Os últimos dez mil anos: a longa trilha dos agricultores

cas importantes, como as cadeias de montanhas e, é claro, o mar. Simulações são inevitavelmente versões um tanto ingênuas da realidade, a não ser que estejamos dispostos a fazer um trabalho extremamente complexo, que em geral não é necessário. Por exemplo, reconstruímos o comportamento das tribos mas não o dos indivíduos, e não tentamos simular com muita precisão o fato de que os neolíticos recém-chegados deviam ter migrado seguindo as costas do Mediterrâneo e os rios europeus.

Na nossa simulação, fizemos crescer as populações de cada tribo neolítica até chegar a densidades demográficas bem maiores que as dos caçadores-coletores, baseando-nos na sua capacidade de gerar o próprio alimento, em vez de apenas consumir o que já existia na natureza. À medida que a densidade de uma população neolítica se aproximava de um ponto de saturação, seu aumento diminuía até desaparecer; no entanto, continuavam a gerar-se emigrantes, que ocupavam zonas adjacentes ainda livres. As tribos de agricultores de regiões distintas realizaram trocas por meio de casamentos, como acontece com quase todas as tribos do mundo, e houve um modesto influxo de caçadores-coletores para as tribos agrícolas locais. Os caçadores-coletores eram inicialmente poucos, como aliás sugerem as observações arqueológicas, e não podiam aumentar de densidade; sua migração unidirecional para as tribos locais de agricultores foi uma maneira imperfeita, mas prática, de imitar a mudança de uma economia mais primitiva para outra agrícola, um dos fatores que os fez desaparecer na simulação algumas centenas ou milhares de anos depois da chegada dos agricultores.

Demos a cada população uma constituição genética de vários genes (na verdade foram vinte, para não tornar a simulação muito cara! Quanto maior esse número, maior a precisão dos resultados). A seguir aplicamos a difusão desses genes na Europa, que de início atribuímos aos primeiros povos agrícolas do Oriente Médio. Esperávamos que a análise do componente principal nos desse uma representação gráfica do fluxo de migração Oriente Médio–Europa gerado pela expansão dos agricultores. Assim poderíamos testar a influência de possíveis fatores complicadores, causados pelo fato de a expansão dos agricultores ter acabado cinco mil anos atrás e por outras migrações subseqüentes. Trocas modestas entre vilarejos (que nossa simulação considerou como trocas entre tribos vizinhas) sem dúvida ocorreram durante e além do período da expansão neolítica. No entanto, houve também movimentos de maior porte, alguns identificáveis historicamente, sendo que outros mais podem ter ocorrido.

Concluímos que a migração em pequena escala, comparável à observada nos últimos três séculos entre comunidades agrícolas da Itália setentrional (como a que analisei no vale do Rio Parma) podia encobrir apenas marginalmente o gradiente gerado pela expansão dos grupos neolíticos, mesmo se projetada por um período de cinco mil anos.

Simulando outras grandes migrações como a neolítica, pudemos mostrar também que a análise dos componentes principais com freqüência permite separar expansões que diferem nos seus pontos de partida. De fato, dentro da simulação, cada uma gera paisagens genéticas distintas, indicando a origem e a principal área de expansão.

Infelizmente, os mapas dos componentes principais não permitem a reconstrução temporal de uma expansão, a não ser em associação com datações arqueológicas confiáveis. É possível obter uma indicação geral da data de uma expansão pelo fato de as migrações mais antigas terem o efeito genético mais marcante, ao ocorrer quando a densidade demográfica ainda é baixa e os efeitos da deriva genética, sendo mais sensíveis, determinam diferenças maiores de freqüências gênicas. Por essa razão, as migrações mais antigas têm freqüentemente influenciado o primeiro componente principal.

Confirmação de uma hipótese pouco ortodoxa

Esse primeiro estudo da expansão neolítica na Europa de um prisma genético, realizado explorando os dados genéticos com um método nunca utilizado até então, foi publicado em 1978 no periódico *Science*, sob a autoria conjunta de Menozzi, Piazza e eu. Foi naturalmente uma grande satisfação confirmar a hipótese, levantada seis anos antes com o arqueólogo Ammermann, de que a difusão da agricultura do Oriente Médio para a Europa era resultado da expansão geográfica dos agricultores. O mesmo artigo também descreve os mapas do segundo e terceiro componentes principais, que sugeriam outros fenômenos e acontecimentos possíveis. O segundo componente mostrou um nítido gradiente Norte-Sul, que interpretamos como provavelmente decorrente da seleção natural determinada pelo clima. O terceiro mapa, igualmente interessante, colocou a Polônia e a Ucrânia como um possível centro de outra expansão, que não tentamos explicar na época.

Nossa conclusão adquiriu uma credibilidade ainda maior após ser confirmada por um grupo de pesquisadores americanos liderados por Robert Sokal, de Stony Brook, Long Island, que utilizaram métodos estatísticos bem diferentes. Esse trabalho foi editado em três partes, de 1982 a 1991.

Dez anos mais tarde, repetimos a mesma análise inicialmente testada em 1978, inserindo novos dados publicados nesse meio-tempo. Isso nos permitiu aumentar duas vezes e meia o número de genes considerados. Pudemos confirmar nossas conclusões e também compreender melhor o segundo, terceiro, quarto e quinto componentes principais.

Dissecção genética da Europa

No que se refere à Europa, há boas razões para explicar em termos de expansão os cinco primeiros componentes principais. Os outros não são suficientemente confiáveis do ponto de vista estatístico para que valha a pena arriscar uma interpretação.

No início da nossa jornada analítica, havíamos notado que o gradiente Norte-Sul mostrado pelo segundo componente estava provavelmente relacionado com uma adaptação genética ao clima. Trabalhos posteriores mostraram que também existe uma correlação entre essas distinções genéticas e as diferenças lingüísticas entre os povos de fala indo-européia e uraliana. Isso sugeria uma explicação em termos de movimento de populações e não contradizia a interpretação inicial, porque os povos de fala uraliana tradicionalmente habitaram regiões muito frias.

Os povos da Sibéria, cujo tipo físico é parecido com o dos mongóis, desenvolveram uma particular resistência ao frio, que os torna um tanto

Quem somos?

diferentes das populações mais ao sul do ponto de vista genético. Durante as centenas ou milhares de anos de separação de outros grupos étnicos, uma nova família lingüística, o urálio, emergiu na Sibéria Ocidental. Povos de tipo europeu que falavam outras línguas chegaram ao norte da Rússia e ao sul da Escandinávia e se misturaram parcialmente com os uralianos.

O segundo componente (Figura 6.11) mostra, portanto, um gradiente Norte-Sul que reflete diversificação de origem climática e lingüística. Os representantes clássicos do tipo físico siberiano e das línguas uralianas se encontram ao leste dos montes Urais, e portanto na Ásia. Na Europa, contudo, encontramos línguas do grupo uraliano conhecidas

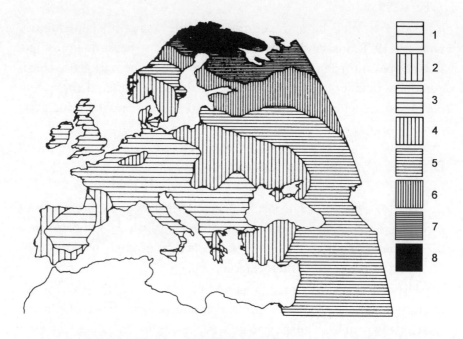

FIGURA 6.11 – O segundo componente principal do mapa genético da Europa gera uma paisagem diferente. Pode representar uma adaptação genética ao frio da Europa do Norte, mas também deve ser considerada uma relação com a distribuição da família de línguas urálicas (Figura 7.1). Os dois fenômenos são provavelmente o resultado de uma única grande migração. As línguas urálicas são encontradas especialmente na região mais setentrional da Europa e da Ásia Ocidental; presume-se que sejam o legado de grupos que avançaram na direção norte em tempos remotos e gradualmente se adaptaram às regiões árticas.

como fino-ugrianas, que incluem o finlandês, o húngaro, algumas línguas bálticas e várias línguas lapônias do extremo norte da Escandinávia. Fisicamente, os lapões são os que mais apresentam sinais genéticos de uma origem siberiana, porém uma influência genética mais fraca também é identificável entre os húngaros e os finlandeses.

O terceiro componente (Figura 6.12) mostrou associações fortes com um fato arqueológico diferente da difusão ligada à agricultura: uma expansão secundária de populações, relacionada com o desenvolvimento do pastoreio na Rússia meridional. Voltaremos a ela quando falar das línguas indo-européias.

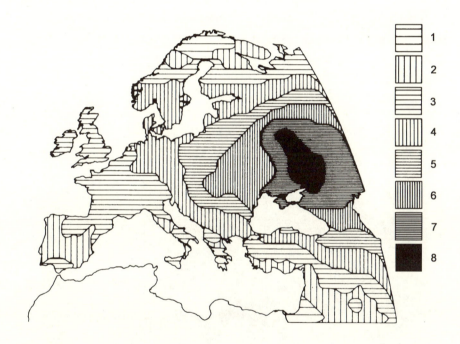

FIGURA 6.12 – O terceiro componente principal dos genes da Europa mostra uma forte correlação com o mapa de dados arqueológicos (ver Figura 6.15) que – segundo a interpretação de Gimbuta – reflete a expansão dos pastores nômades de língua indo-européia a partir das estepes euro-asiáticas, entre seis mil e 4.500 anos atrás. Trata-se provavelmente dos descendentes dos primeiros agricultores que migraram para a região das estepes, ao norte da região de origem da agricultura. O pastoreio, a domesticação do cavalo em especial (freqüente nas estepes) foi uma adaptação local.

O quarto componente (Figura 6.13) apresenta fortes semelhanças com a expansão grega, que chegou ao auge, em termos históricos, entre 1.000 e 500 a. C., mas que certamente teve início antes disso.

O quinto mapa (Figura 6.14) ainda diz respeito à agricultura, mas num sentido negativo, porque mostra o quadro genético das populações do Paleolítico superior e as mesolíticas na Europa Ocidental, as quais resistiram, pelo menos parcialmente, ao avanço dos agricultores. Foram capazes de sobreviver sem misturar-se totalmente e portanto permaneceram geneticamente distintos dos seus vizinhos. A zona escura do mapa corresponde à região onde era falada a língua que se tornou o basco moderno. Atualmente, na França pelo menos, a região de fala basca é menor que a exibida no mapa. Entretanto, nomes de lugares no lado francês dos Pirineus acusam origens comuns com as regiões bascas mais antigas, e é sabido que essas denominações podem sobreviver durante milênios.

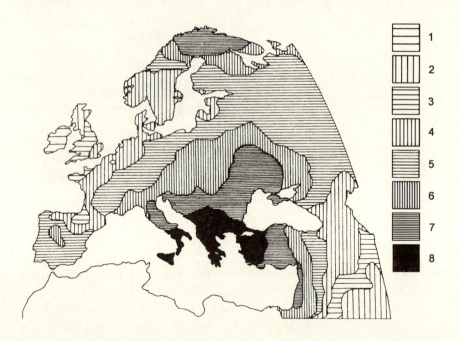

FIGURA 6.13 – O quarto componente principal da Europa, que muito provavelmente reflete a expansão grega do segundo e primeiro milênios a. C. (a escala de 1 a 8 é arbitrária).

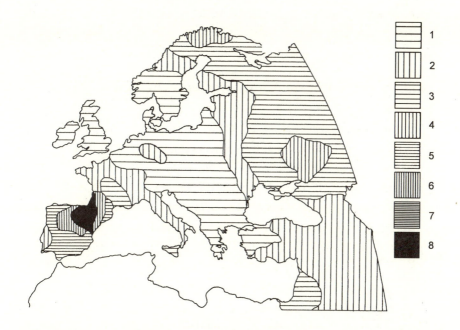

FIGURA 6.14 – Quinto componente principal dos genes europeus. A região escura corresponde à área onde o basco é falado, ou foi até poucos séculos atrás. Também corresponde a áreas onde nomes de lugares e estilos artísticos bascos são encontrados (Figura 9.2). A área escura não indica uma expansão (como é o caso dos componentes principais anteriores) mas a influência de um residual de povos pré-neolíticos não totalmente absorvidos pelos grupos neolíticos que se difundiam em direção ao oeste.

A comparação do quinto componente principal com outros mapas poderia dar a impressão de que existiu uma expansão a partir da região basca. Componentes principais, no entanto, não revelam se deveríamos falar de explosão ou implosão – ou seja, se os residentes das áreas de língua basca atuais expandiram-se a partir dessas zonas ou concentraram-se sob a pressão de migrações externas. Com base no que sabemos, é muito mais provável que se trate de uma população residual, que resistiu tanto genética como lingüística e culturalmente à infiltração dos agricultores vizinhos. Somos tentados a criar um neologismo e falar de "impansão". Naturalmente, a agricultura é praticada nas regiões bascas atuais, mas os jornais testemunham que o desejo dos bascos de resistir a agressões vindas de uma cultura externa e afirmar sua autonomia ainda está bem aceso!

Multiplicação e migração: fatores de expansão

Estendendo nossa análise de paisagens genéticas para fora dos limites da Europa, percebemos que existem vestígios importantes de muitas expansões pelo mundo, o suficiente para convencer-nos de que a história do homem moderno está repetidamente pontilhada de migrações com algo em comum: a vantagem tecnológica transmissível às crianças e que permitiu um aumento populacional suficiente para provocar a emigração contínua. O termo *migração* pode indicar o simples movimento de um povo, mas a migração centrífuga estimulada por um crescimento demográfico local caracteriza-se como uma expansão.

A introdução da agricultura talvez seja o exemplo mais dramático disso, porque nos últimos dez mil anos permitiu que a população mundial aumentasse mil vezes, passando dos milhões para os bilhões. A expansão dos humanos modernos entre cem mil (ou talvez devêssemos dizer cinqüenta a sessenta mil) e dez mil anos atrás talvez tenha determinado um aumento de cem vezes. Todos esses valores são muito incertos, mas podemos distinguir algumas etapas fundamentais:

- *Os primeiros homens modernos*: talvez tenham comportado de vinte mil a cem mil indivíduos (é uma estimativa baseada em dados bastante incertos). Viveram nas áreas onde começou o desenvolvimento do homem moderno há aproximadamente cem mil anos – a África Oriental ou o Oriente Médio, ou ambas;
- *Sua expansão cessou cerca de dez-quinze mil anos atrás*. Difundindo-se até virtualmente todos os cantos do mundo hoje habitados, chegaram a aproximadamente cinco milhões de indivíduos;
- Há nove-dez mil anos, o alimento começava a ficar escasso numa economia exclusivamente baseada na caça e na coleta, pelo menos nas regiões temperadas; desenvolve-se então, em várias partes do mundo, *a agricultura e a domesticação de animais*. A produção de alimento levou a um aumento da densidade demográfica sem precedentes.

Os últimos dez mil anos: a longa trilha dos agricultores

Alguns animais influenciaram de maneira especial as possibilidades de expansão: é o caso do cavalo, que foi utilizado como comida, meio de transporte e instrumento de guerra. A ele se deve a difusão dos pastores nômades da Rússia meridional em direção à Europa, Ásia Central e Índia, a partir de cinco mil anos atrás. O *pastoreio* também gerou outras possibilidades, por exemplo, a domesticação de camelos, que favoreceu a expansão árabe na África do Norte já na era cristã. No sul dos Andes, a lhama, utilizada para carregar mercadorias e como alimento, foi uma das fontes de riqueza do império Inca:

- O *transporte* foi facilitado pela domesticação de animais mas também por várias invenções, como a roda, a vela, os metais, as embarcações para a navegação oceânica, a bússola e o estudo da posição e curso das estrelas;
- As *inovações militares* facilitaram a difusão associada à conquista; além do uso do cavalo, elas incluíram armas de defesa e ataque feitas de metal, primeiro em bronze e, a seguir, em ferro.

Nessas várias etapas, algum fator inovador freqüentemente tem um papel preponderante ou essencial. Ainda não sabemos qual foi o determinante da primeira (a difusão inicial do homem moderno pelo planeta), mas podemos sugerir algumas possibilidades:

- O desenvolvimento de uma linguagem mais avançada permitiu uma melhor comunicação entre indivíduos e grupos, facilitando assim a difusão até regiões e climas totalmente novos para o homem. O arqueólogo Glynn Isaac notou uma fragmentação das culturas pré-históricas durante a expansão do homem moderno nos últimos cinqüenta mil anos, tanto que nomes atribuídos às várias descobertas arqueológicas desse período multiplicaram-se. Línguas e dialetos distintos parecem emergir dos artefatos em pedra e osso de diferentes localidades; se essa variedade cultural teve raízes em comum com a diversificação das línguas e dialetos que separam os grupos étnicos, ela facilitou uma diversificação não apenas cultural mas talvez também genética. Se, como parece ser o caso, a linguagem humana deu grandes saltos nos últimos cinqüenta a cem mil anos, algum tipo de evolução biológica deve ter permitido isso. Ou seja, as inovações não devem ter sido apenas culturais e tecnológicas, mas, pelo menos nesse caso, também biológicas;

- Os avanços nos meios de transporte foram provavelmente essenciais para viagens até regiões distantes. O acesso à Austrália somente pode ter ocorrido mediante uma árdua travessia de 68 quilômetros pelo mar. Não existem vestígios de barcos, balsas ou outras embarcações usadas nessas passagens. Até mesmo troncos de árvores podem ter sido utilizados (se bem que cruzar 68 quilômetros de mar agarrados a um tronco parece um tanto inverossímil). De qualquer forma, as embarcações devem ter sido de madeira, um material que dificilmente ficaria conservado até nossos dias;
- A expansão até regiões de climas profundamente diferentes levou a importantes adaptações biológicas e culturais. As culturais espelharam-se nas novas técnicas de construção de abrigos, na produção de roupas e nas técnicas de caça e pesca.

Outras grandes migrações

Para algumas expansões que deixaram rastros genéticos identificáveis, é atualmente possível reconstruir suas causas. Para outras, podemos apenas tecer hipóteses baseadas em dados arqueológicos. Há outras mais, ocorridas em áreas onde a pesquisa arqueológica tem sido mínima ou nula, que encorajam a busca de civilizações desaparecidas. Em muitas áreas do mundo, contudo, os dados arqueológicos não são suficientes para criar mapas confiáveis das paisagens genéticas.

Podemos reconstruir, por enquanto, algumas expansões prováveis, sugeridas em parte pelas informações lingüísticas.

As rotas que partiram do centro de agricultura no Oriente Médio levaram não somente à Europa, mas também a rumos opostos, em direção ao Irã, Paquistão e Índia. Sabemos de uma civilização agrícola no Paquistão – a civilização do Vale do Indo – que chegou ao ápice entre 4.500 e 3.500 anos atrás (é um pouco mais tardia que as civilizações do Eufrates e Tigre, no Oriente Médio). Duas cidades em particular, Moenjo Daro e Harappa, revelam um crescimento excepcional. Cada uma abrigou cin-

Os últimos dez mil anos: a longa trilha dos agricultores

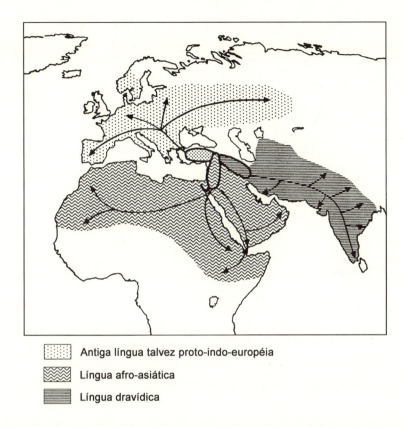

:::::: Antiga língua talvez proto-indo-européia
〰〰〰 Língua afro-asiática
▬▬▬ Língua dravídica

FIGURA 6.15 – Possíveis línguas faladas pelos agricultores neolíticos que se expandiram do Oriente Médio, segundo proposto por Luca Cavalli-Sforza & Golin Renfrew.

qüenta mil habitantes na sua época mais áurea. Foram abandonadas há aproximadamente 3.500 anos, provavelmente em razão de uma mudança no curso do Rio Indo. Nunca mais foram reconstruídas, talvez pelo fato da ocupação da região por pastores nômades de origem asiática, que introduziram as línguas indo-européias na Índia, no Paquistão e no Irã.

Na África distinguem-se claramente várias expansões: uma na África do Norte, proveniente do Oriente Médio e que é em parte a difusão original da agricultura. Segue-se a ela a expansão dos povos de fala banto, que vieram da zona entre a Nigéria e os Camarões, disseminando-se para o leste, mas especialmente para o sul, há 3.500-quinhentos anos. Outra migração, também muito recente, começou em algum ponto en-

Quem somos?

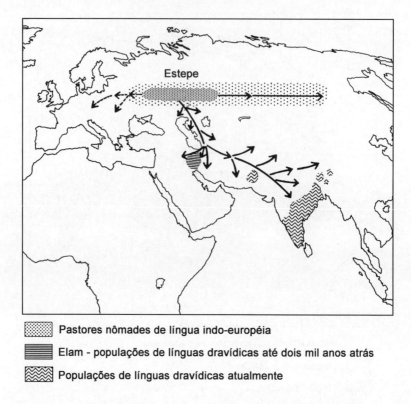

▓ Pastores nômades de língua indo-européia
▬ Elam - populações de línguas dravídicas até dois mil anos atrás
▨ Populações de línguas dravídicas atualmente

FIGURA 6.16 – Expansão dos nômades das estepes, que falavam línguas indo-européias, em direção à Pérsia e à Índia, e talvez também pela Europa (flechas tracejadas). São os chamados "arianos", termo que significa "nobres". Podem originalmente ter se relacionado com populações indicadas no mapa da terceira componente (Figura 6.12), que migraram em direção à Europa. Chegaram à Índia há aproximadamente 3.500 anos. No Irã e na Índia, as línguas indo-européias dos nômades substituíram em grande medida as línguas dravídicas, anteriormente faladas.

tre a Arábia meridional e a Etiópia e avançou em ambas as direções. Um reino Árabe-Etíope começou há aproximadamente três mil anos na Arábia do Sul, com sua capital em Sabá. Subseqüentemente a capital passou a ser Axum, na Etiópia do Norte. Migrações mais antigas podem ter partido da Etiópia. Provavelmente ocorreram expansões agrícolas na África Ocidental que precedem a dos bantos, mas não temos evidências arqueológicas precisas a respeito.

Os últimos dez mil anos: a longa trilha dos agricultores

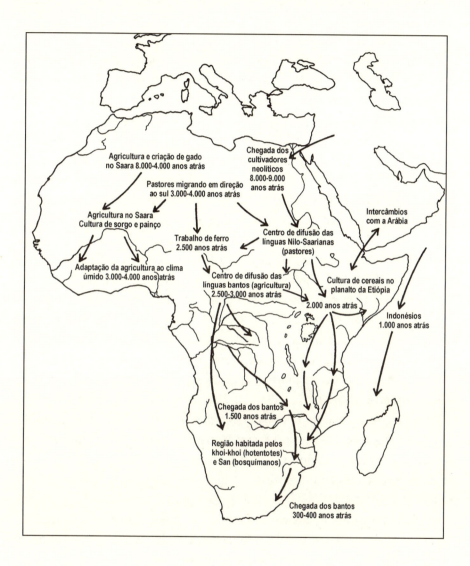

FIGURA 6.17 – Prováveis expansões recentes na África, segundo mapas genéticos. Pelo menos uma delas, a mais tardia, chamada "expansão dos bantos", confere bem com os dados lingüísticos, os primeiros a sugeri-la, e os arqueológicos.

Quem somos?

Na China, partindo da primeira área agrícola, onde se cultivou o painço, a expansão foi limitada ao norte e a oeste pelo deserto e as estepes. Indo na direção sul, o clima favoreceu o desenvolvimento de pelo menos duas civilizações agrícolas baseadas principalmente no arroz, que começaram um pouco mais tarde. Existe uma grande diferença genética entre os chineses meridionais e setentrionais, que provavelmente reflete uma diversificação mais antiga, causada pelo desenvolvimento de duas culturas agrícolas separadas ao norte e ao sul do país; a região oriental, perto de Shangai, é, num certo sentido, genética e culturalmente intermediária, mas também mostra sinais de uma evolução independente.

O segundo componente principal da Ásia sugere uma expansão a partir da área próxima ao Mar do Japão, centrada no Japão e na Coréia. Entre dez mil e quinze mil anos atrás, o Japão estava ligado à terra firme – com a Rússia ao norte e a Coréia ao sul – e continha um mar interno. Como resultado, a área desenvolveu-se mais que tudo com o potencial de pesca dos mares. As primeiras cerâmicas de uso doméstico surgiram no Japão há mais de onze mil anos. A população já era bem numerosa – aproximadamente trezentos mil habitantes – e sofreu um leve declínio em períodos subseqüentes. Esses desenvolvimentos precedem a agricultura, que chegou tardiamente ao Japão, pouco mais que dois mil anos atrás, proveniente da Coréia. Como mencionado anteriormente, os mapas de componentes principais não ajudam na determinação de datas de migração, exceto no caso das primeiras migrações, que tendem a deixar maiores vestígios. Com base nisso, é possível que a expansão japonesa estivesse ligada a uma das migrações paleolíticas da Ásia Oriental e da América.

Avanços na qualidade e quantidade dos dados genéticos e arqueológicos podem, com seu uso coordenado e sensato, abrir novas avenidas na pesquisa sobre a história humana mais antiga.

7
A torre de Babel

Oitenta quilômetros ao sul de Bagdá jazem as ruínas da Babilônia. Na língua daquele tempo (o acadiano) a cidade chamava-se Babilani, que significa "Porta dos deuses". No recinto do templo dedicado a Marduk, o deus mais importante da cidade, erguia-se o Etemenanki, ou "Casa do fundamento do céu e da terra", que a tradição rebatizou "Torre de Babel". Era uma torre escalonada de sete andares, em forma de pirâmide; um zigurate de 91 metros de altura. Heródoto a descreveu em detalhes.

Diz a Bíblia que os babilônios queriam construir uma cidade poderosa, com uma torre que alcançasse o céu. Deus, nada contente com o ambicioso projeto, decidiu impedir a obra e fez que todos os que trabalhavam na construção passassem a falar línguas diferentes: a desordem foi tão grande que paralisou as atividades. Em hebraico, *babal* significa *confundir*, e a Bíblia, num jogo de palavras, descreve: "Por isso seu nome foi *Babel*, porque Deus lá confundiu as línguas de toda a Terra; e de lá ele as dispersou pelo mundo" (Gênese, 11:9). Essa é a versão bíblica de como as diferenças lingüísticas surgiram entre os homens.

Quem somos?

Reflexões sobre uma lenda

As diferenças de língua são com certeza enormes e podem facilmente atrapalhar a cooperação entre pessoas de falas distintas. No entanto, com todo respeito por aqueles que levam a Bíblia ao pé da letra, as disparidades são tantas que dificilmente poderiam ter sido criadas de uma só vez. O mais provável é que tenham surgido no decurso de um tempo bem longo. É mais razoável pensar que o problema ao qual a Bíblia se refere, se existiu algum, nasceu porque trabalhadores estrangeiros de diferentes regiões ficaram juntos e, não se entendendo, começaram a discutir entre si. A origem das divergências entre suas línguas deve ser muito anterior. Mas a Gênese notadamente encurta o tempo. A evolução da vida, que deve ter levado três bilhões e meio de anos, foi reduzida a uma semana.

As línguas passam a ser entidades separadas quando se tornam mutuamente incompreensíveis. Diferenças menores e ainda inteligíveis são chamadas "dialetais", mas existem alguns dialetos tão difíceis de entender sem uma tradução que nos fazem pensar se é correto ou não excluí-los da categoria de línguas. No entanto, diferenças históricas, geográficas e sociológicas podem explicar as variações dialetais extremas. Uma viagem às zonas rurais da Itália, Inglaterra, França ou Espanha é suficiente para mostrar-nos a vasta gama de dialetos que uma língua pode gerar.

Em algumas regiões fala-se mais de uma língua. Na Península Ibérica encontramos o basco, o catalão, o espanhol e o português. O basco é utilizado por cerca de um milhão de pessoas do norte da Espanha e também por algumas dezenas de milhares de pessoas ao norte dos Pirineus, no sudoeste da França. Na Itália, algumas minorias étnicas ainda usam a fala tradicional (francês no noroeste, alemão e esloveno no nordeste, e grego e albanês em algumas partes do sul do país). A Bélgica e a Suíça são lingüisticamente divididas em grandes setores. Na América do Norte, as pessoas movimentam-se rapidamente e o tempo para diferenciação da língua inglesa tem sido curto, mas existem algumas diferenças de sotaque que com freqüência revelam a origem de quem fala.

Além das diferenças lingüísticas espaciais, que podemos perceber viajando, existem outras temporais, recentes o bastante para estarem claramente inscritas na história. Não é preciso ir longe para ver que uma língua pode transformar-se em outra em pouco tempo. O latim era falado na Europa ocidental até 1.500 anos atrás, mas os europeus atuais não seriam capazes de conversar com seus ancestrais a não ser por meio de simples expressões. Línguas separadas, mutuamente incompreensíveis, surgiram na Itália, França e Espanha, embora todas continuem a manifestar uma origem latina comum; outra prima geograficamente mais distante é encontrada na Romênia, país cujo próprio nome já espelha suas ligações com o mundo romano.

Mil e quinhentos anos são mais que suficientes para chegar à ininteligibilidade. Por exemplo, a Islândia foi colonizada pelos noruegueses no fim do século IX depois de Cristo; os islandeses de hoje conseguem, com certo esforço, compreender alguém da Península Escandinava, mas os escandinavos mal podem entender os islandeses. Nesse exemplo, mil anos foram o período mínimo de mudanças para a língua tornar-se quase incompreensível.

Diversas línguas, uma única linguagem

Retrocedendo ainda mais no tempo e no espaço encontramos diferenças lingüísticas que nos deixam maravilhados. Talvez as mais distantes de todas as línguas faladas pertençam ao grupo chamado khoisan, que inclui as dos nativos sul-africanos descobertos pelos colonizadores holandeses na região da Cidade do Cabo, por volta de 1650 – os bosquímanos e os hotentotes. Além das nossas familiares vogais, essas línguas utilizam quatro ou cinco sons especiais, chamados *clicks* (estalos da língua, como os que fazemos para dar ordens a um cavalo ou imitar seu trote). A técnica de estalos é exclusiva dos khoisan e de povos que têm ou tiveram contatos bastante recentes com eles.

Outro exemplo interessante é *ma*, de "mãe", uma das poucas palavras chinesas que apresenta alguma semelhança com as equivalentes européias. No entanto, vamos deixar claro que a sílaba chinesa *ma* pode ser pronunciada de pelo menos quatro maneiras, correspondentes a entonações musicais singulares, e apenas uma delas quer dizer "mãe"; as outras significam "cânhamo", "cavalo" e "ralhar" e não são escritas da mesma forma.

Apesar das enormes diferenças, alguns denominadores comuns fundamentais ligam todas as línguas a uma mesma base. Não importa a origem de uma pessoa, ela pode aprender bem qualquer língua desde que seja ensinada nos primeiros anos de vida. Nessa fase, a criança não apenas assimila tudo facilmente, como tem uma verdadeira ânsia de querer falar (que em outros tempos teria sido chamada "instinto"). Uma pessoa que começa a aprender uma língua depois da infância talvez nunca chegue à competência total. É difícil adquirir uma pronúncia perfeita, idêntica à de um nativo, para quem já passou da adolescência. Assim sendo, se quisermos optar pela profissão de espiões devemos aprender a língua do país estrangeiro bem cedo.

Outro fato importantíssimo: as estruturas de todas as línguas existentes apresentam uma complexidade idêntica; as línguas das tribos aborígines mais pobres são tão ricas quanto as nossas e às vezes estruturalmente mais elaboradas. Elas têm sua literatura e poesia, mesmo que na forma de tradições orais. Para bem da verdade, a grande maioria das línguas nunca chegou a ser escrita, a não ser em tempos recentes.

Quantas línguas existem atualmente?

No mundo atual, ainda são faladas aproximadamente cinco mil línguas e um número bem maior de dialetos. Muitas são utilizadas por apenas umas centenas de pessoas e não sobreviverão, como aconteceu com tantas outras em séculos passados. Outras encontram-se em fase final de extinção, ou desapareceram faz pouco tempo. Há trinta anos encontrei-me com o prefeito de Montecarlo, um dos poucos indivíduos que ainda falavam o dialeto local (classificado como um dialeto da costa próxima à Ligúria, na Itália). Ele escreveu um livro para salvá-lo do total esquecimento, mas provavelmente ninguém mais o conhece nos dias de hoje.

A diferenciação lingüística se dá em vários níveis: nos sons (a fonética), no sentido (a semântica), na gramática e na sintaxe. A palavra latina *mater* tornou-se *madre* em italiano e espanhol, *mère* (pronunciada mér) em francês, *mãe* em português, *mutter* em alemão, *mor* em sueco, *mat* em russo, e *metéra* em grego. Em todos os casos o *m* inicial foi conservado, mas a segunda consoante nem sempre está presente e a vogal muda com freqüência (dizia Voltaire, com seu costumeiro espírito mordaz, que as consoantes ajudam muito pouco a análise etimológica e as vogais não ajudam em nada). Na linguagem ancestral comum às línguas indo-européias, a palavra era *ma*.

Com que velocidade as línguas mudam?

Swadesh e Lees elaboraram uma lista padrão de cem termos, escolhidos entre os que não variam muito, e calcularam o percentual de palavras afins entre pares de línguas das quais conhecemos o *tempo de separação*, como o latim e o italiano. Eles descobriram que esse percentual diminui de maneira previsível à medida que o tempo de separação aumenta.

Se comparamos uma língua com sua ancestral de mil anos atrás encontramos (em média) 86% de palavras afins; se comparamos duas línguas que divergiram de uma mesma ancestral há mil anos, vemos que ambas mostram uma afinidade residual de 86% em relação à língua mãe; caso tiverem evoluído independentemente (isto é, se não houve trocas entre elas) a afinidade residual recíproca será 86% de 86% (ou seja, 74%), porque as duas terão se distanciado da original na mesma medida. O islandês, mencionado anteriormente, cuja separação do norueguês se deu há mil anos, é na verdade uma conhecida exceção: mudou menos que as outras línguas escandinavas, talvez em razão de seu isolamento.

Esse critério abre a possibilidade de eventualmente reconstruir a história e até mesmo o tempo de separação das línguas. Os resultados da glotocronologia são em geral aproximados, porque as fontes potenciais de erros são várias. Existe, no entanto, uma surpreendente semelhança entre esse método e o relógio molecular que mencionamos ao falar da evolução biológica. Os dois baseiam-se na mesma hipótese. Segundo a glotocronologia existe uma probabilidade fixa de que aconteça uma mudança semântica numa unidade de tempo, que leva à expressão de um significado por uma palavra nova. Na evolução molecular, um nucleotídeo é substituído por outro, ou o aminoácido de uma proteína por outro, com uma probabilidade também fixa no tempo. Mas essas probabilidades não são tão estáveis como gostaríamos que fossem; às vezes variam significativamente entre palavras e mesmo na biologia, ainda que em menor grau.

Isso significa que os tempos de separação calculados pela glotocronologia não são muito rigorosos. Métodos de correlação foram propostos mas precisam ser submetidos a mais testes.

Quem morde quem?

Os jornalistas dizem: o cachorro que morde o dono não é notícia, mas o dono que morde o cachorro sim. A ordem das palavras é obviamente muito importante, particularmente a do sujeito (S), do verbo (V) e do objeto (O). A mudança lingüística não se limita à fonética e à semântica; a gramática e a sintaxe também podem influenciar. Qualquer um que fala alemão sabe, por exemplo, que em muitos casos o verbo de uma oração subordinada é colocado no fim da sentença: "que um cachorro o dono morde". No inglês, francês, espanhol e italiano a ordem normal é SVO; no alemão com freqüência é SOV.

Um estudo estatístico mostrou que nas línguas do mundo todo as ordens mais freqüentes são SVO e SOV, correspondendo a mais ou menos 75% das que foram examinadas. VSO, com o verbo primeiro e o sujeito depois, representa de 10% a 15% dos casos (e inclui o galês, por exemplo). VOS (o verbo primeiro, com o sujeito no fim da frase) é encontrada nas línguas de Madagascar, originárias da longínqua Indonésia. Algumas línguas da bacia Amazônica diriam "o dono morde o cachorro" (OVS) para expressar a idéia inversa, do cachorro mordendo o dono. Existem outros poucos exemplos de OSV na América e a seqüên-

A torre de Babel

cia também é aceitável no japonês, em que, no entanto, a ordem normal é SOV. Muitas outras regras da gramática e da sintaxe variam, mas, no todo, são mais estáveis que a fonética e a semântica; é por essa razão que a origem de uma língua pode ser prevista com maior confiança a partir de sua estrutura e não do seu universo semântico ou fonético, mesmo que esse último seja bastante impermeável à influência de outras línguas.

O inglês tomou emprestado um grande número de palavras de origem latina (aproximadamente 50% do seu vocabulário). Isso aconteceu em razão da ocupação romana, que introduziu o latim, da conquista normanda (com a batalha de Hastings em 1066 d. C.), que introduziu o francês, e, por fim, da Renascença. A estrutura do inglês moderno, no entanto, é a de uma língua anglo-saxã, mesmo que simplificada.

O homem contemporâneo tende a classificar tudo e, naturalmente, fez isso com as línguas também. Um exemplo clássico, que causou certo tumulto, é o reconhecimento pelo jurista e orientalista inglês Sir William Jones de que a mais antiga língua hindu, o sânscrito, utilizada em assuntos filosóficos e religiosos, sem dúvida tem características comuns às antigas línguas mediterrâneas – o latim e o grego. No seu famoso discurso de 1786, perante a Sociedade Asiática Real de Calcutá, Jones demonstrou que seis grupos de línguas afins – o sânscrito, o grego, o latim e provavelmente também o gótico, o celta e o persa – "originavam-se de uma fonte comum que muito possivelmente não existe mais".

As semelhanças entre os derivados do latim (como o francês, o italiano e o espanhol), as línguas germânicas e as eslavas já haviam sido observadas. Duzentos anos antes, um italiano, Filippo Sassetti, havia notado a similaridade entre o sânscrito e o italiano. Sassetti viveu na Índia de 1581 a 1588, mas foi Jones quem reconheceu a família hoje chamada indo-européia. No século XIX houve um intenso interesse acadêmico na lingüística, direcionado em grande parte para essa família, que é de longe a mais estudada.

No começo do século XX estabeleceu-se a relação entre as línguas indo-européias e uma língua extinta usada em documentos da China Ocidental, datados em torno do século VII da era cristã, que revelavam duas novas linguagens parecidas – tocário A e B. Aproximadamente

Quem somos?

nesses mesmos anos, tábuas de argila provenientes da capital do Império dos hititas, que prosperou na Turquia entre 1500 e 1200 a. C., puderam ser decifradas porque estavam escritas em caracteres cuneiformes, cujo valor fonético conhecemos. Isso trouxe à tona outra língua indoeuropéia: o hitita.

No século XIX reconheceu-se o parentesco de outras famílias lingüísticas diferentes da indo-européia, ampliando os horizontes da pesquisa, que continuou até o século XX. Ainda há debates exaltados sobre algumas delas, porque os métodos extremamente diferentes adotados pelos lingüistas geraram resultados distintos e conflitantes.

A tabela que segue mostra a comparação de algumas centenas de palavras entre centenas de línguas, um sistema usado por Joseph Greenberg da Universidade de Stanford, o principal taxonomista contemporâneo. Essas palavras são escolhidas entre aquelas que melhor se conservam, como os números um, dois e três, os termos que designam partes do corpo e aspectos universais da natureza, os pronomes pessoais, algumas regras gramaticais, e assim por diante. Muitas delas estão entre as primeiras que uma criança aprende, fato este que provavelmente as torna menos sujeitas a variações.

Língua	Um	Dois	Três	Cabeça	Olho	Dente
Irlandês	aon	dau	ri	ceann	suil	iacal
Galês	un	do	tri	pen	ligad	dant
Danês	en	to	tre	hoved	öje	tand
Suéco	en	to	tre	huvud	öga	tand
Inglês	uan	tu	thri	hed	ai	tuth
Alemão	ain	zwai	drai	kopf	auge	zahn
Espanhol	un	dos	tres	kabesa	oho	diente
Francês	ön	dö	truà	tet	öi	dan
Romeno	un	doi	trei	kap	okiu	dinte
Albanês	nii	dy	tre	krie	sy	dami
Grego	enas	dyo	tris	kefali	mati	dondi
Polonês	jeden	dva	tsi	glova	oko	zab
Russo	adin	dva	tri	galavá	oko	zup

A torre de Babel

Búlgaro	edin	dva	tri	glava	oko	zib
Finlandês	yksi	kaksi	kolme	pää	silme	hammas
Estoniano	üks	kaks	kolm	pea	sailm	hambaid
Húngaro	egy	ket	harom	foe	sem	fog
Basco	bat	bi	iru	buru	begi	ortz

A tabela mostra a pronúncia das palavras usando um alfabeto fonético simplificado.

É fácil aceitar que palavras como *tri* nas línguas celtas, *tre* nas escandinavas, *draj* em alemão, *trwa* em francês, *tre* em italiano, e *tres* em espanhol, todas significando "três", têm a mesma origem. Também é fácil acreditar que elas têm raízes diferentes das palavras *kolme* em finlandês ou *iru* em basco, que também significam "três". Entretanto, não é tão fácil aceitar que a palavra inglesa *"eye"* (pronuncia-se aj) e a italiana *"occhio"* (pronuncia-se okkjo) ou a alemã *"auge"* tenham a mesma origem, mas têm. As regras para mudanças na pronúncia são bem conhecidas, apesar de o processo de transformação dos sons ser às vezes complexo. Em geral não há razão para dúvidas, e a história das línguas freqüentemente fornece confirmações independentes ao mostrar os estágios intermediários, no processo de mudança. Palavras que têm uma raiz comum são chamadas "cognatas" significando "relacionadas". A palavra inglesa *"water"* (do inglês), a alemã *"wasser"* (do alemão) e *"vatn"* (da Islândia) são cognatas; mas elas não estão relacionadas com *"aqua"* (do latim), *"acqua"* (do italiano), *"eau"* (do francês), que são cognatas entre si.

Greenberg notou que mesmo uma tabela simples como a anterior imediatamente sugere o agrupamento sistemático das línguas indo-européias, agora reconhecido por todos.

As primeiras quinze línguas da tabela são indo-européias: duas são celtas, quatro são germânicas, três são romanas (isto é, derivadas do latim), duas são eslavas e duas são casos isolados (o albanês e o grego). As quatro últimas não são indo-européias; dessas, o finlandês, o estoniano e o húngaro pertencem à família uraliana, que inclui as línguas faladas no norte da Europa, perto dos montes Urais, entre a Europa da Ásia; a última é o basco, que não pertence a nenhuma família lingüística conhecida mas tem uma afinidade distante com a das línguas faladas no sul do Cáucaso. A falta de similaridade entre o basco e as outras línguas da tabela é óbvia. As três línguas uralianas são bastante parecidas entre si (o húngaro menos que as outras duas) e praticamente nada parecidas com o grupo indo-europeu.

A tabela mostra com clareza que na Europa existem pelo menos duas famílias lingüísticas e uma língua isolada.

Um dos tópicos mais controversos entre os lingüistas atuais diz respeito às famílias das línguas dos índios da América, que até pouco tempo haviam sido estimadas em pelo menos sessenta, mas que segundo Greenberg correspondem a apenas três:

1 A família das esquimó-aleutas, formada por um grupo de nove línguas *esquimó* faladas no extremo Norte;

2 Outra família que compreende 34 línguas *Na-Dene*, usadas principalmente no Canadá ocidental, mas também por duas tribos indígenas dos Estados Unidos – os apache e os navajo – que deixaram seus primos do Norte há mil anos;

3 Uma terceira chamada *ameríndia*, formada pelas outras 583 línguas.

Esse último grupo, que inclui algumas línguas extintas porém bastante conhecidas, é um tanto heterogêneo mas ainda reconhecível como unidade única.

Há um abismo entre a visão de Greenberg e a de alguns de seus colegas e de outros americanos que trabalham com um método diferente: as comparações binárias. Essa abordagem tradicional raramente estende a análise além de duas línguas e considera que um par está relacionado apenas quando as semelhanças são enormes. Com 583 línguas, as possíveis comparações duas a duas são 169.653, e os pesquisadores retêm que a decisão sobre duas línguas estarem ou não aparentadas é trabalho para toda uma vida, ou quase. Até agora criaram um extraordinário número de famílias diferentes: pelo menos sessenta ou, segundo muitos, até cem. Greenberg vê apenas uma, a dos ameríndios. A situação é desconcertante se considerarmos que existem apenas quatorze famílias lingüísticas no resto do mundo.

Por que uma diferença tão grande de opinião? A Lingüística não está sozinha nesse sentido. Em outras disciplinas também, como a Zoologia e a Botânica, existe uma distância muito grande entre os classificadores que preferem uma categorização mais ampla e outros que gostam de enfatizar os detalhes e as diferenças. Os ingleses chamam *"lumpers"* aqueles que agrupam animais ou plantas – ou, neste caso, línguas – em alguns grupos principais, e *"splitters"* os que gostam de criar um montão de pequenos grupos. O *Roget's Thesaurus* define *"splitter"* como aquele "que parte o cabelo em quatro, sofista, cavilador". Parece que o famoso lexicógrafo não apreciava muito os que rejeitam a abordagem sintética em prol das descrições detalhadas, que não procuram uma visão mais generalizante.

O homem é um classificador incansável

O debate sobre as famílias lingüísticas dos ameríndios é sem duvida o mais intenso e ainda não está encerrado; mas existem desacordos em relação a outras famílias também. A questão é, então: "o que é uma família?".

A palavra *filo* com freqüência é usada em vez de *família*. Há com certeza um paralelo entre a lingüística e a biologia quanto à classificação; na biologia existiram, e ainda existem, discussões sobre a divisão dos filos e atribuição de organismos ou grupos de organismos a um ou outro, mas em geral são mais tranqüilas. Além do mais, os níveis da classificação biológica são estritamente hierárquicos: reino, filo (divisão, no caso das plantas), classe, ordem, família, gênero, espécie. Os lingüistas não desenvolveram um sistema tão disciplinado, e mesmo na biologia os limites entre níveis são até certo ponto subjetivos. Apenas para a espécie existe um critério preciso para definir se um grupo qualifica-se como tal, que, mesmo assim, às vezes falha na prática. Vale a pena notar que a unidade biológica *espécie* corresponde à unidade *linguagem*: ambas são grupos de indivíduos capazes de comunicar-se, isto é, de trocar informação. Membros de uma mesma espécie podem cruzar entre si e, assim, trocar informação genética, bem como indivíduos que falam a mesma língua comunicam-se trocando informação verbal.

Da mesma forma que para os organismos na biologia, a unidade taxonômica lingüística mais importante, definível como família ou filo, é um grupo de línguas que parecem ter uma origem comum. Até pouco tempo atrás esse era o mais alto nível taxonômico usado pelos lingüistas, porém hoje em dia reconhecem-se cada vez mais *grupos de famílias* com uma possível origem comum, e o termo "superfamília" foi cunhado para descrevê-los. Ainda não temos, no entanto, uma classificação de todas as línguas que tenha um significado inquestionável em termos evolucionários, isto é, uma classificação que leve em conta tanto as origem como a história – mas uma vaga imagem da sua possível forma começa a despontar.

As famílias lingüísticas variam muito em dimensão e homogeneidade; algumas incluem poucas línguas, outras milhares, implicando que o grau de complexidade também difere. Num momento crítico durante o estudo conduzido com Menozzi e Piazza, tive a sorte de ler a prova do livro *A Guide to the World's Languages* [*Um guia das línguas do mundo*] escrito por Merrit Ruhlen, um dos estudantes de Greenberg. Seu trabalho é uma das mais modernas, coerentes e sistemáticas exposições da história e filosofia da sistemática lingüística, e inclui uma classificação completa de cinco mil línguas. O acesso a essa obra permitiunos organizar os dados biológicos sobre as populações do mundo numa hierarquia simples e atribuir apenas valores formais. No fim percebemos, com enorme satisfação, que a significância da hierarquia lingüística era mais profunda do que havíamos pensado de início. Voltaremos a falar sobre isso em breve.

Em defesa de Greenberg

As discussões entre sistemáticos tendem a esticar-se, e não apenas no campo da lingüística. No final chega-se a algum tipo de consenso, em parte porque os resultados satisfazem um bom número de especialistas e em parte pelo cansaço, por um desgaste no interesse de

A torre de Babel

continuar diatribes não muito construtivas. Os maiores desentendimentos atuais têm a ver exatamente com a questão dos ameríndios, até certo ponto porque a proposta de Greenberg é bastante recente (1987).

Defendo as idéias de Greenberg por várias razões. Uma delas é que sua abordagem sintética é melhor que a binária (isto é, a comparação de línguas duas a duas, que se limita a estabelecer a existência de relações sem analisar o grau de afinidade). Os que são a favor do método binário recusam-se, sem uma justificativa clara, a levar em conta as semelhanças entre as línguas ameríndias que as distinguem das outras línguas do mundo – por exemplo, a existência de apenas um sistema de pronomes pessoais. Nas línguas eurasiáticas, os pronomes mais comuns para a primeira e a segunda pessoas são *mi* e *ti* , enquanto nas línguas ameríndias encontramos *n-* e *mi*. Por serem umas das palavras mais estáveis, os pronomes pessoais tornam-se muito úteis na reconstrução de afinidades, particularmente as mais distantes.

Existem fatores externos à lingüística que favorecem a existência de apenas três migrações distintas da Sibéria para a América, correspondentes exatamente às três famílias de Greenberg. Trata-se de semelhanças biológicas observadas no formato dos dentes, também encontradas nas populações mais antigas e em fósseis, e de semelhanças genéticas.

Existe, enfim, uma razão que poderíamos chamar de histórica e que adiciona confiabilidade às conclusões de Greenberg, cuja contribuição em vários campos da lingüística tem sido enorme. Ele começou seu trabalho de sistemática há mais de trinta anos com as línguas africanas, nas quais de início reinava o mesmo tipo de confusão que hoje vemos entre as línguas ameríndias. Aplicando seu método, Greenberg demonstrou a existência de apenas quatro famílias lingüísticas na África. Isso causou um pandemônio entre os lingüistas de então, que não estavam dispostos a abandonar suas posições anteriores. Hoje em dia o debate foi esquecido e a classificação de Greenberg foi virtualmente aceita por todos. Quem ainda estiver vivo daqui a trinta anos poderá dizer se a história vai se repetir ou não.

Quem somos?

Um breve apanhado das línguas do mundo

Aceitando as conclusões de Greenberg para a Oceania, onde existe uma situação parecida embora menos controversa, as cinco mil línguas do mundo atual podem ser agrupadas em dezessete famílias, de dimensões variadas. Encontramos quatro na África, uma na Austrália, uma na Nova Guiné, três na América, duas na Europa e as restantes na Ásia, com algumas superposições nas fronteiras entre continentes. Suas distribuições geográficas podem ser relacionadas à história da difusão do homem moderno e conferem bem com o que vimos até agora sobre as migrações e a diferenciação genética.

A Figura 7.1 mostra a distribuição geográfica mais recente, publicada há alguns anos por Merrit Ruhlen.

Não existe uma verdadeira divisão entre a Europa e a Ásia; é melhor considerar o continente como um bloco único, que chamamos Eurásia. A cadeia dos montes Urais, a divisa geográfica tradicional, não avança até o sul da Rússia. Daria para fazer um longuíssimo passeio pelas estepes da Romênia até a Manchúria, na costa do Pacífico, atravessando as gramas altas dessa paisagem que se estende quase ininterrupta por milhares de quilômetros.

A família lingüística chamada *indo-européia* distribui-se entre a Europa e o sul da Ásia, com uma quebra na altura da Turquia, onde se fala uma língua altaica. A família *altaica* ocupa a maior parte da Sibéria e da Mongólia, indo até o Oceano Pacífico; ela inclui também o coreano e o japonês, pelo menos segundo alguns especialistas. Sua difusão é bastante recente e ocorreu especialmente sob a força das armas: os turcos chegaram à Ásia Menor no fim do século XI e novamente no século XV, conquistando Constantinopla em 1453, quando a língua turca passou a substituir o grego, falado até então. Uma outra família, a *uraliana*, é característica dos montes Urais e divide-se entre a Ásia e a Europa, através de uma região muito fria e próxima do oceano Ártico. Embora a figura mostre apenas uma, existem na verdade duas famílias de línguas caucasianas, faladas nas montanhas do Cáucaso perto da fronteira entre a Europa e a Ásia.

A torre de Babel

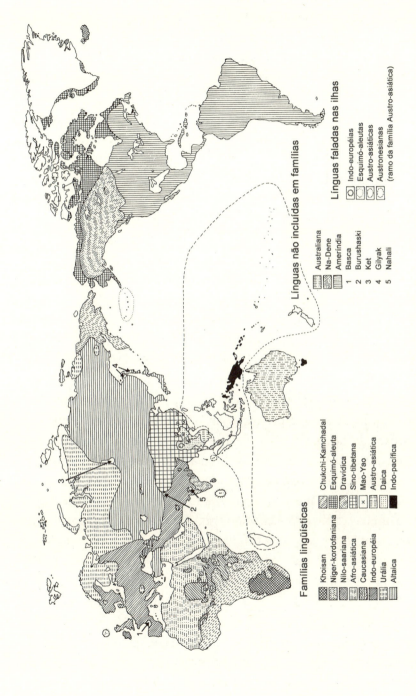

FIGURA 7.1 – Distribuição geográfica das famílias lingüísticas segundo Ruhlen (baseada em grande parte na classificação de Greenberg).

Quem somos?

Na Ásia, a família *Sino-tibetana* cobre toda a China e o Tibete. Ao sul dessa região encontramos algumas famílias que ocupam áreas menos extensas. A chamada *dravídica* também cobre uma região limitada; atualmente ela inclui mais que tudo as línguas faladas no sul da Índia, mas há razões para pensar que em outros tempos estendeu-se do Irã ao Paquistão e à Índia.

Documentos históricos mostram que a leste de Basra, cidade que se tornou famosa durante os conflitos entre o Irã e o Iraque nos anos 1980, falou-se o *elamita* até 4.500 anos atrás; essa língua, estreitamente aparentada com as dravídicas, desapareceu talvez há dois mil anos. Os *elamitas* são mencionados na Bíblia. Documentos escritos no alfabeto cuneiforme permitiram incluir sua língua na família dravídica, uma descoberta sensacional.

É provável que as línguas dravídicas tenham sido usadas desde a fronteira ocidental do Irã até toda a Índia, onde foram introduzidas pelos agricultores neolíticos cerca de nove mil anos atrás. Talvez os povos da civilização do Vale do Indo, no atual Paquistão, também falassem essas línguas, mas infelizmente não temos suficiente material escrito para ter certeza. Também chamada Harappa ou Moenjo Daro (segundo o nome de suas principais cidades, recentemente descobertas e escavadas), a civilização do Vale do Indo desapareceu há aproximadamente 3.500 anos por razões que permanecem um tanto misteriosas. No entanto, a data do desaparecimento parece coincidir com a invasão dos arianos ou arii, pastores nômades de língua indo-européia vindos da região ao sul dos Urais e que se deslocaram através do Turquestão e do Irã. É muito provável que eles tenham sido os responsáveis pela introdução de línguas como o sânscrito no Paquistão e na Índia. Quase todas as línguas dravídicas faladas na Índia desapareceram; apenas algumas poucas tribos do Paquistão, norte da Índia e grande parte do sul da Península Hindu continuam a utilizá-las.

As línguas nativas de .uma região freqüentemente desaparecem após a ocupação de grandes territórios por conquistadores vitoriosos, mas algumas chegam a sobreviver em localidades mais periféricas ou isoladas, de difícil acesso ou então de pouca importância econômica, como regiões montanhosas e algumas ilhas. Muitos exemplos desse

A torre de Babel

princípio podem ser encontrados na distribuição geográfica das linguagens humanas.

O grupo das línguas celtas, da família indo-européia, é um caso familiar. Eram faladas até 2.500 a três mil anos atrás na Europa Central e difundiram-se por quase todo o continente europeu no período de 500 a 200 anos a. C. Depois dessa época começa a conquista da Europa Meridional e Ocidental pelos romanos, e o latim substitui o celta na França (os gauleses falavam uma língua celta), na Espanha, no norte da Itália e, alguns séculos mais tarde, também na Inglaterra. As línguas germânicas expandiram-se pela Europa Central e durante um certo tempo o grupo celta desapareceu da Europa Continental.

Quatro línguas celtas ainda são faladas em regiões distantes da sua origem: na Escócia e no País de Gales, onde a conquista romana nunca foi completada, e na Irlanda, onde não chegou a acontecer. Na Cornuália, situada no extremo sudoeste da Inglaterra, falava-se uma língua celta até pouco tempo atrás. No noroeste da França, os bretões ainda usam uma língua celta, mas trata-se de um retorno: habitantes das ilhas britânicas, fugindo dos conquistadores anglo-saxões após a queda do Império Romano ocidental, refugiaram-se na Bretanha nos séculos V e VI depois de Cristo.

Na África do Norte utilizam-se as línguas da família *afro-asiática*, que também se estende até o Oriente Médio, a Arábia e a Etiópia. Houve um tempo em que essa família era chamada camito-semítica. O ramo semítico inclui o hebraico, o árabe, o aramaico, o assírio e muitas outras línguas mesopotâmicas hoje extintas, assim como também algumas das línguas afro-asiáticas faladas na Etiópia (como o tigrê e o amárico). Na África, ao sul do Saara, falam-se as línguas da família *niger-kordofaniana*, estranhamente composta de um pequeno núcleo no Sudão (a região do Kordofan) e inúmeras línguas usadas por toda a África Ocidental, Central e do Sul. Presas entre a família afro-asiática e a niger-kordofaniana, como o recheio de um sanduíche, encontramos as línguas *nilo-saarianas*. Por fim, o extremo sul da África é a região das línguas da família *khoisan*, com seus únicos e peculiares sons, os *clicks*.

Sabemos que a América e a Austrália foram ocupadas por povos vindos da Ásia, e nesse sentido são como apêndices desse continente.

Na América encontramos três famílias já mencionadas (Esquimó-aleuta, Na-Dene, Ameríndia). Os aborígines australianos atuais falam uma miríade de línguas diferentes e pertencentes à família *australiana*, que em outros tempos chegou a ser mais extensa: cada tribo falava uma língua distinta, e existiam de quinhentas a seiscentas tribos (muito mais do que as que sobreviveram até o presente). Os nativos da Nova Guiné utilizam línguas de outra família, chamada *indo-pacífica*, que também deve ter sido mais ampla do que é hoje. Essas duas famílias provavelmente são muito antigas porque a Austrália e a Nova Guiné foram ocupadas há mais ou menos seis mil anos. Não causa surpresa que ambas incluam uma grande variedade de línguas, nem sempre fáceis de categorizar considerando suas longas histórias de diversificação.

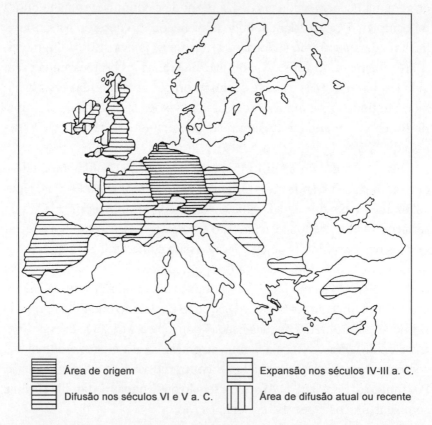

FIGURA 7.2 – Distribuição das línguas celtas na Antigüidade e das línguas derivadas mais recentes.

No plano antropológico, as pequenas ilhas do Pacífico contêm três tipos humanos distintos: os *melanésios*, que, escuros como os africanos, de cabelos freqüentemente crespos, corpo pequeno e nariz aquilino, são parecidos com os nativos da Nova Guiné e habitam ilhas vizinhas a ela; os *micronésios*, que ocupam um grupo de ilhas relativamente pequeno ao norte da Nova Guiné e são um pouco diferentes; e os *polinésios*, de pele mais clara, tendendo a ser mais gordos, e que ganharam a reputação de povos felizes graças aos pincéis de Gauguin e a vários filmes de Hollywood. Os polinésios falam línguas da subfamília dita *austronesiana*, que inclui 959 línguas distintas, fato nada surpreendente se considerarmos o número de ilhas e ilhotas habitadas por eles. A incrível habilidade dos polinésios como navegadores é demonstrada pela ampla difusão geográfica da subfamília, que chegou aos oceanos Pacífico e Índico. Em direção ao Ocidente, as línguas austronesianas são encontradas até na ilha de Madagascar (próxima à costa africana e ocupada há aproximadamente mil anos) e também nas ilhas da Nova Zelândia (sudeste da Austrália), do Havaí e ilha da Páscoa (situada não muito longe da costa americana). Entre os melanésios que vivem nas ilhas próximas da Nova Guiné (Bougainville, por exemplo), alguns falam línguas da família da Nova Guiné e outros utilizam línguas austronesianas. Encontramos o mesmo tipo de miscelânia nas regiões costeiras da própria Nova Guiné.

Essa classificação não conseguiu encontrar um nicho para pelo menos cinco línguas, difíceis de inserir em qualquer uma das famílias descritas. É o caso do basco; as outras encontram-se na Ásia.

Famílias e superfamílias: eurasiáticas e nostráticas

Muitas das famílias que mencionei são consideradas válidas por todos os lingüistas (ou quase todos) e já faz um tempo que semelhanças entre famílias, embora menos marcantes, começaram a ser reconhecidas. Nem sempre é fácil notá-las. O problema é que as línguas mudam rapidamente e alguns lingüistas consideram impossível estabelecer relações anteriores a seis mil anos. Essa convicção é em parte alimentada pelo fato, revelado pela glotocronologia, de que depois de seis mil anos as palavras

Quem somos?

em comum se reduzem a aproximadamente 10%; numa lista de cem ou duzentas palavras possíveis, isso leva a um erro estatístico muito grande.

O método glotocronológico não pode, portanto, fornecer respostas quantitativas, especialmente quando períodos muito longos estão envolvidos. Contudo, mantendo o foco em termos altamente conservados e utilizando outras abordagens, foi possível retroceder bastante no tempo, a ponto de convencer um grupo de pequisadores russos e um lingüista americano de que é aceitável subir mais um degrau na classificação e agrupar algumas famílias numa "superfamília" de línguas eurasiáticas.

Existem algumas diferenças entre a superfamília proposta pelos russos e a proposta pelo americano, que, outra vez, é Greenberg, o homem a quem devemos a mais notável contribuição à sistemática lingüística. Ambos juntam as famílias indo-européia e urália à altaica, mas diferem na associação de outras. A superfamília de Greenbeerg é chamada "eurasiática" e compreende também o japonês, o coreano (que alguns preferem manter separado da família altaica) e as famílias esquimó e chukchi: na prática significa percorrer todo o norte da Eurásia, com ramificações pelo Irã e a parte ártica da América. A superfamília dos russos é chamada "Nostrática" e inclui, além das famílias de Greenberg, a dravídica, a afro-asiática e parte da caucasiana.

Greenberg utilizou seu próprio método analítico, que simultaneamente compara um grande número de palavras altamente conservadas e outros elementos lingüísticos (especialmente a gramática) entre muitas línguas diferentes. Eis alguns exemplos de palavras cognatas; o hífen indica um sufixo e o asterisco mostra a palavra reconstruída para a língua ancestral correspondente:

Língua ou família	eu	tu	Terminação plural	Irmão mais velho	pensar
Indo-européia	*me	*tu,te			*med-
Urália	*-m	*ti,te	*-t	aka	mett
Mongólica	mini	*ti	*-t	aqa	*mede
Coreana	-ma				mit
Chukchi	-m	-t	-ti		mitelhen
Esquimó	-ma	-t	-t		misiyaa

A torre de Babel

O significado de alguns desses termos não é idêntico ao indicado na primeira linha, mas nitidamente deriva dele. Por exemplo, *mitelhen* em Chukchi quer dizer "especialista", *mit* em coreano é "acreditar", e *mede* em mongol quer dizer "saber". A extensão do significado para um círculo semântico mais amplo também é uma característica importante do método de Greenberg, porque permite retroceder mais no tempo. Empréstimos de outras línguas e coincidências podem intervir, mas Greenberg nos dá várias boas razões para excluir a possibilidade de essas fontes de erro terem seriamente afetado suas conclusões. A lista de palavras usadas limita-se às que são notoriamente mais conservadas, e é portanto muito difícil que tenham sido importadas de outras línguas. É altamente improvável que se verifiquem muitas coincidências para um grande número de palavras retiradas de um grande número de línguas. Por esses motivos, a abordagem "multilateral" de Greenberg, que analisa simultaneamente muitas línguas de uma mesma família, é particularmente útil.

Se consideramos palavras bem próximas das citadas na Tabela, as semelhanças aumentam. Por exemplo, no japonês antigo, o pronome que corresponde à primeira pessoa é *mi*; *aka* também quer dizer irmão mais velho em turco, no japonês da ilha de Ryukyu e em muitas das línguas dos ainu, que antigamente habitavam todo o arquipélago japonês e hoje vivem apenas na ilha de Hokkaido e nas ilhas Sakhalin.

O método usado pelos russos baseia-se na reconstrução da "protolíngua" de cada família, ou seja, a hipotética língua ancestral da qual descendem as várias línguas modernas (o proto-indo-europeu, o proto-urálio, e assim por diante). Naturalmente, apenas as famílias para as quais os lingüistas reconstruíram uma protolíngua podem ser utilizadas, o que reduz o poder desse sistema. As palavras recriadas na verdade não são muito precisas, porque freqüentemente é impossível escolher com segurança entre as muitas alternativas. O primeiro e principal criador do nostrático russo, V. M. Illich-Svitych, também tentou reconstruir a protolíngua nostrática baseando-se nas protolínguas das famílias que compõem a superfamília. Chegou mesmo a compor uma poesia nessa língua hipotética, que pode ter sido falada há mais de dez mil anos, quem sabe até vinte mil anos atrás. O lingüista russo V. Shevo-

Quem somos?

roshkin considera que as línguas ameríndias também deveriam ser incluídas na superfamília nostrática.

Não existe um grande desacordo entre as conclusões de Greenberg e as dos russos; analisando as diferenças metodológicas e o desenvolvimento independente das respectivas pesquisas, é de fato extraordinário que as conclusões tenham sido tão próximas. Greenberg acredita que a família afro-asiática e a dravídica diferenciaram-se mais cedo daquelas que ele incluiu na superfamília eurasiática e, portanto, mostram um grau de afinidade menor. É bem provável que as diferenças atuais entre o nostrático e o eurasiático sejam resolvidas por uma classificação mais geral.

Essas sínteses receberam uma acolhida um tanto fria e às vezes hostil por parte de outros lingüistas; na verdade, são poucos os que es-

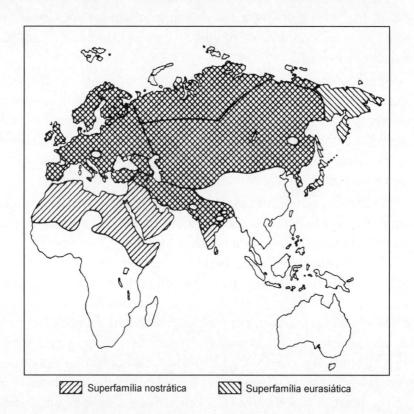

FIGURA 7.3 – Distribuição das superfamílias eurasiática (Greenberg) e nostrática (de autores russos).

tão realmente interessados na questão e têm o conhecimento necessário para poder enfrentá-la. A grande maioria dos lingüistas trabalha com assuntos diferentes e bem mais especializados, que se referem a períodos históricos muito mais recentes e normalmente cobertos por uma ampla documentação escrita. Assim sendo, eles tendem a ver com desconfiança conclusões de natureza sistemática que envolvem tempos muito remotos e exigem métodos de análise diferentes dos convencionais. Tem-se quase a impressão de que ainda paira o fantasma de um antigo tabu, oficialmente proclamado pela Sociedade de Lingüística de Paris em 1866, que formalmente baniu o estudo da evolução lingüística.

De qualquer maneira, os métodos utilizados se beneficiariam consideravelmente com uma abordagem mais quantitativa, porque isso os tornaria mais objetivos.

Chegou a existir uma única língua ancestral?

Outras superfamílias têm sido sugeridas. Foram observadas semelhanças entre as línguas na-dene da América do Norte, as sino-tibetanas e um grupo de línguas do Cáucaso, as mesmas que se parecem com o basco. A distância geográfica que separa essas três famílias é enorme (estendendo-se desde a Espanha até a América do Norte), mas elas constituem a superfamília chamada dene-caucasiana, provavelmente falada por todo o território eurasiático antes da expansão do nostrático russo ou do eurasiático de Greenberg. As famílias mais compactas geograficamente são as utilizadas pelos povos de difusão mais recente. Existem vários exemplos de famílias ou subfamílias antigas sendo fragmentadas pela superposição parcial de outros grupos, que se expandiram e cobriram parte dos seus territórios. Nesse caso, a superfamília dene-caucasiana deveria ser a mais antiga, talvez datada em mais de trinta mil anos, se, como parece ser verdade, o basco descende da língua falada pelos primeiros homens modernos a penetrar na Europa, os chamados Cro-Magnon. Se o desenvolvimento e a expansão da superfamília nostrática/eurasiática começou em torno de dois mil anos atrás, não causa surpresa que a dene-caucasiana tenha quarenta mil anos.

Quem somos?

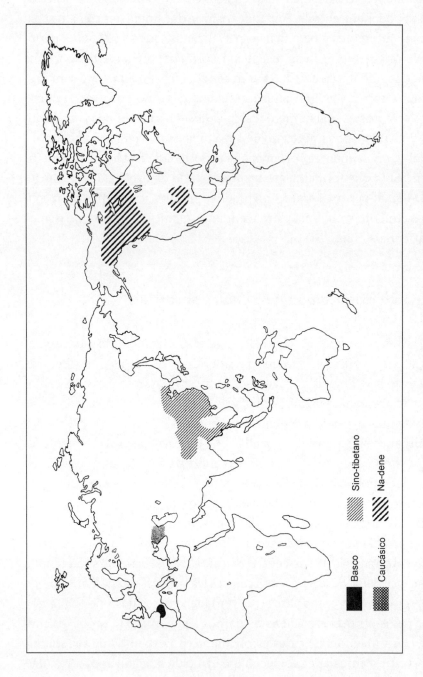

FIGURA 7.4 – Distribuição moderna da superfamília na-dene/sino-tibetana/caucasiana. Deve tratar-se de resíduos de uma grande família bem antiga, fragmentada pela sucessiva expansão das línguas do grupo nostrático-eurasiático.

A torre de Babel

Outras superfamílias foram postuladas e a tendência é criar (por enquanto apenas potencialmente) uma única árvore genealógica das línguas. Sua total validação, no entanto, é algo que ainda pertence ao futuro.

Agora que começamos a entrever uma classificação lingüística capaz de reunir quase todas as línguas existentes e organizá-las em alguns poucos ramos iniciais, é inevitável perguntar: Existiu uma única língua no passado da humanidade? Muitos ainda se recusam a considerar o problema, alegando que a evolução das línguas é rápida demais para permitir uma solução. Entretanto, Greenberg – mais uma vez! – tentou responder à questão demonstrando que existe pelo menos uma raiz aparentemente comum a todas as línguas: o étimo *tik*. Eis algumas variações:

Família ou língua	Formas	Significado
Nilo-saariana	tok-tek-dik	um
Caucasiana (sul)	titi-tito	dedo, único
Uraliana	ik-odik-itik	um
Indo-européia	dik-deik	indicar, apontar
Japonesa	te	mão
Esquimó	tik	dedo indicador
Sino-tibetana	tik	um
Austrasiática	ti	mão, braço
Indo-pacífica	tong-tang-teng	dedo, mão, braço
Na-dene	tek-tiki-tak	um
Ameríndia	tik	dedo

Faltam exemplos de similaridades apenas para as duas famílias africanas mais importantes, khoisan e niger-kordofaniana, que provavelmente também são os mais antigos grupos lingüísticos da humanidade. É interessante notar as variações fonéticas, às vezes um tanto extremas (como no grupo indo-pacífico: "tong") e as semânticas. O significado centra-se na equivalência entre *dedo* e *um*, uma relação bastante razoável porque os humanos em geral mostram o dedo indicador para representar o número um. Além das oscilações entre *um* e *dedo*, observamos também que *dedo* às vezes se transforma em *mão*, ou mesmo *braço*, ou o verbo *apontar*, enquanto *um* passa a ser *único*. Em esquimó, *tik* especifica dedo indicador, mas nas ilhas Aleutas (próximas do Alasca e habitadas por povos pescadores muito parecidos com os esquimós no físico e nos costumes e que falam línguas da família esquimó-aleuta), *tik* passou a significar dedo médio. O verbo indo-europeu *indicar* ou *mostrar* (formas *dik-deik*, e *deik-numi* em grego antigo, onde a raiz é a primeira parte, *deik*) provavelmente é a origem do termo latino *digitus*, de onde vem *digit* (dígito em inglês) e *dito* (dedo em italiano). Existe sempre uma dança semântica acompanhada de uma variação fonética.

Já foi mencionado que *um*, *dois* e *três* são palavras muito conservadas e portanto especialmente úteis na análise de relações entre línguas, mesmo as distantes. O número *um* se destaca nesse sentido. Segundo Merrit Ruhlen, uma raiz muito comum é a que corresponde à palavra *leite* (como vemos, as palavras mais conservadas denotam sempre algo particularmente importante na vida do homem). A raiz quase universal seria muito parecida com a palavra inglesa *milk*; entretanto, no grego, no latim e línguas derivadas ela foi substituída por outra de origem desconhecida: *glac* (de onde vem o termo grego *galaktos* e o latino *lac*). Bengston e Ruhlen encontraram em torno de trinta raízes interessantes; elas indicam sempre partes do corpo (por exemplo, joelho, vagina, olho) ou coisas importantes do cotidiano (por exemplo, água, piolhos, etc.). Por sorte, aprendemos a controlar os piolhos, mas houve um tempo em que membros da realeza – e outros chefes de Estado – tinham uma certa dificuldade em mantê-los a distância.

Para os que acharam apaixonante a pesquisa sobre uma língua ancestral, aqui vão alguns exemplos de raízes universais (ou étimos) retirados do trabalho de Bengston e Ruhlen:

Família	quem	dois	braço	vagina	água
Khoisan	!ku		//kan	k"a	
Nilo-saariana	kukne	ball-	-kani	buti	kwe
Niger-Kordofaniana	*ki	bala	kono	butu	
Afro-asiática	*k(w)	*bwr	*-gan	*put	*ak'w
Nostrática/Eurasiática	*k i	*pala	*kon	*poto	*ak a

A torre de Babel

continuação

Família	quem	dois	braço	vagina	água
Dene-caucasiana	* k i		*kan	*puti	*ok a
Áustrica	o-ko-e	*mbar	*xeen	*betik	
Indo-pacífica		boula	akan		okho
Australiana	kuwa	*bula		puda	*gugu
Ameríndia	kune	*pal	kano	butie	*akwa

Vale a pena lembrar que, no começo do século XX, o lingüista italiano Alfredo Trombetti, excepcional poliglota e renomado acadêmico, publicou livros onde propunha uma única origem para todas as línguas, mas foi objeto de zombarias por parte de seus colegas. Agora que essa idéia está ganhando terreno, uma tradução da sua obra para o inglês está sendo planejada.

Chegar a um consenso, talvez não universal mas pelo menos amplo, sobre assuntos tão difíceis vai levar um certo tempo. E vão permanecer duas perguntas; a primeira é: Se existiu uma única linguagem, *quando* existiu? Uma resposta parcial será – "obviamente, antes da primeira diáspora do homem moderno". A outra pergunta é: Quando foi que o homem começou a falar?

Quando surgiu a linguagem?

É difícil acreditar que a linguagem surgiu de repente e logo alcançou sua sofisticação atual. Há, no entanto, pequenos indícios de que no *Homo habilis*, a espécie mais antiga do gênero humano, já existia a base biológica para alguma forma primitiva de linguagem.

Sabemos que em algum lugar atrás do olho existem áreas do cérebro importantes para a linguagem, porque quando são danificadas, no caso de um acidente ou derrame, a capacidade de produzir, compreender ou escrever uma língua fica comprometida. Essas áreas (chamadas de Broca e Wernicke) estão localizadas na região temporal do hemisfério esquerdo do cérebro e provocam uma certa assimetria do crânio, que é ligeiramente mais extenso à esquerda. Nos exemplares mais bem con-

Quem somos?

servados de *Homo habilis* (datados em mais de dois milhões de anos) já encontramos essa característica craniana, que não está presente nos símios mais próximos do homem.

Atualmente já foi demonstrado que os chimpanzés e gorilas conseguem aprender o sentido de centenas de palavras e utilizá-las em frases bastante longas, apesar de simples do ponto de vista gramatical. Esses primos distantes da raça humana são capazes de entender o simbolismo mas não de produzir sons parecidos com os nossos. Para comunicarmo-nos com eles precisamos usar sistemas especiais, como a linguagem dos surdo-mudos ou símbolos visualizados no computador.

Talvez o desenvolvimento da voz tenha começado nos primeiros membros da espécie *Homo*; entretanto, foi preciso muito tempo para chegar à riqueza e complexidade dos sons que hoje reproduzimos e compreendemos e para desenvolver áreas especiais do cérebro, destinadas não apenas a memorizar um enorme vocabulário, mas também a gerar e entender complexas estruturas lingüísticas.

O volume cerebral desses ancestrais ainda era muito pequeno (entre metade e um terço do atual). Sem dúvida, o aumento subseqüente deve ter sido em parte – e talvez principalmente – para hospedar as estruturas essenciais à linguagem. Nosso cérebro parou de crescer há aproximadamente trezentos mil anos, mas muito tempo deve ter se passado depois disso para chegar a uma capacidade de comunicação articulada como a atual.

Acredita-se que o homem de Neandertal, que viveu entre trezentos mil e quarenta mil anos atrás, talvez não fosse capaz de falar com a nossa desenvoltura porque sua laringe e faringe não estavam suficientemente desenvolvidas. Essas são partes moles do corpo e não se conservam, de modo que a hipótese está baseada em dados um tanto indiretos, obtidos estudando-se as partes mais duras que permaneceram. Apesar de incerta, a idéia é bem atraente.

Há outras razões para acreditar que a aquisição de uma linguagem de nível superior, com vocabulário amplo e sintaxe elaborada, seja um fato muito recente. Todas as línguas têm uma característica em comum: são muito parecidas quanto ao grau de complexidade. As faladas pelos povos considerados primitivos são até mais ricas e complexas que as

A torre de Babel

nossas (notem que o italiano perdeu as declinações dos nomes que existiam no latim e o inglês quase perdeu a conjugação dos verbos). A biologia dos que falam essas línguas é praticamente idêntica. Não existe nenhuma diferença na habilidade que as pessoas têm de aprender qualquer língua, sejam elas inglesas, aborígines da Austrália ou ameríndias. Como disse anteriormente, qualquer ser humano normal pode aprender uma língua desde que comece nos primeiros anos de vida, porque depois perde-se a capacidade de alcançar uma competência lingüística total.

O instrumento mais importante do homem moderno

Uma linguagem complexa também significa uma inteligência considerável. Sabemos que no período de cem mil a sessenta mil anos atrás houve um importante avanço na qualidade das ferramentas de pedra e teve início o começo da difusão do homem moderno pelo mundo (que cessou há trinta mil a quarenta mil anos). Tendo chegado a todos os cantos do planeta, o *Homo sapiens sapiens* continuou se multiplicando mas não pôde mais expandir-se com facilidade. A produção do alimento tornou-se uma necessidade, porque o estilo de vida dos caçadores-coletores não mais garantia comida para todos.

Possuir um método rápido e preciso de comunicação deve ter sido uma vantagem enorme durante a expansão geográfica do homem moderno. Certamente deve ter sido crucial não apenas mandar grupos de reconhecimento que voltavam referindo quais as melhores rotas e condições climáticas, mas especialmente adaptar-se a ambientes bem variados quanto a clima, fauna e flora, cheios de dificuldades e perigos desconhecidos. A habilidade e a inventividade que permitiram o uso de outros materiais para fabricar novas armas, planejar explorações e migrações, construir abrigos e fazer roupas apropriadas aos diversos climas sem dúvida foram aguçadas pela capacidade de comunicação.

Uma cultura complexa e passível de evolução tende a diferenciar-se localmente. Não causa surpresa, portanto, que os arqueologistas tenham observado outra diferenciação, paralela à lingüística e especialmente marcante nos últimos cinqüenta mil anos: a considerável diversificação das indústrias de utensílios e a adoção de novas matérias-primas, como o osso, o marfim e a madeira. Parece bastante razoável considerar isso uma prova indireta da existência de línguas mais aperfeiçoadas que começaram a mudar de uma localidade a outra.

A evolução biológica e a lingüística

Desde seu início, a biologia e a lingüística trocaram idéias, mesmo que num nível informal.

Na metade do século XX, Charles Darwin caracterizou a evolução biológica como a conseqüência do processo natural que gera seres vivos por tentativa e erro. Os organismos mais bem-sucedidos são aqueles particularmente funcionais por estarem mais adaptados ao ambiente, e são automaticamente selecionados por se reproduzirem mais que os outros.

O método da natureza de "tentar e retentar" consiste em propor continuamente novas mutações (essa palavra ainda não existia nos tempos de Darwin). A *seleção natural* é a peneira que descarta as mutações desvantajosas e promove as favoráveis, simplesmente porque essas últimas se multiplicam e difundem mais que as primeiras. Com base nesses conceitos-chave, Darwin explica a replicação, a transformação e a diferenciação dos seres vivos, e as ilustra no seu livro *Origem das espécies*, com exemplos hipotéticos de árvores genealógicas das espécies. Pouco tempo depois, August Schleicher, um lingüista do seu tempo, publica a árvore genealógica das línguas indo-européias.

A visão moderna é um pouco diferente, e essa primeira árvore tem, mais que tudo, valor histórico. Uma análise muito recente, da qual participaram os famosos lingüistas Isidore Dyen e Paul Black e o estatístico Joseph B. Kruskal, baseou-se nas afinidades estabelecidas entre duzentas palavras em 84 línguas indo-européias; ela difere em alguns aspectos das opiniões tradicionais, incluindo a apresentada na árvore de Schleicher. O trabalho reconhece a existência de grupos de línguas bálticas, itálicas, germânicas, balto-eslavas, hindus, gregas, iranianas, armê-

A torre de Babel

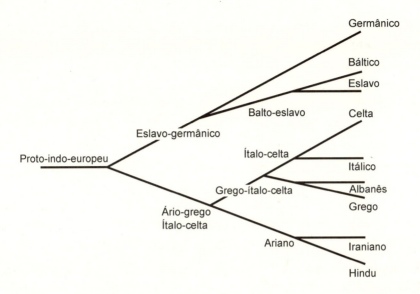

FIGURA 7.5 – Uma das primeiras árvores genealógicas da história da lingüística e da biologia, publicada em 1863, mostra a origem das línguas indo-européias segundo o renomado lingüista Schleicher. Os diagramas que se seguiram a este não são necessariamente melhores, mas existem algumas dificuldades em aceitar todas as ramificações mais antigas de Schleicher.

nias e albanesas (as armênias não estão presentes na árvore de Schleicher); encontra ligações um tanto fracas entre as línguas itálicas, germânicas e balto-eslavas, mas (ao contrário de Schleicher) nenhuma semelhança entre as itálicas e as celtas, ou entre as hindus e iranianas, ou entre os nove grupos mencionados. A não-identificação do grupo indo-iraniano é o principal ponto de discordância em relação às conclusões que a maioria dos lingüistas tradicionais aceitam.

O modelo teórico de uma árvore genealógica nem sempre é útil para representar a diversificação das línguas, porque povos vizinhos podem trocar palavras e influenciar-se mutuamente por uma forma de "migração" não comparável à biológica. Os estudos evolucionários biológicos não podem levar em conta trocas migratórias na medida em que, por definição, o *cruzamento entre membros de espécies diferentes não pode gerar descendentes férteis*. Ao estudar a evolução de populações de uma mesma espécie, em que a passagem de alguns membros de uma para outra pode acontecer, a validade da árvore genealógica depende de essas migrações serem pequenas. Existem outras diferenças importantes entre as trocas migratórias da biologia e as da lingüística.

A entrada de palavras, ou qualquer outra entidade lingüística, numa língua estrangeira (um processo que chamamos de "empréstimo") ocorre continuamente e deixa enraivecidos os puristas que não gostam de contaminações; entretanto, ela é uma medida da inevitável influência cultural entre povos. O fenômeno é tão freqüente que existe até uma teoria segundo a qual palavras podem migrar do seu ponto de origem para fora num movimento concêntrico, como as ondulações que se formam quando jogamos uma pedra num lago. Os mapas lingüísticos podem mostrar as áreas alcançadas por uma palavra, uma expressão ou outra manifestação lingüística difundida dessa maneira e o nome que damos às ondulações é *isoglossia* – uma linha imaginária que une pontos de ocorrência de traços e fenômenos lingüísticos idênticos.

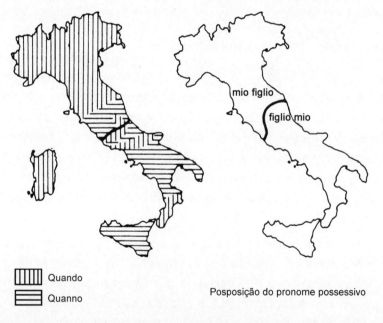

FIGURA 7.6 – Isoglossias e distribuição geográfica de duas expressões lingüísticas na Itália. No norte do país o pronome pessoal normalmente precede o substantivo; no sul, o pronome *mio* vem por último. *Quando* e *quanno* são pronúncias alternativas da palavra "quando".

A torre de Babel

Essa difusão de palavras e expressões como fato autônomo, chamada *teoria das ondas*, é a antítese da árvore genealógica, onde cada língua evolui independentemente das outras. Os dois modelos são obviamente válidos e úteis, mas em circunstâncias diferentes. Existe um terceiro modelo que leva ambos em conta, mas é muito complicado.

Na biologia encontramos exatamente a mesma situação. A evolução de diferentes espécies ou populações de uma mesma espécie na qual raramente ou nunca ocorrem migrações pode ser descrita por uma árvore genealógica, assim como também a evolução de línguas entre as quais houve um empréstimo limitado de palavras. Existem teorias biológicas do "isolamento pela distância" que predizem (corretamente) trocas mais freqüentes entre populações vizinhas, o que as torna geneticamente mais parecidas que as populações mais apartadas. Foi demonstrado que a relação teórica segundo a qual a distância genética entre populações aumenta com a distância geográfica também vale para as línguas.

Na lingüística encontramos fenômenos comparáveis às mutações: mudanças de vogais ou consoantes, abreviações ou extensões de palavras (em alguns casos as palavras com freqüência dobram; isso é particularmente notório nas línguas polinésias e em algumas partes da África, onde, por exemplo, "pili-pili" é o termo usado para indicar pimenta). As variações semânticas são comuns, assim como também as transformações fonéticas, mas as mudanças gramaticais são raras. Sem mutações não haveria diversificação lingüística. Entretanto, as inovações da linguagem não estão submetidas à seleção natural, e sim a outra forma chamada cultural. Ela atua sobre todas as manifestações da cultura, entre as quais a língua é, sem dúvida, uma das mais importantes. Portanto, é razoável falarmos de *seleção cultural*.

Seleção natural, seleção cultural

A seleção natural é praticada pela natureza, isto é, o meio habitado no sentido mais amplo, onde as inovações criadas pela mutação são, por assim dizer, experimentadas, testadas, verificadas e, portanto, aprovadas ou eliminadas. A seleção cultural é efetuada pela comunidade humana: ao surgir uma nova palavra ela é avaliada, é submetida a uma seleção que nós mesmos realizamos.

A linguagem como um todo responde eminentemente a finalidades práticas, tem o propósito de favorecer a cooperação e a troca de informações entre seres humanos. Podemos comprovar isso olhando para o grande número de palavras que descrevem instrumentos ou atividades inerentes a trabalhos específicos. Naturalmente, as próprias novidades tecnológicas com freqüência estimulam a aquisição de novos termos, que passam a ser necessários para definir objetos até então inexistentes. Alguns são bem-sucedidos, outros desaparecem pelo caminho: "carruagem sem cavalo" perdeu para a palavra "automóvel" e "avião" predominou sobre "máquina voadora" (entretanto "máquina de lavar" é um termo aceito).

Alguns termos passam por uma verdadeira seleção natural que é totalmente independente da cultural. A seleção natural comporta um grupo de indivíduos sobrevivendo melhor e reproduzindo-se mais que outros. Em algumas situações excepcionais a capacidade de pronunciar uma palavra torna-se uma questão de vida ou morte. No tempo das insurreições sicilianas (1282) houve uma revolta contra os franceses que ocupavam a cidade de Palermo. Um soldado francês perseguiu uma moça e tentou tirar-lhe vantagem de uma forma que irritou os familiares, presentes à cena. Segundo a lenda popular, nasceu desse episódio a revolta que culminou na expulsão dos invasores. Já os historiadores modernos visualizam simplesmente um episódio da luta entre aragoneses e angevinos pelo controle da ilha. Para identificar um adversário, os sicilianos pediam que o interpelado falasse a palavra *ceci* (que significa grão-de-bico); a pronúncia incorreta custou a vida de muitos cidadãos da França. Na Bíblia existe uma situação muito parecida, em que a pronúncia da palavra *shibboleth* permitiu distinguir os judeus dos seus inimigos. Em geral, tornar-se um poliglota só traz vantagens!

A evolução da linguagem envolve muita seleção cultural e provavelmente pouca seleção natural. Em geral as palavras mais curtas são mais populares que as longas e em certas áreas a preferência pela brevidade é bem forte. Talvez seja por isso que os franceses eliminaram a última sílaba de muitas palavras e que seus vizinhos catalãos aviam-se pelo mesmo caminho. (Como muitas outras línguas derivadas do latim, o italiano por exemplo, no francês o acento caía sobre a penúltima sílaba das palavras; com a eliminação da última, a penúltima tomou seu lugar. Por essa razão, a última sílaba é com freqüência acentuada no francês atual, mesmo quando não deveria ser o caso. Os catalãos falam o *catalão*, muito parecido com uma língua arcaica do sul da França, a chamada *Langue d'Oc*).

Cérebro e linguagem

Alguns processos evolucionários parecem ser característicos da linguagem e não são encontrados em outras áreas da evolução, como a biologia e a cultura, ou pelo menos não tão obviamente. Um deles é a difusão lexical, isto é, a difusão da inovação de uma palavra para outras similares. Por exemplo, no inglês o tempo passado pode ser indicado de várias maneiras, adicionando o sufixo *ed* (como em *love*, que significa "amar", e passa para *loved*) ou outros sufixos, ou mesmo mudando a raiz. Esses dois últimos tipos de verbos são chamados irregulares, ilustrados por *find* (encontrar), cujo passado é *found*, ou *go* (ir), cujo passado é *went*. O número de verbos irregulares tem aumentado consideravelmente desde a Idade Média – uma simplificação que, juntamente com outras, tem acompanhado o inglês durante séculos.

Os exemplos de difusão lexical pela extensão analógica progressiva de uma forma, ou melhor, de um determinado modelo, podem multiplicar-se. Para citar um, no italiano a letra *n* antes de um *s* seguido de outra consoante foi eliminada (a chamada "s complicada" ou "s impura"); fala-se *istituto*, *traslazione*, *trasporto*, *trasduzione*, e assim por diante, enquanto no francês (e também no inglês, e naturalmente no latim, o original) as palavras são *institut*, *translation*, *transport* etc.

Numa conferência proferida na qualidade de presidente da Sociedade dos Lingüistas Americanos, o sociolingüista William Labov, da Filadélfia, declarou que a difusão lexical foi a maior descoberta recente no campo da evolução lingüística. Ela se deve a William Wang, de Berkeley. Labov atualmente está pesquisando se um fenômeno que apareceu em muitas línguas, em particular no inglês, deve ser considerado um exemplo de difusão lexical. É um dos mais interessantes desenvolvimentos da língua inglesa desde os tempos medievais. Chamado *"the great vowel shift"*, este complexo fenômeno também foi responsável pela grande diferença entre a grafia e a pronúncia das palavras inglesas. No início do processo, existia um número limitado de sons de vogais em inglês (em torno de sete, como é o caso em outras línguas derivadas do latim, onde as cinco vogais escritas têm sete sons porque *e/o* podem ter uma pronúncia aberta ou fechada). Hoje o inglês tem aproximadamente vinte sons vocálicos distintos e um grande número de ditongos. Na Idade Média, muitas palavras como *bite* (mordida), *white* (branco), *mite* (pequeno acarino) era pronunciadas como um italiano ou espanhol o faria hoje em dia, mas depois a última vogal caiu e a primeira tornou-se o ditongo *ai* mediante uma série de mudanças: é a pronúncia bait, huait, mait da classe alta inglesa e até pouco tempo atrás também adotada pela BBC. Em algumas partes da Inglaterra a pronúncia é boit, uoit, moit, mas varia bastante dependendo da região e da palavra. No dialeto londrino chamado *cockney*, que lembra o sotaque australiano porque muitos dos primeiros colonos da Austrália vinham das prisões de Londres, as palavras *mate* (companheiro), *wait* (esperar) e *fate* (destino), pronunciadas meit, ueit, feit no inglês convencional, passam a ter os sons mait, uait, fait.

Esse fenômeno de variação unidirecional foi chamado *drift* por E. Sapir, um célebre lingüista. Infelizmente, o sentido aqui é diferente do que encontramos na genética. A deriva genética (*genetic drift*) não tem uma direção precisa; move-se com igual probabilidade em ambas as direções possíveis (aumento ou redução na freqüência da forma de um gene). Na verdade, o uso mais correto da palavra *drift* é o lingüístico, porque seu significado (ficar à deriva) indica deixar-se levar pela correnteza – e as correntezas não têm uma direção fixa.

Não é tão surpreendente assim que a definição dos lingüistas seja mais exata que a dos geneticistas, porque seu trabalho é lidar com a precisão da linguagem. Para enfatizar a diferença entre o significado genético de *drift* e o mais comum, o geneticista Motoo Kimura, a quem devemos contribuições muito importantes na teoria matemática da deriva genética, sugeriu o uso da expressão "deriva genética aleatória", que, apesar de clara, é um tanto longa para o dia-a-dia.

A torre de Babel

Na verdade, também é possível generalizar e incluir na difusão lexical as clássicas "leis da fonética" do século XIX. Naturalmente, é uma questão de definição. Refiro-me às regularidades das mudanças nos sons, que foram demonstradas em várias ocasiões e mais que tudo no século XIX. Elas incluem as bem conhecidas leis de Grimm (definidas por Jacob Grimm, um excelente lingüista que, em parceria com seu irmão, escreveu os famosos contos que levam seu nome). Por exemplo, *p*, *t* e *k* nas línguas antigas (grego, latim ou sânscrito) tornaram-se *f*, *th* e *h* no inglês e *f*, *d* e *h* no alto-alemão. Assim, *pater* é *father* em inglês, *fader* em gótico e *vater* (pronuncia-se *fáter*) em alto-alemão. Um grupo de lingüistas do fim do século XIX, os neogramáticos, declarou que as regras de mudanças dos sons eram perfeitas e que todas as exceções podiam ser explicadas. É uma pretensão e tanto, mas devemos admitir que os sons mudam com extrema regularidade. Portanto, é razoável procurar uma explicação baseada em algum suporte biológico.

Outro célebre lingüista, Noam Chomsky, reconheceu que a linguagem possui uma estrutura profunda, revelada pela nossa capacidade de perceber diferenças sutis entre frases superficialmente parecidas mas que na verdade têm significados diferentes. Ele sugeriu que a mente humana possui uma capacidade inata para compreender línguas, implicando que existe uma base biológica especial e única para a linguagem. É fácil ser menos entusiasta que os mais fervorosos discípulos de Chomsky a respeito de muitos detalhes da teoria do mestre, mas com certeza existe muito de verdadeiro na afirmação de que a mente humana tem uma predisposição para a linguagem. Os outros animais não apresentam essa característica, mesmo os mais próximos do homem, que provavelmente nunca chegarão à nossa eficiente e complexa funcionalidade lingüística. Essa qualidade única da mente humana até agora manifestou-se de duas maneiras: o enorme interesse de uma criança normal em aprender uma linguagem para comunicar-se com os adultos e a existência de capacidades especiais que têm uma base genética e que permitem absorver os mais finos detalhes do uso da linguagem e suas estruturas.

Crianças que não entram em contato com outros seres humanos de quem poderiam aprender uma língua nos primeiros anos de vida per-

Quem somos?

dem a capacidade de aprendizado logo a seguir e ficam condenadas a permanecer total ou parcialmente mudas. Um contexto social adequado é fundamental para ativar os mecanismos inatos de aprendizado lingüístico. Existem muitos exemplos dos chamados "meninos-lobo" – indivíduos isolados das pessoas depois do nascimento porque foram criados por animais (lobos, ursos, cabras e porcos, por exemplo) ou por outros motivos, e que perderam em parte ou de todo a habilidade de aprender a falar. O caso mais recente é o de Genie, uma menina americana, que o pai manteve amarrada e trancada num quarto, impedindo que falasse por vários anos. Quando finalmente esse incrível abuso foi descoberto, vários especialistas estudaram o caso e tentaram ensinar Genie a falar, com sucesso apenas parcial.

Deve existir um período crítico durante o qual as crianças têm uma forte predisposição para o aprendizado da linguagem e um grande interesse nisso: sinal evidente de uma base biológica que faz parte do dote psicológico de um ser humano normal. Outro período crítico já mencionado, que para a maioria termina na puberdade, está associado à capacidade de dominar uma segunda língua e particularmente de reproduzir com perfeição os sons que diferem da língua nativa. Os franceses e os italianos, por exemplo, consideram bem difícil aprender os dois sons *th* do inglês (como em *the* e *Smith*). Excetuando-se alguns poucos sortudos, a única maneira de aprender a pronunciá-los perfeitamente é praticando muito antes da adolescência.

A produção de sons inusuais não é a única dificuldade que uma criança precisa superar brilhantemente, ao passo que para a maioria dos adultos ela é insuperável. Durante a vida – e particularmente enquanto jovens –, as pessoas aprendem as numerosíssimas regras que regem cada língua. Esse aprendizado está ao alcance de todos, ou quase. Existem, de fato, indivíduos com sérias incapacidades lingüísticas por traumatismos em áreas específicas do cérebro ou por lesões genéticas hereditárias. Essas deficiências foram estruturadas apenas recentemente e os exemplos de casos totalmente analisados ainda são poucos. Além das sérias dificuldades, como a mudez, o surdomudismo e a afasia (a total falta de compreensão ou reprodução da linguagem), existem outras mais leves, como a dislexia ou a disgrafia, que significam, respectivamente, a incapacidade de ler ou escrever de forma correta. Algumas são particularmente interessantes para a pesquisa por serem muito especializadas, como a incapacidade de conjugar verbos ou flexionar substantivos, ou ambas.

Num caso recente no Canadá, vários membros de diferentes gerações de uma grande família não foram capazes de formar corretamente o plural de substantivos inusuais. Se alguém perguntasse "Como você diz que tem, em vez de um boné, dois?", diziam "dois bonés" sem hesitação, o que mostra que essas pessoas não têm dificuldade em dar respostas certas para os substantivos usuais. Mas se alguém explicasse que existe um animal chamado "vombate", do qual nunca tinham ouvido falar antes, e pedisse para dar o plural da palavra, não conseguiam responder "vombates". Isso significa que está faltando o reconhecimento da regra de formação do plural e revela a provável existência de um gene extraordinário, que controla a capacidade de formar o plural ou conjugar verbos. A genética molecular talvez permita a identificação eventual do gene responsável por esse defeito específico.

O cérebro humano normalmente reconhece essas regras e as usa de maneira subconsciente, provavelmente para reduzir o esforço necessário para aplicá-las e tornar a fala mais eficiente.

Existe uma relação entre a evolução biológica e a lingüística?

Vimos anteriormente que a árvore da evolução das línguas está cheia de incertezas e lacunas; a das origens genéticas é mais confiável, mas corre sempre o risco de as pesquisas futuras modificarem conexões estabelecidas. De qualquer maneira, as duas árvores chegaram a um ponto de desenvolvimento que permite fazer a seguinte pergunta: existe algum paralelo entre a evolução lingüística e a genética? Num artigo publicado em 1988, Alberto Piazza, Paolo, Menozzi, Joanna Mountain e eu elaboramos uma primeira resposta, nos dados usados para construir a árvore genealógica das populações humanas.

Quem somos?

Organizamos as populações segundo critérios lingüísticos, porque foi a maneira mais simples e completa de ordenar a grande quantidade de dados à disposição (centenas de informações genéticas sobre 1.500 populações). As aproximadamente cinco mil línguas hoje faladas no mundo correspondem bem de perto às nações e tribos aborígines existentes. O uso de uma classificação lingüística das populações estudadas facilitou a tarefa de checar se a árvore genética correspondia à lingüística. A resposta foi "sim".

As 1.500 populações sobre as quais tínhamos dados genéticos caíram para 42 ao agruparmos populações geográfica e etnicamente próximas. Em algumas ocasiões usamos a lingüística para decidir a formação de um grupo, mas sempre nos assegurando de que isso não viciaria nossas conclusões. De todo modo, o critério lingüístico com muita freqüência dá resultados semelhantes ao geográfico e ao baseado nas similaridades físicas e culturais. Para simplificar o quadro, as 42 populações estão aqui reduzidas a 27. Citando um exemplo de como isso foi feito, a maioria das populações européias inicialmente consideradas apresenta perfis genéticos muito próximos se comparados às diferenças que as distinguem das populações de outros continentes. Assim sendo, reunimos as seis populações européias em um único grupo, deixando de fora os lapões, que são muito diferentes do resto.

Associando as famílias e superfamílias listadas por Ruhlen com a nossa árvore genética, como na Figura 7.7, podemos observar que, no seu conjunto, elas unem os ramos da árvore que estão próximos, isto é, que chegaram a separar-se apenas recentemente. Existem poucas exceções a essa regra, e para todas elas é fácil encontrar uma justificativa convincente.

A exceção "prova" a regra

Diz-se que "a exceção confirma a regra". É uma frase um tanto boba, porque uma exceção, quando confirmada, destrói uma regra. Contudo, quase todas as regras têm exceções. No começo, a frase era "a exceção *prova* a regra", no sentido de submeter a regra a uma prova.

A torre de Babel

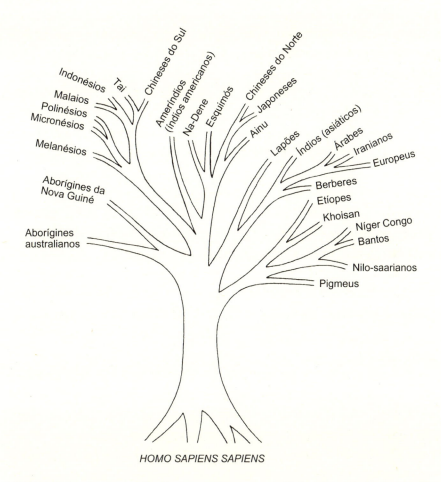

FIGURA 7.7 – Correspondência entre a árvore genealógica das principais populações do mundo e as famílias lingüísticas.

Algumas exceções são tão fundamentais que acabam com toda uma teoria; outras, quando apoiadas por uma explicação convincente, podem reforçá-la.

Vamos analisar as exceções mais importantes dos nossos resultados. Os etíopes compreendem muitos grupos étnicos e muitas línguas. Eles são uma das 42 etnias nas quais nossas 1.500 populações foram inicialmente agrupadas e classificam-se entre os africanos segundo o critério genético. No entanto, uma análise mais detalhada mostra que

Quem somos?

são africanos peculiares, porque apresentam um forte componente de origem caucasóide (isto é, branca). De fato, poderíamos considerá-los uma mistura de genes da África – cerca de 60% – e Ásia Ocidental (Arábia) – cerca de 40%. Entretanto, do ponto de vista lingüístico, os etíopes aproximam-se mais dos árabes porque em geral falam línguas de uma família (chamada afro-asiática) distribuída pela África do Norte, Arábia e Oriente Médio. A miscigenação genética e a aquisição de línguas afro-asiáticas refletem a história dos etíopes, que por muito tempo relacionaram-se com a Arábia. No início da era cristã existiu um império comum aos dois países, cuja capital foi, primeiro, Sabá, na Arábia, e, mais tarde, Axum, na África. Segundo a tradição, Makeda, rainha de Sabá, teria se encontrado com o rei Salomão e lhe dado um filho, Menelik, fundador da dinastia etíope, destronada apenas recentemente. A Bíblia nos relata esses eventos. Em vista dos mais de três mil anos de contatos, não é de surpreender que os etíopes estejam localizados junto aos africanos na árvore genética e junto aos árabes na classificação lingüística.

Outro exemplo parecido é o dos lapões, geneticamente classificados como europeus (se bem que, em média, bastante diferentes dos outros europeus), mas lingüisticamente unidos à família urálica, distribuída entre a Europa do Norte e a Sibéria ocidental. A análise dos genes na verdade mostra que os lapões são um intermediário de europeus e siberianos: sem dúvida houve uma mistura desses dois grupos que os tornou mais de 50% europeus (e com freqüência loiros, embora existam os de pele e cabelos escuros). Vivem na Lapônia, ao norte da Escandinávia, há pelo menos dois mil anos, talvez mais. Desenvolveram uma extraordinária adaptação às condições árticas, aprendendo a caçar renas selvagens, criando animais e pescando. Dois mil anos atrás já utilizavam esquis de madeira para locomover-se nas planícies geladas, durante o inverno.

Um caso diferente, onde não detectamos mesclas genéticas nítidas, é o dos tibetanos (não representados na Figura 7.7), que vêm do norte da China e falam línguas sino-tibetanas. Na nossa árvore essas línguas estão associadas com os chineses do Sul, em geral muito diferentes dos chineses do Norte. Infelizmente não pudemos incluir esse último grupo na nossa classificação por falta de dados confiáveis. Sabemos, no entanto, que o chinês pertence à família sino-tibetana; já era falado na China do Norte há mais de três mil anos e difundiu-se em direção ao Sul a partir da unificação do país, aproximadamente 2.200 anos atrás. Portanto, em vez de refletir suas origens, a associação lingüística entre tibetanos e chineses do Sul espelha acontecimentos mais tardios, de natureza política.

A língua dos conquistadores

Se observamos com atenção, vemos que não existem exceções de fato, especialmente se for levada em conta a existência de um mecanismo particular da evolução lingüística: a substituição total de uma linguagem por outra sob certas circunstâncias sociopolíticas. (Não se trata da "migração" de algumas palavras de uma língua para outra, que os lingüistas chamam de "empréstimo").

Um bom exemplo é a história recente das línguas da América. Até o tempo de Colombo, as línguas ameríndias eram faladas em grande parte da América do Norte e por toda a América Central e do Sul. Os colonizadores europeus introduziram o inglês e o francês em quase toda a América do Norte e o espanhol na América Central e do Sul, com exceção do leste sul-americano, onde se fala o português. Os colonizadores continuaram a falar suas línguas de origem e também as difundiram e até mesmo impuseram aos nativos. Por sorte, muitas das falas locais originais sobreviveram e podem ser estudadas, mas algumas estão desaparecendo rapidamente; em duzentos ou trezentos anos, poucas das seiscentas línguas indígenas ainda existirão.

Para que a substituição ocorra, em geral é preciso que os recémchegados sejam numericamente suficientes e, mais que tudo, poderosos. Nestes últimos séculos, a criação de armas modernas e exércitos de ocupação facilitou a substituição das linguagens, mas o fenômeno não se limita aos tempos recentes. Já vimos que a chegada ao Irã e à Índia dos conquistadores que falavam as línguas indo-européias favoreceu a substituição das línguas dravídicas. Menos clara historicamente, porém muito parecida, é a chegada dos conquistadores celtas à Europa; as línguas que eles impuseram deram lugar ao latim na Europa Ocidental – e

Quem somos?

também na Inglaterra, onde mais tarde ele foi substituído pelas línguas dos conquistadores anglo-saxões.

Nem sempre os conquistadores impuseram suas línguas. Os romanos respeitaram o uso do prestigiado grego na Grécia, na Turquia e também no sul da Itália. Os francos, uma tribo germânica que invadiu o norte da França no fim do Império Romano (por volta do século VI depois de Cristo), não suprimiram a língua latina, que na época havia começado a evoluir na direção do francês moderno. Os longobardos ou lombardos ("homens de barba longa" segundo uma tradição e "de longas lanças" segundo outra), que representam outra tribo germânica talvez originária da Suécia, conquistaram boa parte da Itália entre os séculos sexto e oitavo depois de Cristo e impuseram o poder e a leis, mas não suas línguas. O italiano moderno contém algumas palavras de origem longobarda que em grande parte estão ligadas aos costumes e leis então promulgadas (*guidrigildo, faida, ordalia*), assim como também nomes de lugares (como *Sala* e *Farra*), primeiros nomes e grande número de sobrenomes (*Adimari, Anselmi, Alberti, Berlinguer*).

A substituição de linguagens é um caso extremo de evolução lingüística rápida. Uma língua pode tomar o lugar de outra em apenas poucas gerações. Numa certa ocasião em que me encontrava na África, cheguei a um vilarejo pigmeu e descobri que a lista de perguntas de um questionário demográfico usado sem problemas em outras aldeias somente era compreensível para os indivíduos mais velhos do acampamento. É preciso dizer que era um acampamento especial: situado na periferia da área habitada pelos pigmeus de República Centro-Africana, ficava sob o sol, no meio de um campo, em vez de estar mergulhado na floresta ou próximo dela. O que mais me espantou foram as galinhas ciscando entre as cabanas; elas foram o primeiro animal doméstico que observei entre os pigmeus.

Uma profecia de Darwin

Notei, com um misto de emoção, alegria e um pouco de embaraço, que nossa observação sobre a proximidade da árvore genealógica e a lingüística havia sido prevista por Charles Darwin. Eis o que ele escreveu em *Origem das espécies* (1859): "Se tivéssemos uma árvore genealógica perfeita da humanidade, a ordenação genealógica das raças humanas permitiria uma melhor classificação das línguas faladas no mundo; e se todas as línguas extintas e os dialetos intermediários ou de mudança lenta pudessem ser excluídos, essa ordenação seria a única possível". Franco Scudo, um amigo que lida com a história da evolução, foi quem me lembrou da profecia. Fiquei sem graça ao perceber que havia esquecido dela.

Por que deveria existir uma semelhança entre evolução lingüística e evolução genética? A explicação é simples. Durante a expansão do homem moderno, grupos dissociaram-se das comunidades de origem e ocuparam novas regiões e novos continentes; a partir deles, outras cisões levaram novos grupos até lugares ainda mais distantes. Por meio dessas separações e migrações em seqüência, os espaços conquistados chegaram a ser tão afastados que quaisquer contatos com os lugares e as populações de origem tornaram-se impossíveis. Esse isolamento determinou dois fenômenos inevitáveis: a formação de diferenças genéticas e a formação de diferenças lingüísticas. As duas seguem rumos particulares e têm suas próprias regras, mas a história das cisões, que são a causa da diversificação, é comum a ambas. As reconstruções por meio das línguas e dos genes são a própria história das cisões e, portanto, inevitavelmente idênticas.

Poderíamos contestar que a história do mundo não é feita exclusivamente da "fissão" de povos. Existiram separações nítidas e significativas, como a ocupação de novos continentes e ilhas, em que a descontinuidade geográfica favoreceu a descontinuidade genética e cultural. Entretanto, houve situações em que a continuidade geográfica favoreceu as trocas e mesmo assim ainda observamos (naturalmente com mais exceções) uma correlação entre genes e línguas. Os fatores que governam a formação de diferenças entre grupos (isto é, o isolamento e a migração) agem de forma parecida, mas não idêntica, sobre o DNA e a linguagem, mesmo na ausência de uma descontinuidade geográfica precisa.

8
Herança cultural, herança genética

Os contatos que tive com os pigmeus foram um choque para mim. É incrível a diferença que existe entre o nosso estilo de vida e o que eles consideram tão natural. Os pigmeus vivem em cabanas muito simples, construídas com as próprias mãos em poucas horas, imersos na densa penumbra da floresta, onde os raios de sol raramente penetram pela grande abóbada de folhas das árvores altíssimas. Convivem em grupos que dificilmente contêm mais de vinte ou trinta indivíduos. Diariamente caçam para obter a carne de que se alimentam, utilizando armas rudimentares e antigos estratagemas para surpreender suas presas, e pacientemente coletam uma grande variedade de folhas, raízes e frutas para as quais os botânicos ocidentais nem sempre têm um nome. E no entanto basta passar apenas alguns dias com eles para compreender que somos todos o mesmo tipo de gente e que, além do mais, eles são extremamente simpáticos. Com certeza são muito pequenos, com um rosto estranho, às vezes com um cheiro um tanto forte, mas são gentis e honrados, respondem logo ao sorriso, distinguem rapidamente o amigo do inimigo. Muitos são bem corajosos, outros fizeram importantes descobertas sobre o comportamento animal, inventaram novos medicamentos e técnicas de caça. Sobreviveram a infinitos perigos, dificuldades e privações.

Quem somos?

É preciso ter uma grande dose de bravura para meter-se entre as patas de um elefante e matá-lo com uma lança de madeira. Todo o marfim dos elefantes africanos vendido nos mercados mundiais dos séculos passados foi obtido pelos pigmeus; os agricultores africanos simplesmente transportaram os longos colmilhos até os barcos dos comerciantes. São os pigmeus que caçam os animais verdadeiramente raros da floresta tropical e admirados nos jardins zoológicos. Isso pode não ser louvável do ponto de vista de um ecologista, mas nunca existiu o perigo de extinção para as espécies raras enquanto os pigmeus caçaram à sua maneira. Foi o rifle, introduzido pelo homem branco, que dizimou a fauna africana. Mesmo hoje os pigmeus raramente usam o rifle, e quando o fazem em geral a arma é emprestada.

Desde os primeiros contatos tive a nítida sensação de que não havia diferença de sentimentos ou inteligência entre nós e esses pequenos homens um tanto confusos diante dos grandes indivíduos de pele branca, cheios de máquinas e estranhos aparelhos, em constante agitação ao seu redor. Todos com quem passei bastante tempo interrogando e examinando esses marcianos da floresta tropical logo desenvolveram a mesma simpatia e admiração. Foi para mim um grande aprendizado observar a maneira de Colin Turnbull abordá-los e tratá-los, esse excelente antropólogo que acompanhei nas visitas a muitos acampamentos. No primeiro dia que o vi em ação, uma diminuta velhinha pigméia tinha ido até a aldeia dos agricultores, onde os pigmeus freqüentemente são tratados com arrogância e desdém, como servos estúpidos. Colin, que tem mais de 1,80 metro de altura, curvou-se para falar à velhinha com o mesmo respeito e cortesia que seus ancestrais escoceses teriam reservado para uma rainha.

É natural perguntar-se por que tanta diferença entre a maneira como eles vivem e a nossa. Evidentemente as diferenças biológicas, embora chamem a atenção, são superficiais. A economia dos pigmeus nada tem a ver com a nossa mas ela não basta para explicar a disparidade. A resposta deve estar contida numa herança cultural radicalmente diferente, datada de milênios, bem adaptada às condições de vida e resistente a mudanças. E, na verdade, por que deveriam mudá-la? O único motivo é que estamos devastando suas florestas porque é do nosso interes-

Herança cultural, herança genética

se, e não nos importamos nem um pouco se, ao fazer isso, destruímos seu estilo de vida sem ter outro a oferecer. E se tivéssemos, ele seria infinitamente inferior ao que estão perdendo.

Genes, aparência e comportamento

No século XIX, falava-se de "caráter nacional". De onde vem esse paradigma? É um fato genético ou cultural? Durante minha fase de estudante, quando vivi entre pessoas de diferentes origens, percebi que era fácil adivinhar a nacionalidade dos meus conterrâneos. Naturalmente, tratava-se de observações físicas, raramente ou nunca considerações sobre o comportamento. Comecei a perguntar-me se a Europa realmente contém todas essas raças. Decidi analisar quais os indícios que utilizava para identificar as nacionalidades. Naturalmente a cor dos cabelos e a dos olhos eram parâmetros úteis, mas existiam muitos outros dados mais importantes: a forma dos sapatos, o estilo e cor das roupas e, acima de tudo, o corte de cabelo, todas características culturais.

Se passamos aos genes, percebemos que as diferenças de freqüências entre os povos europeus para o fator Rh e o sistema ABO, e de maneira geral para os genes conhecidos, são mínimas. Os franceses e os alemães lutaram uns contra os outros e se odiaram durante séculos, mas seus genes são em média muito semelhantes. Existem, por exemplo, diferenças maiores dentro da França entre indivíduos do sudeste ou sudoeste e os do noroeste do que as observadas entre alemães e franceses. Na verdade a Europa é um caso excepcional, no sentido de que é extraordinariamente homogênea no plano genético, pelo menos em comparação aos outros continentes.

Surge, no entanto, uma dúvida séria. Claramente existe uma grande diversidade entre o Norte e o Sul com relação à cor dos cabelos, olhos e pele. Isso é biológico e hereditário, não cultural. Então, por que essas visíveis diferenças biológicas são maiores que as observadas para os grupos sangüíneos ou para outros genes? E se existem genes que controlam a cor dos cabelos, por que não deveriam existir outros que controlam a autodisciplina ou o senso de humor? Não sabemos a resposta, e a genética moderna com certeza não se encontra na posição de poder analisar características tão evasivas. Talvez a situação seja outra dentro de vinte ou trinta anos.

No que diz respeito às marcantes diferenças na cor da pele, existe uma explicação convincente, já discutida, que envolve uma adaptação ao ambiente e ao clima. As cores do cabelo e dos olhos podem simplesmente seguir a da pele, mesmo não estando estreitamente associadas; existem pessoas de cabelos escuros e olhos claros, uma combinação rara e muito atraente. Essas características são importantes na escolha de um parceiro e têm uma vantagem seletiva, porque as cores claras parecem ser desejáveis onde são raras, e o mesmo acontece com as cores escuras. É uma seleção sexual que com freqüência nos leva a escolher os tipos menos comuns. As pigmentações excepcionais, como é o caso dos albinos, que apresentam uma freqüência de um em dez mil, fizeram grande sucesso em diversas ocasiões, chegando a ser consideradas de origem divina.

Finalizando, não podemos excluir por completo a existência de componentes genéticos de características comportamentais que possam predispor ao nazismo ou ao liberalismo, à religiosidade ou ao ateísmo, à aceitação de ordens superiores ou à independência intelectual. Entretanto, é absurdo conceber que existam mais tipos genéticos inclinados ao nazismo na Alemanha do que na França ou Itália. Devemos dizer de imediato que as pesquisas realizadas sobre a influência dos genes na personalidade de um indivíduo até agora geraram resultados muito fracos ou inconsistentes.

Os psicólogos mostraram, entretanto, que há fortes diferenças entre o primeiro, o segundo e o terceiro filhos numa família. A ordem do nascimento favorece tendências diferentes e precisas que absolutamente não podem ser genéticas. É um fato exclusivamente cultural. A cultura tem forte influência sobre todos os comportamentos, como veremos a seguir.

Cultura, palavra de mil significados

Vinte anos atrás, estimulado por essas considerações, iniciei em Pávia minha pesquisa sobre herança cultural, que desenvolvi a seguir em

Stanford, especialmente em colaboração com um grande matemático e amigo, Marc Feldman.

Senti desde o começo a necessidade de uma definição de "cultura" que me satisfizesse, para compreender melhor o que exatamente eu ia pesquisar. Anos atrás, dois antropólogos americanos de destaque, Arthur Kroeber e Clyde Kluckhohn, fizeram uma lista de definições propostas pela antropologia: havia 164. Não parecia existir nenhuma realmente boa, ou pelo menos superior à que encontrei no dicionário Webster: "A cultura é o conjunto dos comportamentos humanos e seus produtos, sendo eles pensamentos, palavras, ações e artefatos, e depende da capacidade do homem de adquirir e transmitir conhecimento às gerações seguintes, pelo uso de ferramentas, da linguagem e de sistemas de pensamento abstrato".

Por muito tempo os antropólogos preocuparam-se em definir a cultura como uma atividade exclusivamente humana, um pressuposto que com certeza condicionou suas escolhas. Hoje em dia sabemos que muitos animais têm uma cultura, fazem invenções e descobertas e as transmitem aos descendentes. A preocupação dos antropólogos foi portanto superada pelos acontecimentos: os homens não possuem o monopólio da cultura. Mesmo não sendo os únicos seres culturais, ainda somos os *mais* culturais; é uma supremacia garantida pelo incrível desenvolvimento da linguagem humana, sem dúvida muito superior à de outros animais e que permite a melhor comunicação até agora possível na natureza.

O conhecimento não pode ser alcançado sem a capacidade de aprendizado. A base da cultura é a habilidade de acumular conhecimento, recebendo-o das gerações anteriores e passando-o para a próxima, de modo que cada nova geração não tenha que reinventar a escova de dentes, a roda e o cálculo integral. A comunicação entre indivíduos é, portanto, o alicerce de qualquer edifício cultural.

Evolução, complexidade e progresso

Os antropólogos quase sempre recusaram-se a aplicar a palavra "evolução" à cultura, à linguagem, e assim por diante. Eles preferem a

Quem somos?

expressão "mudança cultural", talvez porque não queiram aceitar a idéia de que existe um progresso, isto é, que os povos possam ser classificados em avançados ou atrasados. É uma sensibilidade mais que justificada, embora a rejeição da expressão "evolução cultural" seja um tanto excessiva.

Pode parecer natural concluir que os grupos étnicos ainda ligados à forma mais antiga de economia, a caça e a coleta, sejam os mais atrasados, seguidos pelos agricultores que utilizam técnicas primitivas, depois pelos agricultores mais avançados etc. – isto é, que a escala da economia é a escala do progresso com P maiúsculo. Seria difícil negar que existe essa escala, mas há outras também, por exemplo as dos valores estéticos, éticos e de felicidade (se for possível medi-la) que provavelmente não seguem nem um pouco a eficiência econômica. Dar um valor positivo ou negativo a uma cultura com base no seu nível econômico é inaceitável e evoca indesejáveis fantasmas de antigos racismos.

É preciso lembrar, além do mais, que a palavra evolução não necessariamente significa progresso. Existe, em geral, tanto na evolução biológica como na cultural, um certo aumento de complexidade, mas isso não é universal ou inevitável, e há importantes exceções. De qualquer forma, aumento da complexidade não equivale a progresso. Um parasita com freqüência renunciou a um número considerável dos seus órgãos, porque, para continuar existindo bem, basta-lhe a capacidade de reproduzir-se e de penetrar no hospedeiro, após o que ele explora mecanismos naturais do organismo onde se alojou, como a capacidade de obter alimento e outras. Os parasitas, portanto, apesar de menos complexos que seus ancestrais mais antigos, que viviam de forma diferente, são extremamente progressivos quanto à adaptação às condições atuais de vida. Seu único ponto fraco é que sem os hospedeiros eles desaparecem. Entretanto, *nenhum* organismo sobrevive quando o ambiente que ele habita muda além de certos limites.

No campo cultural, a língua inglesa tornou-se muito mais simples desde 1066, mas para quem tem que aprendê-la como língua estrangeira essa característica é uma vantagem, não uma perda. O chinês passou por simplificações ainda maiores. As pessoas que valorizam a precisão das línguas na qual foram preservadas todas as conjugações e

Herança cultural, herança genética

declinações podem considerar a simplificação do inglês e do chinês um passo em direção a maiores ambigüidades. O conceito de progresso é inevitavelmente difícil de definir de maneira objetiva e totalmente satisfatória.

Em longo prazo, não há dúvida de que existe progresso na evolução biológica de animais que continuam competindo com sucesso, expandem-se numérica e geograficamente e talvez desenvolvam novas funções úteis. Da mesma forma, também houve progresso na eficiência da linguagem humana ao longo de milhões de anos, pois as ferramentas lingüísticas dos nossos remotos ancestrais eram mais primitivas.

O medo de aceitar a noção de progresso na evolução, seja ela biológica ou cultural, não é justificável em razão dos extensos períodos de tempo envolvidos. Entretanto, ele é razoável para tempos mais curtos, durante os quais o nível de mudança é modesto. Transformações podem até parecer prejudiciais; de qualquer forma, é difícil avaliar objetivamente suas significâncias adaptativas e futuro sucesso.

A transmissão cultural

Nossa maneira de falar, as roupas que usamos, nosso comportamento geral são um legado de quem nos precede, e que muda constantemente. Mudanças na maneira de vestir-se são rápidas, muito mais rápidas que as da linguagem (embora existam inevitáveis diferenças entre jovens e idosos no modo de falar que são independentes dos efeitos físicos da idade). Esse legado cultural é o que nos torna reconhecivelmente italianos, ingleses ou pigmeus, e é portanto a essência da cultura. Como se mantém e como muda? São perguntas fundamentais, mas surpreendentemente nenhum dos livros que consultei incluía uma resposta convincente.

É clara a existência de forças que mantêm a cultura quase ou de todo inalterada e forças que induzem mudanças. Se compararmos a biologia (que graças à genética conhecemos melhor) e a cultura (onde os mecanismos de conservação e transformação permanecem um mistério), descobrimos que, na biologia, a conservação é permitida pela

Quem somos?

transmissão do material hereditário de uma geração à outra, enquanto a mudança é resultado da mutação, cuja sorte é determinada pela necessidade (seleção natural) e pelo acaso (deriva genética).

Podemos assumir que o mesmo ocorre com a cultura? Num certo sentido, a resposta é sim, mas a analogia entre genética e cultura no plano evolucionário é um tanto grosseira e precisa ser qualificada. A diferença mais importante é que na biologia o material hereditário é o gene, ou, quimicamente falando, o DNA, enquanto na cultura o material hereditário é o conjunto dos nossos conhecimentos e convicções, uma massa impalpável sem aparente natureza química, um pouco como o *software* desse computador que conhecemos tão pouco, nosso cérebro. Quando formos capazes de descrever o cérebro fisicamente veremos que é semelhante ao conteúdo da memória de um computador (ou, mais precisamente, à capacidade de processamento de informação do computador), embora mais complexo. Provavelmente, conhecimento e cultura serão descritos como um conjunto de estados e níveis de excitação das células nervosas e suas conexões.

Provavelmente também descobriremos que a cultura é mais complexa que nossa biologia. A constituição genética humana é descrita por uma série de três bilhões de nucleotídeos que representam o DNA recebido da mãe, e outros três bilhões, ou pouco menos, recebidos do pai. Entretanto, o número de células contidas no nosso sistema nervoso é pelo menos dez mil vezes maior. As conexões, cuja função é importantíssima porque correspondem à rede de ligação entre neurônios, são mais numerosas ainda. Perante a natureza da memória e as forças que controlam o comportamento, somos tão ignorantes quanto o éramos sobre a natureza dos genes cinqüenta anos atrás, quando comecei a interessar-me por genética.

Uma coisa é certa: nossas motivações parecem ser controladas por centros nervosos com uma posição conhecida no cérebro, que estabelecem se uma determinada sensação é agradável ou desagradável. Esses centros sem dúvida influenciam nosso comportamento de forma complexa, mas a natureza das suas ações é em grande parte um ponto de interrogação. Sabemos que existem certas substâncias provavelmente envolvidas em determinar o prazer, como as endorfinas (ou seja, morfinas

Herança cultural, herança genética

endógenas). Por meio de uma complexa rede de fibras nervosas no cérebro, quase toda sensação e ação, e memória também, adquire uma cor emocional que pode ser negativa ou positiva e é utilizada para orientar nosso comportamento. A maneira exata de isso acontecer ainda está envolvida em mistério e é um dos grandes desafios fisiológicos do nosso tempo.

Deixando de lado o que sabemos sobre a organização do cérebro, resta o fato de que constantemente modificamos o conhecimento pessoal com base no que aprendemos, não apenas pela experiência pessoal, mas também, e especialmente, pela dos outros; ou seja, do conjunto de informações que nos são transmitidas na forma de ordens ou conselhos, ou simplesmente de idéias potencialmente úteis. Utilizamos esse sistema de conhecimento para determinar, conscientemente ou não, nosso comportamento.

Quem são "os outros" que nos transmitem essa massa de informação? Naturalmente dependem da idade a que nos referimos. Nos primeiros anos de vida são nosso pai e nossa mãe, nossos irmãos, e todos os que vivem com a família. A seguir, o círculo de contatos expande-se pouco a pouco até os companheiros de brincadeiras e suas famílias, os professores e colegas de escola, e atualmente o *mass media* e a palavra escrita. À medida que nossa independência aumenta, qualquer um pode tornar-se nosso mentor ou discípulo. Nunca paramos de aprender, mas a informação que vem de fora tende a diminuir com o passar do tempo, ou porque nos tornamos menos receptivos ou porque os contatos diminuem e nosso comportamento já está em grande parte determinado pela experiência própria.

O conjunto dessas trocas pode ser oportunamente chamado de transmissão cultural e é o veículo que torna possível a herança cultural. A transmissão se dá também entre os membros de uma mesma geração, além dos membros da geração sucessiva. Graças à escrita, a informação pode chegar diretamente até nós mesmos desde tempos tão remotos quanto cinco mil anos atrás, quando surgiram os escritos mais antigos. A arqueologia nos faz retroceder ainda mais no passado, mas a informação que ela fornece é reconstruída e necessariamente mais limitada e incerta.

Transmissão vertical

A genética moderna teve início quando Gregor Mendel, abade agostiniano no mosteiro de Bruenn (atualmente Brno) na República Checa, descobriu as leis da hereditariedade biológica, que levam seu nome e explicam qual a probabilidade de um filho herdar as características do pai ou da mãe, ou de algum ancestral mais antigo. Suas descobertas foram publicadas em 1865 mas permaneceram ignoradas até 1900, quando três pesquisadores distintos redescobriram sua obra ou repetiram os mesmos experimentos. Desde então, a genética avançou a passos largos, mas as leis de Mendel continuam a ocupar uma posição central. Elas explicam, entre outras coisas, por que uma população biológica praticamente se mantém igual de geração a geração a menos que intervenham mutações ou outros fatores evolucionários, como a seleção natural e a deriva genética. Contudo, mesmo sob o efeito desses fatores, as populações em geral mudam muito lentamente no plano genético, enquanto a evolução cultural pode ser bastante rápida, pelo menos em alguns casos.

Uma parte da transmissão cultural certamente se dá entre pais e filhos e como tal é parecida com a genética. Um estudo teórico demonstra que as conseqüências evolucionárias de uma transmissão desse tipo são muito parecidas com as encontradas na biologia: elementos culturais transmitidos dessa forma comportam-se de maneira semelhante às características genéticas, e são, portanto, estáveis durante longos períodos de tempo. Eles são altamente conservados.

Os ensinamentos dos nossos pais naturalmente estão sujeitos a revisões que são determinadas por transmissões culturais subseqüentes. Existe, no entanto, um mecanismo que torna algumas áreas do ensinamento parental especialmente eficazes: nossa maior suscetibilidade a certas influências nos primeiros anos de vida. Durante o desenvolvimento psicológico, há períodos críticos em que os fatores culturais deixam marcas indeléveis; se essa influência faltar no momento crucial, um indivíduo pode não desenvolver-se corretamente segundo a maneira determinada naquela fase. Nos animais esse mecanismo é especialmente forte e é chamado *imprinting*. Um exemplo bem conhecido é o do

Herança cultural, herança genética

pato, que reconhece quem é sua mãe durante as primeiras 24 horas de vida. Konrad Lorenz, fundador da etologia, foi quem descobriu que o primeiro objeto em movimento visto por um patinho (fosse o próprio Lorenz ou um brinquedo que se mexe) era adotado como "mãe" e o animalzinho passava a segui-lo por toda parte. No homem não foram encontrados até agora períodos críticos tão delimitados e precisos, mas vimos que a linguagem somente pode ser bem aprendida nos primeiros anos de vida e que não conseguimos dominar uma língua estrangeira com perfeição depois da puberdade.

Existem outros períodos críticos, que também exigem uma análise mais completa. O mais interessante é a inibição do desejo sexual entre casais que se conheceram bem antes da puberdade, ou, em outras palavras, a impossibilidade de alguém apaixonar-se por uma pessoa com quem compartilhou a experiência do treinamento no penico. As provas dessa hipótese, apresentada pelo sociólogo Edward Westermarck no início do século, são hoje essencialmente duas. Nos *kibutzin*, onde as crianças de todas as famílias crescem em comunidade e passam apenas algumas horas por dia com os pais, os casamentos entre membros do mesmo *kibutz* são muito raros. Em Taiwan ainda existem exemplos do casamento "menor", um costume chinês segundo o qual uma família adota uma menina ainda bebê deliberadamente para torná-la esposa de um filho da mesma idade. Esses casamentos entre irmãos e irmãs adotivos, que atualmente estão desaparecendo, em geral não dão muito certo, mesmo permitindo que a sogra molde a futura nora de acordo com seu gosto.

Existem outros exemplos de resultados ligados a fases críticas, embora a duração de cada fase ainda não tenha sido identificada e possa variar consideravelmente. Mulheres com pais mais velhos tendem a casar-se com homens mais velhos. Diz-se também que o homem costuma casar-se com uma mulher parecida com sua mãe, mas a dificuldade de avaliar objetivamente essa semelhança é um grande problema para os pesquisadores. Outro exemplo é que as pessoas tendem a procurar ambientes que lembram os da infância. Caso famoso é o dos escandinavos de Wiscosin e Minnesota, onde a paisagem é pontilhada de grandes e pequenos lagos, como na Suécia. Realizamos um estudo preliminar em

Stanford sobre um *imprinting* do seguinte tipo: estudantes foram instruídos a responder quantas vezes e em que idades haviam mudado de residência antes de Stanford, quais eram suas preferências por paisagens ou com qual tipo de meio se identificavam.

Observamos uma nítida correlação entre suas preferências e o ambiente ao qual haviam sido expostos durante a juventude e também entre o quanto haviam viajado e mudado de casa por causa da profissão dos pais e seu desejo de viajar ou falta de preferência por uma paisagem específica. Nossos dados não foram suficientes para definir com bastante precisão estatística qual idade era particularmente suscetível, porém a pesquisa deveria ser repetida em indivíduos mais velhos para tornar-se mais informativa. Há aqui um paralelo interessante, e importante, com alguns modos de vida que envolvem um certo grau de nomadismo, como é o caso dos pigmeus africanos e caçadores-coletores em geral, ou com povos pastores nômades, por exemplo os beduínos ou os ciganos. Estes últimos provavelmente foram uma casta hindu que migrou para a Europa há aproximadamente mil anos, e que ainda falam uma língua hindu não distante do sânscrito (chamada *romani*). As castas hindus são muito especializadas quanto a profissões, e os ciganos muito provavelmente eram artistas nômades. Seus papéis sociais eram bem definidos mas desapareceram com a introdução do rádio e da televisão, criando sérios problemas para os que não abandonaram o nomadismo e para as pessoas entre as quais eles vivem. A dificuldade de convencer nômades a se estabelecerem é notória, e provavelmente resulta de um *imprinting* para um estilo de vida adquirido quando se é muito jovem – um modo de viver agradável e muito difícil de erradicar, como todo verdadeiro *imprinting*.

A maior impressionabilidade dos jovens torna a influência parental mais forte e incisiva, mas os pais atuais estão perdendo o contato e o controle, assolados pela enxurrada de informações e atividades que hoje absorvem seu tempo, e o dos filhos. As crianças também tendem a ter um comportamento que contraria o ensinamento e exemplo dos pais; isso pode criar oscilações periódicas, talvez identificáveis por intermédio da roupa, que são notoriamente cíclicas nas suas variações. O comprimento das saias muda por ciclos não muito regulares de longo-cur-

Herança cultural, herança genética

to-longo, e assim por diante, com um ciclo secundário para o comprimento das minissaias. Talvez o "retorno" aos anos 20, incluindo sua arquitetura, complete um ciclo de sessenta anos abrangendo aproximadamente duas gerações, que é o que esperaríamos de uma rejeição radical do gosto dos pais. Estas são, no entanto, apenas especulações divertidas para as quais não temos provas seguras.

Os pais não são a única fonte de transmissão cultural (positiva em geral, negativa no caso de rejeição). Chamamos "vertical" a transmissão dos pais aos filhos, e em geral de uma geração à seguinte, porque ela segue a direção do tempo e da idade. No caso do seu oposto – a transmissão horizontal –, idade, geração e parentesco não contam.

Transmissão horizontal

Existem muitas formas de transmissão horizontal; a mais simples é a que passa de uma pessoa a outra, como no caso de uma piada, uma receita de culinária, uma fofoca, qualquer notícia mais ou menos importante. Formalmente é muito parecida com a disseminação de um resfriado e outras doenças infecciosas. No entanto, piadas e notícias diferem na medida em que também podem ser lidas ou escutadas no rádio e na televisão, enquanto no caso das infecções o contato físico é necessário para que o germe causador contamine alguém.

A transmissão horizontal corresponde, sob alguns aspectos, à epidemia de uma doença contagiosa: a notícia espalha-se com velocidade crescente, que depois se torna constante e por fim vai a zero. Em condições particulares, o equivalente a doenças endêmicas também pode ocorrer (isto é, a situação em que uma população apresenta um certo nível de incidência de uma moléstia por um período indefinido de tempo). A difteria antes da disponibilidade das vacinas específicas e a tuberculose antes dos antibióticos são exemplos de endemias. Em termos de transmissão cultural, o uso de drogas fornece um exemplo de ambos os fenômenos: rápida disseminação dos elementos em risco na população (epidemia) e persistência a longo prazo do costume (endemia).

Quem somos?

Outras grandes fontes de transmissão horizontal são os professores, os políticos, os líderes religiosos, e outros prestigiados membros da sociedade. Mentores culturais desse tipo podem chegar a ter dezenas, centenas, milhares ou até mesmo milhões de seguidores. O papa tem milhares de fiéis que devem, pelo menos formalmente, obedecer a seus preceitos. O ensinamento dos aiatolás, que pregam a guerra santa, conquistou grande parte do mundo islâmico. Um líder político tem uma audiência enorme, e soldados são obrigados a cumprir as ordens dadas pelos seus superiores. O professor passa conhecimento aos seus alunos. A moda é muitas vezes determinada por personalidades públicas. Em tempos passados, moda e costumes eram ditados pela aristocracia e pela realeza.

Considero o próximo exemplo encantador. Na cena final da peça *Henrique V*, de Shakespeare, Henrique, rei da Inglaterra e conquistador da França, deseja beijar sua futura esposa Catarina, princesa francesa. Catarina recusa seu pedido, dizendo: "Na França uma jovem não beija antes do casamento". O rei Henrique a beija mesmo assim, respondendo: "Somos nós que criamos os costumes". Atualmente, a maneira de falar, o estilo das roupas e o comportamento de artistas, desportistas e outras personalidades são muito imitados. Quando um indivíduo determina o comportamento de muitas pessoas, a cultura pode sofrer uma transformação rápida. E, com os meios de comunicação atuais, a mudança pode ser rapidíssima se a pessoa que passa a ordem ou modelo de comportamento tiver grande poder ou prestígio.

O processo é mais lento se a transição for mais fácil para os jovens do que para os mais velhos, os quais ficam defasados e talvez nunca cheguem a aceitar a mudança. Novidades introduzidas na escola e que não afetam os adultos levam, em geral, duas a três gerações para estender-se a toda a população. Isso também vale para os animais. Durante um estudo sobre macacos japoneses observou-se que uma fêmea jovem muito inteligente, chamada Imo, respondia a situações especiais criadas pelos pesquisadores com várias invenções: antes de comer batatas cobertas de areia, ela as lavava no mar, e para separar grão de trigo da areia ela os fazia boiar na superfície da água. Esses novos comportamentos, apesar de aceitos mais ou menos rapidamente pelos outros macacos, foram de fato adotados por animais da sua idade ou então mais jovens.

Herança cultural, herança genética

No outro extremo da transmissão horizontal encontramos situações de pressão social em que o inverso acontece – muitas pessoas agem sobre um indivíduo para fazê-lo aceitar certas normas ou novas idéias.

Os mandamentos "Não roubarás" e "Não matarás" são propostos/impostos de muitos lados. Em geral, a transmissão coerente de várias fontes reforça a aceitação da mensagem. Esses dois preceitos fundamentais da vida civil e da ética não necessariamente são transmitidos ou aceitos de maneira universal. "Não matarás" não se estende indiscriminadamente à polícia e ao exército, e enquanto não forem inventadas armas que imobilizam mesmo a distância sem matar, essa situação dificilmente irá mudar. As duas normas fundamentais da ética civil não valem em ambientes criminais, onde o furto e o homicídio podem ser a regra. O ensinamento dado nos ambientes normais e nos círculos criminais varia radicalmente nesse respeito. É possível passar de um modelo a outro, mesmo que as pessoas criadas em uma das duas maneiras geralmente se atenham a ela durante a maior parte da sua vida. Por isso é tão importante, sempre que possível, manter as crianças afastadas da influência negativa de famílias incapazes de ensinar-lhes valores éticos normais.

A família normalmente representa um grupo social importante. Em muitas culturas ela se estende além do núcleo composto por pais e filhos. Nas sociedades poligâmicas, como em geral é o caso das africanas, a família estendida é um importante ponto de referência para um indivíduo, que pode contar com o apoio de uma vasta rede de parentes. Crianças de áreas rurais que estudam em outras aldeias ou cidades com freqüência hospedam-se, até por longos períodos, na casa de parentes que vivem próximos da escola. O grupo familiar também oferece um lugar onde dormir e descansar durante uma viagem. É um centro importante de troca cultural. Um exemplo da enorme influência que a família pode exercer sobre alguém é a Máfia, onde trair um parente é incomum.

A pressão da ação conjunta de muitos membros de um grupo social sobre um indivíduo previne de maneira particularmente eficaz a mudança, e é portanto um agente importante de conservação da cultura.

Mutações culturais

Até agora falamos, especialmente, de como se mantém a herança cultural. É claro que na transmissão vertical entre gerações, ou na horizontal, do grupo ao indivíduo, a cultura tende a permanecer inalterada e a mudança cultural é difícil. A fase da vida em que a transmissão ocorre também é importante, porque quando somos jovens somos mais influenciáveis; conversões subseqüentes, de cidadão exemplar a bandido, ou vice-versa, de fascista a comunista ou de cristão a muçulmano, e vice-versa, são todas possíveis, mas tornam-se talvez menos plausíveis quanto mais velhos ficamos. A transmissão cultural horizontal de pessoa a pessoa, no entanto, estimula uma mudança mais rápida. Na passagem de cima para baixo, do líder ou professor aos seguidores, a mudança cultural é potencialmente muito rápida, seja na forma de uma ordem, uma sugestão, ou de modelos a serem imitados.

Para que a mudança aconteça, alguma alternativa em relação ao habitual precisa estar disponível. Com freqüência a própria inovação traz a alternativa, que se propaga caso for considerada útil ou aceitável. Nesse contexto, a inovação pode ser definida como uma analogia de "mutação cultural". Sua função é parecida com a da mutação biológica, exceto pelo fato de que em geral envolve uma motivação, não é casual; de fato, normalmente representa a tentativa de solucionar um problema. Se a tentativa é feliz, é mais provável que a inovação se difunda. Às vezes ela faz sucesso pelo próprio fato de ser inovadora, ou então porque foi proposta por alguém que é popular.

Cem maneiras de casar-se

Costumes matrimoniais variam muito no mundo e são uma excelente fonte de material sobre a diversificação cultural e a relação entre o habitual e a inovação. Como se realiza um casamento? Em cada sociedade existem regras por vezes complexas e tradições que não podem ser violadas. Na África, o matrimônio é uma importante transação econômica. Na maior parte dos casos, o noivo, ou sua família, compra a noiva

Herança cultural, herança genética

da família dela; para os mais ricos, o preço a pagar pode corresponder a um certo número de vacas e uma variedade de presentes. O problema é o divórcio, porque, dependendo do culpado, os presentes e as crianças permanecem na família do marido ou vão para a da mulher. Numa certa região do sudoeste africano o preço de uma esposa foi reduzido a uma bagatela; por alguma razão, as esposas passaram a ter um valor econômico baixo. Entre os pigmeus, onde a propriedade pessoal é mínima, um homem adquire sua mulher trabalhando para os futuros sogros, caçando animais para eles durante meses ou até anos. Em outras regiões os pigmeus praticam a troca de irmãs, mas nem sempre se tem uma para oferecer e, além do mais, nem sempre ela é do agrado do outro pigmeu. Talvez por antigas influências árabes, encontramos a situação oposta na África Oriental, e até certo ponto ainda na Europa: o pai da noiva é quem oferece o dote. O noivo não compra, é comprado.

Por que existem essas diferenças? É difícil reconstruir os acontecimentos. Talvez a troca de irmãs e a idéia de que os pais da noiva devam ser compensados pela perda da filha sejam antigos princípios africanos, que ao longo de milhares de anos entraram em declínio até o princípio oposto prevalecer. De qualquer maneira, acredita-se que as várias formas de casamento derivam umas das outras mediante mutações culturais que tiveram maior ou menor sucesso dependendo da evolução local.

Os motivos mais fáceis de compreender parecem ser os econômicos, que também são importantes em outras formas de matrimônio, como a monogamia e a poligamia. No casamento monogâmico é possível mudar de parceiro apenas em razão da morte de um dos membros do casal ou do divórcio; no poligâmico existe mais flexibilidade. Poligamia significa que um homem pode ter várias esposas (poliginia) ou uma mulher muitos maridos (poliandria). No Tibete, os dois tipos de casamento podem ser encontrados numa mesma aldeia, e existem também casos isolados de casamentos múltiplos com mais de uma mulher e mais de um marido. Freqüentemente várias irmãs casam-se com um homem ou vários irmãos com uma mulher, ou então verificam-se situações mistas. Na maior parte dos países ocidentais a poligamia é ilegal, mas em outros é o costume.

Nesse caso a mudança cultural pode ter sido a passagem da monogamia para a poligamia. Os caçadores-coletores tendem a ser monogâmicos, mesmo porque é difícil conseguir caça para muitas esposas. Para o agricultor africano, que praticamente delega todo o trabalho no campo à mulher, quanto mais esposas, mais comida e crianças (consideradas uma riqueza entre eles). O número de esposas que um homem pode ter é ditado pela quantidade de dinheiro que ele pode gastar. Em muitas partes da África, particularmente nas florestas tropicais, a agricultura ainda se encontra em expansão porque existe espaço para novos campos, mesmo sendo de baixa produtividade, e a terra é propriedade comum. No Tibete, onde até pouco tempo atrás existia um sistema feudal e um grau de liberdade menor, a poliginia e a poliandria são utilizadas para resolver o problema socioeconômico de como compartilhar melhor a terra entre os herdeiros. Colocando a questão de uma maneira muito simplificada, mas essencialmente correta, se todos os filhos homens se casam com a mesma mulher, ou as irmãs com um mesmo homem, o problema é eliminado sem envolver a divisão de terras. Em outras localidades recorreu-se à primogenitura ou a soluções parecidas.

Motivações subconscientes

Os motivos subjacentes a outras inovações culturais são mais complexos. A explicação para a baixa taxa de natalidade entre caçadores-coletores é bem interessante, mesmo se ainda não totalmente clara. As mulheres caçadoras-coletoras em geral engravidam uma vez a cada quatro anos e em média têm cinco filhos durante sua vida fértil. Normalmente, três das crianças morrem antes de tornar-se adultas e a população mantém seu equilíbrio demográfico; com um crescimento próximo de zero, a superpopulação é evitada.

Para os povos seminômades, freqüentemente em movimento, existe uma vantagem importante em ter filhos a cada quatro anos – um dos pais pode carregar o filho menor, o outro se encarrega de levar os utensílios e, especialmente, as redes de caça, e as crianças com mais de três anos já podem andar sozinhas.

Os pigmeus não mantêm sua taxa de natalidade baixa para garantir o equilíbrio demográfico ou para evitar problemas de translado, mas porque, se isso não acontecesse, a criança, desmamada a cada três anos ou pouco mais, ficaria sem o leite da mãe; assim, eles instauraram um tabu sexual que dura três anos a partir do nascimento (nem todas as práticas sexuais são banidas, apenas a fertilização, e caso ela aconteça a gestação pode ser interrompida). Evitar um possível dano à criança é uma forte motivação para os pais pigmeus. O aleitamento prolongado tem vantagens do ponto de vista de saúde do bebê, cuja imunidade contra infecções permanece alta enquanto recebe o leite da mãe, elevando suas chances de sobrevivência. Entretanto, um aleitamento de três anos diminui, mas não elimina, a possibilidade de nova gestação. De outra forma o tabu sexual não existiria.

Atualmente procuramos complicadas explicações para as razões que levaram nossos ancestrais a adotar certos costumes, como a circuncisão masculina. Talvez o motivo tenha sido apenas eliminar o mau odor e as infecções causadas por falta de higiene. A circuncisão ainda é uma cerimônia extremamente importante em muitas populações e tem uma significância social que vai além das questões de higiene. Ela também reduz o risco de câncer do pênis, mas nossos ancestrais não poderiam ter sabido disso. A circuncisão feminina (remoção do clitóris) é uma mutilação estúpida e cruel, aparentemente realizada para evitar o adultério por parte das mulheres; ainda é comum na África do Norte, onde esposas circuncidadas são muito procuradas.

As razões da adoção de certos costumes são provavelmente complexas e os motivos originais podem ter sido esquecidos, ou talvez nunca tenham passado ao plano do consciente.

Insanidade coletiva

Se queremos exemplos de mudanças culturais, vale a pena olhar para o presente; atualmente são tão numerosos e rápidos que é problemático não perdê-los de vista. Vivemos numa época de contínuas mutações culturais, e seus reais benefícios, razões e futuro são difíceis de individualizar. A antropologia das culturas ocidentais modernas é chamada sociologia; freqüentemente descreve com figuras de incerta exatidão fenômenos facilmente notados sem maiores pesquisas. Entretanto, já nos acostumamos a exigir dados quantitativos para cada conceito, e se eles forem confiáveis deveriam ser coletados e avaliados, mesmo que descrevam fatos corriqueiros. Apesar dos esforços dos sociólogos, com freqüência é difícil entender por que ocorrem as mudanças que observamos, ou por que não acontecem as que desejamos que aconteçam.

Um exemplo: variações nos nascimentos são muito mais importantes para o futuro do mundo em longo prazo do que relatórios sobre a bolsa de valores. As pessoas responsáveis gostariam de ver a taxa de natalidade cair em regiões onde ainda há crescimento fora de controle. Infelizmente, pouco do que acontece nos deixa esperançosos. A engenharia social que poderia corrigir de forma humana e inteligente os gravíssimos erros cometidos ainda está por vir. Enquanto isso, o sistema chinês de pressionar as mulheres a interromper uma segunda gestação pode parecer inaceitável, mas seria realmente melhor que a China, hoje com mais de um bilhão de habitantes representando quase um quarto da população mundial, dobrasse de população a cada vinte ou 25 anos?

Mudança cultural, mudança genética

As mudanças que observamos são realmente culturais? Não poderiam ser hereditárias?

A mudança genética é muito lenta, mesmo a mais acelerada. Uma das evoluções genéticas mais rápidas e importantes, sobre a qual conhecemos parte da dinâmica, é o aumento da freqüência de pessoas capazes de utilizar lactose, um açúcar presente no leite. Um percentual máximo, próximo dos 90%, foi observado na Escandinávia e pode ter sido alcançado em dez mil anos, partindo de uma incidência inicial de 1%-2%, ou até menos. O mesmo intervalo de tempo poderia valer para o clareamento da pele, e de maneira geral para a perda marcante de pigmentação da pele, olhos e cabelos, característica dos escandinavos, cuja cor original talvez fosse comparável à dos atuais libaneses.

Uma mudança muito rápida dificilmente é genética. Mil anos atrás, a Escandinávia do sul era habitada por uma raça de excepcionais navegadores e colonizadores, também ferozes e temidos guerreiros – os vikings. Eles ocuparam a Escócia, a Irlanda, a Normandia e a Islândia. Alcançaram a Groenlândia e a América e até atingiram o coração do Mediterrâneo. Em franco contraste com os ferozes vikings, os escandinavos atuais, seus descendentes, são calmos e suaves – os pacifistas mais dedicados da Europa. Alguns correm grandes riscos e assumem responsabilidades nada pequenas pela paz do mundo. É difícil acreditar que se trate de uma mudança genética, ou que todos os indivíduos violentos tenham sido eliminados nesse ínterim. A evolução cultural parece ser uma explicação mais convincente.

No entanto, alguma mudança genética deve ter ocorrido. É extremamente difícil fazer uma análise genética de características comportamentais. A quantificação por si mesma já é cheia de armadilhas; mais que tudo, a personalidade e o comportamento são fortemente influenciados por aspectos de um passado individual e que são raramente identificáveis. Com freqüência mudam de acordo com a idade, às vezes em direções imprevisíveis. Em muitas ocasiões são um enigma para a própria pessoa. Existem componentes das motivações internas que dificilmente queremos confessar. Como medir a inveja, a hipocrisia, a raiva ou a falsidade? Sem medida, uma análise genética válida fica difícil. Já é complicado no caso de características como a altura, que depois de uma certa idade se estabiliza ou muda muito pouco e cuja medição não é nada problemática. A pressão arterial, que sofre alterações mais freqüentes, é mais difícil de analisar, embora medi-la seja fácil, a ponto dos médicos permitirem que os próprios pacientes se encarreguem disso. Somente agora começamos a entender alguns aspectos da hereditariedade de uma doença proteiforme como a hipertensão humana.

O Quociente de Inteligência (QI)

Uma característica comportamental avaliada com particular empenho é o famoso Quociente de Inteligência (QI). Não mede a inteligência

Quem somos?

de fato – algo difícil de definir e que inclui diversos aspectos e capacidades –, mas apenas a habilidade de compreender certas análises numéricas, geométricas e lingüísticas, ou formas abstratas, que se parecem bastante com as lições escolares. Alguns iludem-se pensando que estão medindo qualidades "inatas". Nada é verdadeira e totalmente inato na inteligência de um jovem ou adulto; ela é um produto da experiência pessoal, que é complexa e difere de indivíduo para indivíduo.

Quaisquer que sejam as habilidades medidas dessa forma, os testes as avaliam em uma escala bem padronizada onde cem, ou um valor próximo de cem, representa o nível médio de uma população; a variação mostra que a maioria apresenta QIs contidos na faixa de setenta-130. A escala é calculada de forma a eliminar os efeitos da idade e do sexo. Se, pouco tempo depois de ter realizado o teste, uma pessoa for submetida a um segundo que é parecido mas não idêntico ao primeiro, o resultado tende a repetir-se. São indicadores positivos, que levaram alguns psicólogos a acreditar que, utilizando o QI, conseguem quantificar algo muito importante e útil. Na verdade, o que o teste mede exatamente é bastante obscuro – talvez seja apenas a habilidade de aprender bem na escola. É óbvio, no entanto, que ele não lida apenas com qualidades inatas nem que é "livre de cultura", ou seja, independentemente da cultura do país e da língua em que foi elaborado.

Em 1969, Arthur Jensen, professor da Universidade da Califórnia na Berkeley School of Education, publicou na *Harvard Educational Review* (revista de grande peso) um artigo onde declarava que a diferença de QI entre brancos e negros americanos – em média quinze pontos a favor dos primeiros – era principalmente genética e, portanto, irremediável. A afirmação foi de início cautelosa e a seguir decidida. Isso lhe valeu uma certa impopularidade em alguns ambientes e aprovação em outros. Convencido da validade dos seus argumentos, Jensen continuou sua campanha (sem dúvida com coragem e, acredito, boa-fé). Ele teve o apoio de um famoso físico de Stanford, William Shockley, que havia recebido o prêmio Nobel pela invenção do transistor. Shockley organizou uma série de conferências para promover as convicções de Jensen, e adicionou uma proposta de "engenharia social": um prêmio em dinheiro às mulheres negras que permitissem ser esterilizadas.

Herança cultural, herança genética

Na realidade, os argumentos de Jensen e Shockley sobre a hereditariedade das diferenças entre brancos e negros eram todos extremamente indiretos e em essência inválidos. Num artigo de 1970, publicado no *Scientific American* e no livro sobre genética das populações humanas escrito por Sir Walter Bodmer (outro estudante de R. A. Fisher na época, que se tornou professor em Stanford, mais tarde em Oxford e hoje lidera o renomado Instituto Inglês de Pesquisa sobre o Câncer) demonstramos por que esses argumentos eram infundados. Em várias ocasiões subseqüentes, contestei Jensen publicamente e, acima de tudo, Shockley.

A má qualidade das escolas americanas onde estudam os negros (particularmente no fim dos anos 60), os problemas de motivação de jovens submetidos a incríveis humilhações no ambiente social, crescendo em ambientes familiares extremamente problemáticos, afligidos por privações econômicas e pelo desemprego, e também a falta de aconselhamento parental (em geral dado apenas pela mãe), eram e permanecem enormes, manifestas e bem documentadas desvantagens. Um especialista em educação deveria tê-las reconhecido como fatores que influenciam a diferença de QI. Apenas negros e brancos criados em famílias de níveis intelectual, econômico e social equivalentes deveriam ter sido comparados, mas a considerável – e em parte ainda existente – segregação de negros e brancos tornou isso uma tarefa extremamente difícil.

Uma prova direta das nossas idéias teria exigido observações extensas e difíceis. Elas vieram mais tarde, graças aos esforços de duas psicólogas, uma americana e outra inglesa, que realizaram a única pesquisa capaz de decidir a questão. Sandra Carr, a americana, notou o grande número de crianças negras adotadas, quando ainda pequenas, por boas famílias de Minnesota, e comparou-as com crianças brancas criadas em situações semelhantes. Os dois grupos apresentaram QIs parecidos e superiores à média americana. A outra psicóloga, Barbara Tizard, publicou dados obtidos em orfanatos ingleses de bom nível, não encontrando diferenças entre estudantes negros e brancos. As pesquisas baseadas em adoções, quando bem conduzidas, são as únicas capazes de estabelecer se uma característica é ou não determinada pela herança biológica,

Quem somos?

pelo menos em parte. Entretanto, esse tipo de estudo não é fácil de levar a cabo, e encontrar crianças adotadas nas condições exigidas para tornar as observações válidas é ainda mais difícil.

Assim foi derrubada a hipótese de Jensen. Nesse meio-tempo, Robert Herrnstein, um psicólogo de Harvard, apresentou uma idéia similar baseada em diferenças sociais e não étnicas. É notório que o QI das classes mais abastadas (assim como a estatura e outras características físicas) é mais alto que o das classes sociais menos privilegiadas – a diferença é até maior que a encontrada nas comparações entre negros e brancos, particularmente para os extremos da escala social. Herrnstein propôs que isso se devia a uma diferença hereditária, partindo do pressuposto de que o QI elevado era uma condição necessária para alcançar a riqueza e as posições sociais importantes.

Mais uma vez, não havia nenhuma avaliação dos efeitos da situação ambiental familiar e extrafamiliar, ou da qualidade das escolas de estudantes ricos e pobres. Novamente, a única saída foi recorrer ao estudo de famílias adotivas. Uma pesquisa desse tipo conduzida na França revelou que crianças da classe operária adotadas por famílias ricas apresentam um QI elevado e notas comparáveis às das crianças nascidas e criadas em ambientes abastados.

QI: hereditariedade ou ambiente?

Tudo isso não significa que a hereditariedade não atue sobre o quociente de inteligência. As pesquisas envolvendo adoções inevitavelmente utilizam um número limitado de casos, e seus resultados são, portanto, um tanto imprecisos. Existem outros métodos de estabelecer a "hereditariedade" de uma característica, isto é, da variação; em geral não bastam para permitir-nos distinguir fatores ambientais e fatores hereditários, mas somados aos estudos de adoção nos ajudam a avaliar a importância relativa dos genes e do ambiente.

Nesses métodos mede-se a semelhança entre parentes nos seus diversos graus, possivelmente incluindo todos os parentescos. Os mais próximos são os gêmeos idênticos, que correspondem a aproximadamente um terço de todos os casais de gêmeos (entre os caucasóides). Gêmeos idênticos são literalmente indistinguíveis para todas as características genéticas consideradas e também apresentam valores de QI muito próximos. Gêmeos não-idênticos assemelham-se tanto quanto qualquer par de irmãos e/ou irmãs. Seus QIs são mais coincidentes que os de irmãos convencionais provavelmente porque compartilham ambientes de crescimento mais parecidos.

É possível estudar a semelhança entre pais e filhos analisando mãe e pai separadamente em relação a cada membro da sua prole. Também deve ser levada em conta a similaridade dos QIs parentais, que em geral é muito grande, provavelmente porque as pessoas tendem a se casar com parceiros intelectualmente afins; pode acontecer apenas por uma questão de escolha ou simplesmente pelas oportunidades oferecidas pelo meio mais freqüentado. Essa "combinação" matrimonial impõe alguns problemas durante a interpretação dos dados. Similaridades entre parentes mais distantes também podem ser medidas, mas os resultados são um tanto desfocados porque elas se reduzem à medida que o grau de parentesco diminui.

Devemos assumir que as enormes semelhanças entre gêmeos idênticos são exclusivamente genéticas? Crescendo com tanta intimidade e sendo tão parecidos, esses tipos de gêmeos são mais devotados uns aos outros do que irmãos convencionais; às vezes chegam a inventar linguagens próprias; eles têm os mesmos amigos, freqüentam a mesma escola e passam uma grande parte da infância juntos. Não é possível dizer que cresceram em um ambiente independente, como seria necessário caso se queira obter uma estimativa válida do efeito relativo da hereditariedade e do meio.

Existe uma maneira, um tanto trabalhosa, de superar esse obstáculo: recorrer novamente às adoções, isto é, escolher pares de gêmeos idênticos criados por famílias diferentes. São situações raras; é sempre difícil descobri-las e ainda mais conseguir uma colaboração. Nesse tipo de análise, observou-se que o nível de similaridade entre gêmeos idênticos criados em ambientes diferentes era menor que o detectado em pares criados juntos; mesmo assim a semelhança era alta. O número de casos avaliados foi pequeno e com freqüência as famílias envolvidas não

Quem somos?

estavam de todo separadas. Há vários casos de tias e tios vizinhos que adotaram separadamente os gêmeos mas que viviam próximos uns dos outros.

Um renomado psicólogo, Sir Cyril Burt, procurou gêmeos adotados por famílias diferentes nas escolas inglesas, encontrou vários e publicou suas observações, que apontam para uma forte similaridade entre eles. Aqui começa um mistério científico. Muitos anos mais tarde, um psicólogo americano, Leon Kamin, notou algo estranho: três comparações dadas por Burt em três trabalhos distintos, que apresentavam observações de um número progressivamente maior de gêmeos, eram idênticas entre si. Isso parecia realmente peculiar, e um jornalista inglês decidiu analisar a questão a fundo, descobrindo, para sua grande surpresa, que um dos co-autores do trabalho de Burt nunca existira e somente poderia ter sido inventado por ele. Isso significava que os resultados também haviam sido forjados?

Burt, já falecido, não tinha a chance de defender-se. A origem dos seus dados nunca foi encontrada. Mas como poderia um cientista, que havia chegado à fama com seus trabalhos (e recebido o título de Sir por eles) ter enlouquecido a ponto de inventar resultados? O mistério nunca foi solucionado. Não há dúvidas de que gêmeos separados apresentam QIs muito próximos enquanto o contrário se revela ao compararmos pais adotivos e filhos adotados, mas os dados de Burt são exagerados diante de outros (poucos) estudos análogos. A moral da história é que mesmo cientistas famosos podem gostar tanto das suas teorias que chegam a resvalar na desonestidade para defendê-las. Por sorte, levando em conta tudo, trata-se de ocorrências raras.

Existem análises mais recentes de gêmeos idênticos. Uma discussão completa teria que considerar as complexas inter-relações entre genes específicos que afetam traços como o QI e condições ambientais. As análises abrangentes mais satisfatórias sobre dados de QI estimam que a genética, o ambiente de desenvolvimento no sentido de cultura (isto é, ambiente social transmissível) e fatores estritamente pessoais (em parte dependentes da criação) têm um peso aproximadamente equivalente (de um terço) no QI de uma pessoa. Isso diz respeito, no entanto, a populações brancas anglo-americanas, e é, de qualquer forma, irrelevan-

Herança cultural, herança genética

te para a questão da diferença de QI entre brancos e negros americanos ser ou não genética. Nesse caso, com base no que foi dito, se o componente genético existir ele será mínimo, enquanto as distinções mais importantes presumivelmente são causadas pelo ambiente social de criação.

No final dos anos 70 descobriu-se que o QI dos japoneses é, em média, onze pontos superior ao dos brancos americanos. É um valor próximo do apresentado na comparação entre brancos e negros americanos (em torno de quinze) na época em que essa discussão era mais acirrada, há mais ou menos 25 anos. Isso levanta a pergunta: a diferença entre japoneses e brancos americanos é genética ou ambiental? Por estranho que pareça, não ouvi nenhuma sugestão de que ela seja genética! Iniciou-se, no entanto, um debate sobre as condições precárias da escola secundária nos EUA. Essa é uma reação positiva e talvez leve a melhoramentos necessários na escolaridade americana. Se eles servirem para reduzir a distância entre as escolas de áreas ricas e as de bairros pobres certamente haverá uma diminuição da alegada diferença de QI entre brancos e negros, que contribui fortemente para o nível de desemprego entre as pessoas negras.

Sabemos que a escolaridade é importante e que uma boa instituição pode aumentar o QI médio. Sabemos que as escolas primárias e secundárias no Japão são excelentes, que exigem uma dedicação e disciplina enormes, e que os pais japoneses empenham-se muito em fazer os filhos estudarem. No Japão, a futura carreira de alguém depende inteiramente das notas tiradas na escola primária e secundária, que determinam a qualidade da Universidade a que terão acesso; desta depende a qualidade da organização estatal ou privada que irá absorver o futuro formando. Ao contrário da família japonesa, a americana em média não se interessa muito pelo bom desempenho escolar dos filhos e parece relativamente passiva perante o insucesso deles, como se estivesse disposta a aceitar os limites da predisposição individual sem tentar quebrar a resistência.

Um detalhe que talvez seja importante: pelo pouco que estudei sobre os caracteres da escrita japonesa, em grande parte parecidos com os chineses, dos quais se originam, fica claro que eles exigem um grau de memória e agilidade analítica muito grandes. O esforço é enorme mas

Quem somos?

os benefícios provavelmente também são consideráveis. O QI de alguém também é, talvez acima de tudo, determinado pela quantidade de suor gasto resolvendo problemas intelectuais e práticos que impõem concentração e análise.

Duas pesquisas sobre a herança cultural

A transmissão cultural foi muito pouco estudada, uma falha que até hoje me admira, porque o antropólogo cultural deveria considerá-la seu pão de cada dia; ela é o fator que preserva as heranças da cultura através de gerações e decide quando um costume ou sistema é conservado ou muda, e é particularmente útil na análise da evolução cultural em longo prazo. Sua importância é menor para o sociólogo, que descreve situações presentes ou estuda mudanças imediatas. No livro *Cultural Transmission and Evolution* [*Transmissão cultural e evolução*] (Princeton University Press, 1981), Marc Feldman e eu estávamos particularmente preocupados em apresentar provas rigorosas das nossas idéias, por isso usamos muito a matemática. Sabíamos que essa abordagem não tornaria o texto popular, como infelizmente foi o caso com os antropólogos. No entanto, o livro foi lido por economistas, que não têm medo de números. No final, o verdadeiro teste das nossas idéias será a maneira como as pessoas irão aplicá-las. Iniciei vários projetos com alguns colegas, que esperamos estender no futuro e que já produziram alguns resultados interessantes. Vou descrever brevemente dois deles.

Com a colaboração de Sandy Dornbusch, fizemos uma série de perguntas a estudantes da Universidade de Stanford sobre seus hábitos, costumes e crenças, e os dos seus pais e amigos. Com surpresa, encontramos uma forte semelhança entre pais e filhos no que se refere a religião e política. Para as outras preferências, hábitos e costumes (indo desde quanto sal põem na comida ou se checam a conta de um restaurante antes de pagá-la, até superstições, ou à tendência de levantar-se cedo ou tarde pela manhã) as concordâncias foram pequenas ou nulas.

Podemos converter-nos numa idade mais madura, mas a religião se aprende em família. Nossos dados mostram que dois aspectos fundamentais da religião são quase exclusivamente o domínio da mãe: a fre-qüência das orações e a escolha da crença quando os pais têm religiões diferentes. Em ambos os casos, trata-se, ao que parece, de influências muito precoces, o que poderia explicar por que são tão marcantes. A religião é em geral escolhida pelos pais antes que a criança possa ter uma participação ativa. O pai também é figura de peso no que diz respeito à freqüência de comparecimento às funções religiosas.

Existe uma anedota interessante, contada por James Boswell, célebre escritor, autor de *Dicionário da língua inglesa* (1755) e biógrafo do Dr. Samuel Johnson. Na biografia encontramos: "A religiosidade [da mãe] não era inferior à inteligência; e a ela se devem as primeiras impressões do filho sobre a religião que tão beneficamente influenciou o mundo a seguir. Ele diz lembrar-se claramente que a primeira notícia sobre o Céu, 'O lugar para onde as pessoas boas vão', e o Inferno, 'O lugar para onde as pessoas más são mandadas', veio de sua mãe, no tempo em que era pequeno e ela costumava colocá-lo na cama; e para que essas noções ficassem bem fixadas na sua memória devia repeti-las a Thomas Jackson, um dos empregados da casa".

Obviamente, o catolicismo, o protestantismo e outras fés não são transmitidas geneticamente, como a cor dos olhos. A fé religiosa é o resultado de influências culturais. Se fosse genética, sua transmissão apenas por parte de mãe seria ainda mais espantosa. É bem verdade que as mitocôndrias são transmitidas dessa forma, mas seria realmente surpreendente que elas influenciassem a religião.

A transmissão cultural das tendências e atividades políticas – para as quais tanto a mãe como o pai contribuem – é quase tão forte quanto a religiosa. Mais uma vez trata-se provavelmente de uma impressão precoce, porque discussões políticas acontecem com freqüência na família. Foi sugerido que a estrutura familiar gera um microcosmos, ou condicionamento, onde um indivíduo cresce e adquire a predisposição para determinadas ideologias sociais e tenta perpetuá-las, quando adulto, no macrocosmos da sociedade. Três tipos de estrutura familiar foram individualizadas na França: 1. a patriarcal e autoritária (comum no noroeste do país), condiciona crianças a aceitar a monarquia absoluta e a ditadura; 2. a patriarcal benevolente (comum no sudoeste) favorece a aceita-

Quem somos?

ção do socialismo moderado; 3. a estritamente nuclear, em que os direitos recíprocos de pais e filhos tendem a cessar quando as crianças se tornam adultas. Esse terceiro tipo, comum no norte e no leste (e também na Inglaterra), favorece a migração dos jovens para áreas onde existam oportunidades de trabalho; além do mais, tem sido igualmente favorável ao desenvolvimento da economia industrial e, em geral, ao liberalismo econômico. Emmanuel Todd e Herve Le Bras detectaram correlações entre dados demográficos atuais e dados históricos e também resultados de votos eleitorais na França que corroboram essa teoria.

Pelo menos no caso de alguns fatores, em vez de analisar as semelhanças entre pais e filhos, é mais fácil e compensador estudar a transmissão cultural pelas lembranças do analisado sobre o aprendizado de determinadas atividades. O antropólogo Barry Hewlett e eu estudamos como o pigmeu aprende o que sabe fazer e que lhe permite sobreviver na floresta, desde a caça até a preparação do alimento, o atendimento às crianças, as danças e aos conhecimentos sociais fundamentais. Em quase 90% dos casos os formadores responsáveis são os pais, talvez um dos dois, particularmente quando se trata de tarefas distribuídas conforme o sexo. Muito ocasionalmente (na verdade apenas no caso de uma arma introduzida recentemente, a balista) os vizinhos agricultores transmitiram uma técnica. Várias pessoas do acampamento são responsáveis pelo ensinamento das atividades sociais. Cada pigmeu interrogado geralmente lembra com clareza o tempo e lugar onde aprendeu alguma ação ou regra.

Em parágrafos anteriores, dissemos que as transmissões de pais a filhos e do grupo social aos seus componentes são os mecanismos culturais que tornam mais difícil a aceitação de uma inovação. Isso explica a tendência incrivelmente forte à conservação cultural entre os pigmeus e outros caçadores-coletores, que se dissolve apenas quando o ambiente que a consente é destruído – a floresta, no caso dos pigmeus.

A capacidade de a cultura conservar-se tenazmente através de gerações quando é útil fazê-lo, e de modificar-se (até rapidamente) quando necessário, é um precioso mecanismo de adaptação, embora às vezes possa ser mais vantajosa a elasticidade ou, pelo contrário, uma maior estabilidade. O homem deve a sua posição privilegiada no mundo ao grande desenvolvimento dos fenômenos culturais e da linguagem, que o tornam particularmente eficiente. Sabemos, no entanto, que é uma posição muito frágil. As guerras civis que observamos ao nosso redor, o destino de algumas minorias ameaçadas por diversos pensamentos racistas, as atividades terroristas de fanáticos nos lembram como é curto o passo entre o céu e o inferno.

9
Raça e racismo

Meu pai contou-me que, depois da Primeira Guerra Mundial, chegou a ver no porto de Nova York anúncios de empregos oferecendo salário máximo aos brancos, outro inferior aos italianos e um terceiro, ainda mais baixo, aos negros. Nesse período, depois de cem anos de convites aos imigrantes de todas as nações (a frase "Dêm-me vossa gente pobre e cansada que aspira à liberdade, os deserdados que se aglomeram nas vossas praias..." estão inscritas no pedestal da Estátua da Liberdade), começava a emergir novamente o racismo. As trágicas conseqüências da explosão do racismo na Europa são, com pesar, amplamente conhecidas, mas nos Estados Unidos as propostas "eugênicas" também foram politicamente bem-sucedidas. Essas propostas tinham como objetivo melhorar a espécie humana encorajando a reprodução dos "melhores" e diminuindo a dos "inadequados". Nos anos 20, os eugenistas americanos lançaram uma campanha de imprensa e pressionaram o Congresso para que fossem passadas leis racistas e estabelecidas cotas de imigração, a fim de limitar a entrada de quase todos os estrangeiros no país, com exceção dos europeus do Norte (que em geral estavam felizes em casa e não tinham razão para emigrar).

Os eugenistas queixavam-se de que muitos imigrantes eram deficientes mentais e citavam os resultados numéricos dos quocientes de inteligência (QI) para provar que a imigração dos países da Europa Meridional e Oriental apinhava os Estados Unidos de brutos. É bem verdade que muitos eram analfabetos. No início do século XX, o nível de analfabetismo no sul da Itália, fonte de uma grande parcela da população de imigrantes, ainda era muito elevado.

Os eugenistas dessa época revelaram-se cientificamente incompetentes mas de grande eficiência política, e conseguiram a aprovação das leis que haviam proposto. Um deles, Carl Brigham, chegou (tarde demais) a redimir-se parcialmente, ao admitir que os estudos dos eugenistas não haviam fornecido nenhuma prova de que as diferenças de comportamento e inteligência entre os grupos imigrantes e os residentes fossem hereditárias. Numa análise crítica sucinta, publicada em 1930, ele declarou que "uma das mais pretensiosas comparações de raças – a própria! – não tinha fundamento algum". O líder científico dos eugenistas era C. B. Davenport, fundador do laboratório de Cold Spring Harbor, perto de Nova York. Lá, ele e seus assistentes dedicaram-se a vários projetos de genética humana, analisando características comuns como o formato do nariz e a cor dos olhos e dos cabelos. As questões envolvidas eram muito problemáticas, e ainda o seriam nos dias de hoje, mas Davenport não percebeu isso e publicou muitas conclusões cientificamente inaceitáveis. Contudo, a pesquisa genética de outros organismos foi realizada por algumas mentes excepcionalmente brilhantes e como resultado difundiu-se entre os geneticistas dos Estados Unidos a convicção de que a análise da genética humana fosse impraticável. Por sorte, esse tipo de pesquisa em Cold Spring Harbor foi interrompido antes da Segunda Guerra Mundial. O laboratório transformou-se em um maravilhoso centro de pesquisa sobre a genética de organismos distintos do homem.

Raça e raças

Para compreender bem o racismo é preciso entender o significado da palavra *raça*. O termo pode ser usado para designar toda a humanidade (a raça humana), porém mais freqüentemente indica uma de suas subdivisões. Muitas vezes é utilizado como sinônimo de nação ou povo, criando notáveis confusões. Um dicionário etimológico define raças como "membros de uma espécie animal ou vegetal que apresentam uma ou mais características constantes em comum, as quais os distinguem de outros grupos da mesma espécie e podem ser transmitidas aos descendentes". A origem da palavra é incerta. Aparentemente remonta ao século XV, ou até antes, e talvez provenha do latim *generatio*, ou, alternativamente, *ratio*, usado no sentido de natureza ou qualidade. Outra sugestão é que deriva de "haras", uma antiga palavra francesa (ainda em uso) que significa "fazenda de criação de cavalos".

De qualquer forma, o importante é que o termo se refere a qualidades "constantes e transmissíveis", que hoje definiríamos como geneticamente determinadas. Mas a palavra "constantes" pode levantar algumas dúvidas: significa invariáveis entre indivíduos ou invariáveis no tempo? Ambas as interpretações deixam algo a desejar. Em geral não temos informações sobre o comportamento de uma característica ao longo do tempo, de modo que aceitamos falar da variabilidade entre indivíduos da forma que a notamos hoje. Para quase todas as características hereditárias estudadas observamos que as diferenças entre indivíduos são mais importantes que as diferenças entre grupos raciais. Muito raramente acontece o que estamos acostumados a ver quanto à cor da pele, ou seja, que todas as pessoas da raça A são decididamente escuras e todas as da raça B são claras.

Enfim, o nível de constância não é suficiente para satisfazer a definição corrente de *raça*. Distinguir raças é complicado: precisamos sempre basear-nos em estatísticas da freqüência de muitos caracteres em muitos indivíduos, nunca em uma única característica. E, para tornar as coisas ainda piores, não temos uma resposta para a questão "quantas raças existem na terra?"

Quantas raças existem na terra?

Há mais de cem anos Darwin já havia individualizado com absoluta clareza os problemas mais sérios que enfrentamos ao tentar definir ra-

Quem somos?

ças humanas. Os obstáculos são tão grandes que preferimos renunciar à tentativa ou então anunciar que qualquer possível lista está sujeita a limitações significativas.

Darwin notou que o número de raças identificadas variava muito entre diferentes pesquisadores. Isso ainda é verdade nos dias de hoje: existem classificações recentes que numeram de três a sessenta "raças". Querendo, seria possível contar muitas mais, mas não parece haver nenhuma utilidade nisso. Cada uma dessas classificações é igualmente arbitrária.

A dificuldade geralmente deriva de outro fator, também notado por Darwin: passando de uma população a outra, as características com freqüência mudam de maneira contínua e gradual. Mesmo as análises mais precisas mostram que a descontinuidade é rara nos mapas de freqüências genéticas. Em toda parte a mudança é gradual e constante, embora em algumas áreas ela ocorra um pouco mais rapidamente. Podemos observar isso medindo a variação genética por quilômetro, algo factível somente em regiões onde a geografia dos genes é particularmente bem conhecida (o que na prática significa apenas algumas partes da Europa). Foi sugerido que as áreas de variação genética rápida para mais de uma característica sejam definidas como "fronteiras genéticas". Na Europa, elas tendem a coincidir com fronteiras geográficas: cadeias montanhosas como os Alpes e os Pirineus, que, no entanto, não constituem barreiras completas; trechos de mar importantes (a genética de ilhas como a Islândia e a Sardenha mostra diferenças nítidas em relação à terra firme); grandes rios; às vezes até simples divisas lingüísticas, na ausência das geográficas ou políticas. Nesse último caso é difícil dizer se a barreira genética é conseqüência ou causa da barreira lingüística. As fronteiras genéticas até agora traçadas na Europa são, de qualquer forma, incompletas e insuficientes para individualizar regiões fechadas que, se existissem, poderiam ajudar a definir as raças; elas apenas demarcam grosseiramente regiões onde a migração é menos freqüente – como resultado, diversidades genéticas um pouco mais pronunciadas, e correspondentes a pequenas diferenças quantitativas, desenvolvem-se em cada lado da fronteira.

Por todas essas razões, a definição de raças é difícil, se não impossível, assim como também o é responder a questões precisas como: existe uma raça italiana, ou uma judaica?

A geografia genética da Itália

Na Itália existe atualmente muito interesse por problemas de genética de populações, o que criou uma certa riqueza de dados e de especialistas. Aplicando à população italiana a técnica do mapeamento genético que vimos para a Europa inteira, Alberto Piazza e sua equipe da Universidade de Turim fizeram uma maravilhosa análise da paisagem genética do país. Deduz-se claramente que a variação genética máxima ocorre entre o Norte e o Sul e é gradual ao longo do comprimento da península em forma de bota. O sul italiano é a área onde se desenvolveram as colônias gregas, que iam desde Nápoles (*Neapolis*, que significa "nova cidade" em grego antigo, era o nome da colônia fundada por Cuma e a mais antiga colônia grega da Itália, situada ligeiramente mais ao norte) até Reggio Calabria, subindo pela costa do Mar Jônio até o salto da bota e ao longo da costa adriática, até quase alcançar o esporão formado pela Península de Gargano. Os gregos também colonizaram a parte oriental da Sicília mas não a ocidental, o que é bem visível nos mapas genéticos, onde observamos uma nítida diferença entre a ponta ocidental e a mais maciça porção oriental. Na ponta ocidental estabeleceram-se colônias fenícias e cartaginesas.

O sul da Itália foi chamado de Magna Grécia, significando "grande Grécia", porque lá viviam mais gregos que na própria pátria-mãe. O grego foi a língua local até seis-sete séculos atrás e permanece como tal em algumas áreas, por exemplo em nove vilarejos ao sul de Lecce; o mais importante deles é Calimera, que em grego significa "Bom dia". Os dois mil anos de influência helenística deixaram rastros nos sobrenomes também. Por toda a área existem sobrenomes de origem claramente grega, chegando a um máximo de 15% do total nas províncias de Reggio Calabria e Messina.

Quem somos?

Se os gregos tiveram uma forte influência no sul da Itália, no norte foram os celtas. A civilização celta surgiu na Áustria e na Suíça pouco depois de 1000 a. C., embora possa ter emergido num tempo um tanto anterior, ligeiramente mais ao leste e talvez mais ao norte. Armas bem-feitas e obras de arte de notável valor marcam essa civilização, também caracterizada por uma língua trazida para a França, a Inglaterra, parte da Espanha e a Itália setentrional pelos príncipes celtas e seus exércitos, durante a segunda metade do primeiro milênio depois de Cristo. Há algumas indicações de que a ocupação celta dessas regiões tenha envolvido um número bastante grande de indivíduos. A difusão das línguas trazidas por esses colonizadores, que permaneceram dominantes até a ocupação romana, é acompanhada de uma extensa rede de nomes de lugares de provável origem celta (por exemplo, os nomes que acabam em *-ac*, como a famosa *Cognac*, ou *Cugnac*, situada naturalmente na França, e as variações *-ago* e *asco*, gerando *Cugnago* e *Cugnasco* no norte da Itália). Se a ocupação dos celtas foi de fato numericamente importante, torna-se mais fácil compreender algumas semelhanças genéticas entre a Itália setentrional, a França (particularmente suas regiões central e oriental), a Áustria, a Alemanha do sul e partes da Inglaterra.

A Itália possui vestígios de outras populações antigas, que se destacam no mapa genético por serem diferentes das vizinhas. Nos Apeninos, acima de Gênova, há marcas de uma população que poderia descender dos antigos lígures, um povo pré-indo-europeu subjugado com certa dificuldade pelos romanos. Esses remanescentes são tipicamente encontrados nas montanhas, onde os mais antigos habitantes se refugiavam dos exércitos invasores, enquanto os recém-chegados estabeleciam-se nas zonas mais planas da costa. Nos Apeninos, entre a Toscana e o Lácio, existem vestígios de uma população que poderia datar do tempo dos etruscos; essa é a região onde a civilização etrusca surgiu durante os séculos iniciais do primeiro milênio antes de Cristo. A seguir floresceu e por fim desapareceu juntamente com sua língua, sob a dominação de Roma. O imperador romano Cláudio preservou os remanescentes da literatura etrusca, mas infelizmente sua obra foi perdida.

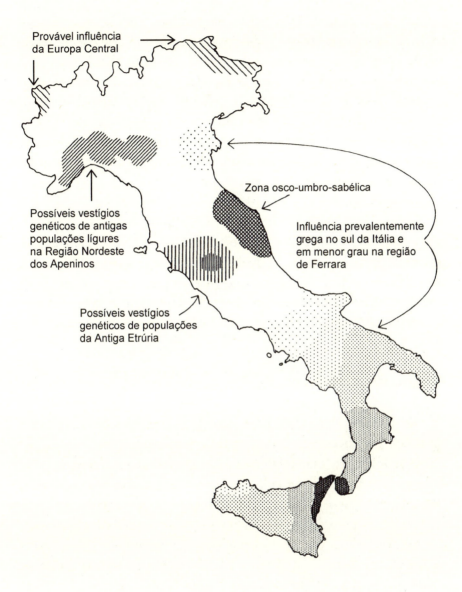

FIGURA 9.1 – Mapa geográfico da Itália mostrando os resultados da análise de dados genéticos realizada por A. Piazza e colaboradores. Os vários padrões gráficos representam áreas que diferem geneticamente das adjacentes, provavelmente porque as diversidades estabelecidas em tempos mais remotos ainda não foram niveladas por trocas entre aldeias vizinhas. Esses resultados são muito semelhantes aos obtidos por G. Zei num estudo sobre a distribuição de sobrenomes.

Quem somos?

Outra antiga civilização italiana do primeiro milênio antes de Cristo deixou rastros na área próxima de Ancona, no sul, que podem representar o legado da chamada civilização osco-umbro-sabélica. Quando tivermos meios mais avançados de estudar a genética de restos fósseis humanos poderemos verificar se essas observações correspondem às indicações dadas pela geografia genética e a história dessas regiões. Infelizmente, várias dessas populações não enterravam seus mortos mas os queimavam, destruindo assim a esperança de uma análise genética. Por sorte, esse costume não era universal.

Essas informações provêm de mapas que sintetizam a variação genética de muitos genes e mostram a existência de populações geneticamente distintas das vizinhas, como colinas e vales numa planta topográfica. Gianna Zei, de Pávia, analisou dados de muitos sobrenomes e obteve mapas bem parecidos com os gerados pelo estudo de genes. Os mapas de sobrenomes podem oferecer-nos análises mais refinadas porque permitem investigar um número muito maior de indivíduos.

Alguns povos europeus

No mapa geográfico, a França parece um quadrilátero. Cada um dos seus quatro vértices é genética e historicamente diferente.

O ângulo norte-ocidental (à esquerda, no alto) é a Bretanha; como o próprio nome sugere, grande parte dos seus habitantes provém da Grã-Bretanha. Mesmo atualmente, os bretões falam uma língua celta; trata-se no entanto de um fenômeno secundário, por assim dizer, porque quando os anglo-saxões conquistaram a Inglaterra depois da queda do Império Romano muitos bretões fugiram para a chamada Bretanha, trazendo a língua celta com eles e dando nome à região.

O ângulo norte-oriental, próximo da Bélgica atual, é geneticamente mais próximo da Europa Central por várias razões históricas. Uma das mais antigas é a migração dos cultivadores neolíticos ao longo dos rios das planícies da Europa Central e de lá em direção à França. Recentemente, foi descoberta no Sena, perto de Paris, uma antiga piroga utilizada pelos neolíticos há 6.500 anos. Em tempos mais recentes, nos séculos V a VII depois de Cristo, tribos germânicas da região de Colônia, na Alemanha, atravessaram a Holanda e a Bélgica atuais e estabeleceram-se ao norte de Paris. Eram os francos: eles deram o nome à região mas não à língua, que manteve suas origens latinas.

A procedência dos povos do sul da França é muito diferente. O sul divide-se em pelos menos duas zonas principais: a oriental, região de Marselha, colonizada pelos gregos e que ainda mantém parte das suas características genéticas, e a extremo-ocidental, onde ainda se fala o basco graças a um núcleo, cada vez menor, que resiste à propaganda do governo central em favor da língua francesa.

As regiões de língua basca eram antigamente muito mais extensas. É o que indicam os nomes das localidades e também a genética, como mostrou o antropólogo e biólogo parisiense Jacques Ruffié. O território ocupado pelos bascos continua ao sul, além dos Pirineus, onde o número de pessoas que falam o basco é muito maior. Por intermédio deles perpetuam-se os genes de uma das populações mais antigas da Europa, os Cro-Magnon, de quem os bascos são, como já vimos, os prováveis descendentes. Os três mapas da Figura 9.2 mostram que a área onde sobreviveram os grandes trabalhos artísticos de Cro-Magnon (como as pinturas rupestres das cavernas de Lascaux na França e de Altamira na Espanha, para mencionar as mais famosas) coincide com a região habitada por uma população geneticamente homogênea, que transcende o limite geográfico imposto pelos Pirineus.

Existe uma raça judia?

Essa questão é particularmente interessante, mesmo porque os judeus foram objeto de agressões racistas durante pelo menos dois mil anos. Por ora, vamos simplesmente ponderar se, do ponto de vista científico, é correto falar de uma raça judia. Muito depende do grau de detalhamento que queremos alcançar com a definição, tendo em mente que as dificuldades enfrentadas podem apenas ser resolvidas por meio de cálculos complexos e dados estatísticos melhores que os atuais.

Quem somos?

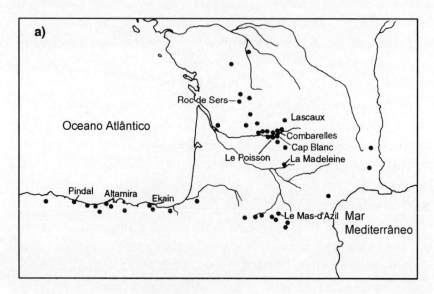

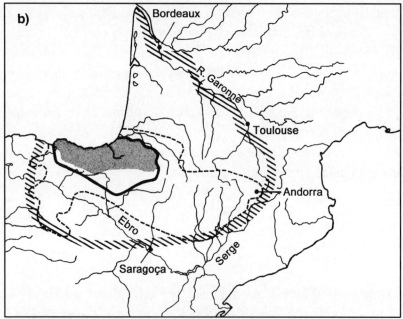

▨ Área que inclui nomes de localidades de origem claramente basca.

▓ Área onde o basco é falado atualmente.

— Área onde se falava o basco no século XVIII d. C.

---- Área onde se falava o basco no século VI d. C.

Raça e racismo

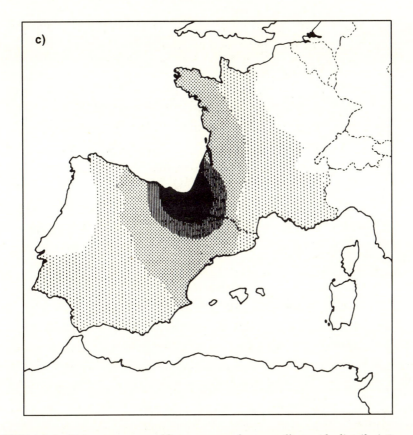

FIGURA 9.2 – Três mapas geográficos mostrando a semelhança da distribuição geográfica de: *a)* grutas da área habitada por Cro-Magnon, decoradas no Paleolítico superior; *b)* nomes de localidades de origem claramente basca e áreas onde o basco ainda é falado; *c)* primeira componente principal da Europa Ocidental com base em dados genéticos, segundo Bertranpetit.

Os judeus são uma população heterogênea por razões históricas. Nos milênios transcorridos desde as duas grandes diásporas (dispersões pelo mundo) – a primeira depois do exílio da Babilônia em 586 a. C., subseqüente à conquista da Judéia pelos assírios, e a segunda depois da conquista de Jerusalém pelo imperador romano Tito em 70 d. C. – eles difundiram-se por várias partes da Europa, Norte da África e Oriente Médio. Perseguições religiosas com freqüência os forçaram a mudar de lugar; um exemplo é sua expulsão da Espanha em 1492. Mais recen-

Quem somos?

temente, muitos judeus, como os da Rússia, retornaram voluntariamente a Israel e outros seguem seu exemplo.

O judaísmo tende pouco ao proselitismo. As comunidades judaicas da Etiópia e do Iêmen, no entanto, são provavelmente o resultado de antigas conversões religiosas de populações locais, na medida em que são geneticamente muito diferentes de outros judeus e parecidos com povos das suas regiões de origem. Nos outros casos, os judeus conservaram não apenas sua religião e tradições, mas também, pelo menos em parte, suas características genéticas, como mostra uma certa semelhança entre os diversos grupos. Ao longo da diáspora eles mesclaram-se um pouco com seus vizinhos em várias partes do mundo. A incidência de cabelos loiros e olhos azuis entre os judeus da Europa setentrional (os asquenasitas) provavelmente é o resultado de casamentos mistos, embora a seleção natural também possa ter contribuído para isso. O mesmo se aplica para genes que determinam características invisíveis. Poderíamos dizer que a mistura de genes resultante dos casamentos entre judeus e seus vizinhos ao longo de gerações pode alcançar os 50%, se bem que raramente. Considerando o longo período de tempo desde a separação inicial, a mescla calculada por geração é baixa, de poucas unidades percentuais. Entretanto, para os descendentes de casamentos mistos, a tendência tem sido perder o contato religioso e social com as comunidades judaicas, razão pela qual não fazem mais parte do povo hebreu e na prática são excluídos das contagens. Os judeus sefarditas, hoje em dia dispersos em países distantes uns dos outros, como a Espanha, a Itália, o Marrocos, o Egito e a Bulgária, são bastante diferentes entre si.

Essa heterogeneidade torna a análise mais difícil. Tudo o que podemos dizer é que a endogamia (o casamento entre indivíduos de um mesmo grupo) foi bastante difundida entre os ancestrais dos judeus atuais, a ponto de ter conservado um patrimônio genético comum não indiferente. Não é surpresa, portanto, encontrarmos uma certa semelhança entre judeus de qualquer proveniência e também entre qualquer comunidade hebraica e os povos com os quais dividem suas origens, isto é, os do Oriente Médio.

Isso é suficiente para falarmos de uma raça judia? Se nos limitássemos a considerar apenas as cinco raças representadas pelos cinco continentes, é claro que, ao fazermos comparações, as diferenças entre judeus e europeus não-judeus seriam irrisórias. Talvez partindo de um grande número de raças de todo o mundo e comparando-as com as suas vizinhas descobriríamos que os judeus se parecem tanto com seus vizinhos não-judeus quanto os italianos do norte com os italianos do sul, ou os franceses do norte com os franceses do sul. O cálculo seria bastante fácil, mas o que ganharíamos com isso? É mais simples apenas dizer que existe uma certa diferença genética entre judeus e não-judeus, que a diferença genética média entre judeus não é muito distante daquela entre os povos que hoje habitam as regiões contíguas a Israel, que existe uma certa heterogeneidade entre judeus em razão dos casamentos mistos que ocorreram depois das diásporas, mas que ainda permanece um certo "ar familiar".

Não é fácil confrontar genética e cultura, mas a impressão geral é que aquilo que une tão fortemente os judeus é mais cultural do que genético. O povo hebreu conservou sua identidade especialmente por meio das tradições, onde a religião teve um papel importante mas talvez não único. O conceito de raça é tão vago que poderíamos chegar a considerar os judeus uma raça – ou melhor, um conjunto de raças – apenas se estivéssemos prontos a definir milhares de raças e cada uma diferindo muito pouco das outras.

A realidade é que na espécie humana o conceito de raça não tem muita valia. A estrutura das populações humanas é extremamente complexa e varia de região a região, de povo a povo; existem sempre nuanças, devidas a contínuas migrações entre e através das fronteiras de cada nação, que tornam impossíveis as separações precisas.

Racismo e raças puras

Vamos considerar uma outra definição de raça, semelhante à primeira, mas não idêntica: é um grupo de indivíduos com uma origem comum e que são até certo ponto geneticamente parecidos, em razão das características herdadas pela via biológica. Podem também ter conservado ou não uma certa identidade cultural, codividindo tradições, lín-

Quem somos?

guas e unidade política, ou ter perdido um ou todos esses pontos de união. As identidades culturais são em geral menos estáveis que as genéticas; por essa razão, consideraremos apenas a identidade genética ao definir raça.

O racismo tem muitas origens e definições, mas sabemos que os racistas com freqüência preocupam-se com a "pureza da raça". Falemos desse aspecto primeiro: não existem raças puras e se tentássemos criá-las os resultados poderiam ser bem pouco atraentes. Há uma maneira simples de perceber isso. Estudando qualquer sistema genético encontramos sempre um grau elevado do que chamamos *polimorfismo*, ou variação genética, significando que um gene é encontrado em diferentes formas. Isso vale tanto para uma minúscula população como para toda a população européia, tanto para uma nação como para uma cidade ou um simples vilarejo. As proporções dos genes A, B e O, por exemplo, variam de aldeia a aldeia, de cidade a cidade, de país a país, mas não de maneira extrema: em cada microcosmos encontraremos uma composição genética comparável à do grupo maior, mesmo se um pouco diferente. O sistema ABO é um tanto excepcional: A e B normalmente estão ausentes entre os nativos americanos. Dá no mesmo analisar a classe rica ou a pobre, os brancos ou os negros – observaremos sempre o mesmo fenômeno. Qual é o sentido de falar de "pureza" de uma raça se toda população, por menor que seja, é variável? Se olharmos para outro continente encontraremos freqüências ligeiramente diferentes para os vários tipos, mas o microcosmos sempre tenderá a refletir o macrocosmos.

Assim sendo, nada de pureza genética: ela simplesmente não existe nas populações humanas. A pureza no nível genético poderia ser alcançada – mas somente até certo ponto – por meio de um programa de cruzamentos que estabelecesse a união entre parentes muito próximos, como o casamento entre irmão e irmã, pai e filha, e assim por diante. Esse tipo de união, no entanto, é proibido pela lei na maioria das comunidades humanas. De qualquer forma, seriam necessários cruzamentos desse tipo durante vinte ou trinta gerações, e mesmo assim não obteríamos um grupo absolutamente puro, onde toda variação genética foi eliminada. Fazemos isso com animais e plantas, mas sabemos que uma consequência freqüente é um alto grau de esterilidade, o que dificulta a manutenção de linhagens obtidas dessa forma.

A realidade é exatamente o oposto: para garantir uma fertilidade e saúde normais é preciso evitar o casamento entre parentes próximos, ou pelo menos torná-los pouco comuns. Em geral, casamentos mistos, incluindo aqueles entre pessoas de origens muito diferentes, geram uma linha de descendência muito mais robusta. Não existe absolutamente nenhuma desvantagem biológica nos casamentos inter-raciais.

Racismo

O racismo é a convicção de que uma raça seja biologicamente superior às outras. Daí resulta a preocupação dos racistas com a "manutenção da pureza da raça" para que a superioridade não desapareça ou diminua. Mas sabemos que nenhuma raça é pura: a manutenção da pureza é, portanto, uma preocupação absurda. O fato de que quase todos os indivíduos que nascem em certas regiões escandinavas sejam loiros, ou que quase todos os árabes sejam morenos, não significa absolutamente que exista uma igual "pureza" para as outras características de cada um desses grupos. A homogeneidade significa apenas que em relação àquela característica, e talvez a poucas outras, existiu muito provavelmente uma seleção natural por causa do clima. Com respeito a todos os outros genes, os indivíduos loiros são tão variáveis, tão "impuros", quanto os que pertencem a populações não-escandinavas. Da mesma forma, a seleção de cães, cavalos e outros animais para obter homogeneidade de características externas (como a cor do pêlo, a forma do corpo ou de suas partes, ou qualidades como um bom faro em cães e porcos, a velocidade de corrida em cães e cavalos e a capacidade de cães pastores de agrupar um rebanho) influencia pouco ou nada as enormes diferenças individuais que existem para todas as outras características. O criador que exagera nos cruzamentos entre animais de parentesco muito próximo, na esperança de obter um resultado "mais puro", corre o risco de perder a raça por queda da fertilidade e freqüentemente da vitalidade.

Quem somos?

Hoje em dia estamos plenamente convencidos de que as raças puras e perfeitas não podem existir, mas no passado o falso ideal da pureza da raça foi a base de muitas teorias que, embora errôneas, tiveram uma influência histórica importante. Entre elas, vale a pena recordar a de um francês do século XIX, o conde Joseph Arthur de Gobineau. Ele iniciou sua carreira como secretário de Alexis de Tocqueville, famoso ensaísta e político francês, e foi um viajado diplomata, autor de muitos livros. No seu ensaio *A desigualdade das raças humanas* (1853-1855), Gobineau argumenta que a raça suprema correspondia aos alemães, a quem considerava os descendentes de um povo mítico, os arianos. Buscando uma causa para a decadência das civilizações, conclui que esta se devia às mesclas étnicas, as quais reduziam a vitalidade da raça e a corrompiam. Gobineau foi o precursor de idéias que inspiraram Wagner, Nietzsche e o próprio Hitler. Houve outras pessoas com idéias semelhantes, mas ele foi o mais influente.

O racismo é, no entanto, mais antigo que as ideologias e provavelmente tão antigo quanto a humanidade. Geralmente pensamos que a nossa "raça" é a melhor (se por raça entendemos o próprio grupo social), independentemente da justificativa que damos ser biológica (somos mais bonitos ou mais espertos que os outros) ou sociocultural (nossa vida é mais agradável). Normalmente as pessoas não se esforçam por separar biologia e cultura e com freqüência cometem o erro de considerá-las uma coisa só. Nos tempos de Gobineau teria sido difícil fazer a distinção.

Num tempo mais remoto, os gregos viam com desprezo quaisquer estrangeiros: chamavam-nos "bárbaros", significando gaguejantes, por não saberem falar grego. Provavelmente todo grupo étnico desenvolveu um senso de orgulho pela sua comunidade que dificultou comparações objetivas. Como racista, Gobineau foi incomum porque não deu preferência ao seu povo, mas aos alemães. É verdade, no entanto, que os franceses do nordeste do país e muitos aristocratas poderiam gabar-se, correta ou incorretamente, de uma descendência dos francos, bárbaros germânicos que invadiram o norte da França depois da queda do Império Romano. Também os ingleses poderiam alegar um *pedigree* germânico pelas invasões anglo-saxônicas. O inglês Houston Steward Chamberlain, que se casou com a filha de Wagner, tornou-se grande admirador dos alemães e propagandista da falsa idéia de uma supremacia ariana.

O mito ariano é, entre outras, uma invenção recente. O termo "ariano" surgiu na lingüística do século XIX para definir as línguas hindus. A raiz indo-européia *ari* ou *arya* significa líder, nobre (de onde vem "aristocrático"). Hitler apaixonou-se pela palavra, mas talvez teria adotado outra se tivesse sabido da sua verdadeira origem: os hindus certamente diferem mais dos loiros nórdicos do que, por exemplo, os judeus, que ele resolveu odiar acima de qualquer outro grupo.

Todos sabemos (e os que não souberem estão convidados a ler seus textos de história um pouco mais a fundo, ou então providenciar livros melhores) que rumo tomou o racismo alemão quando Hitler tornou-se líder do país. Seria de esperar que a lição foi aprendida para sempre, mas a imprensa dos últimos anos e meses nos mostra de maneira cada vez mais trágica como é fácil esquecer o passado e repetir os mesmos erros. Por toda a Europa há uma enorme recrudescência do pensamento racista, mesmo onde antes inexistia ou era raro. Os seis milhões de judeus sacrificados nos campos de concentração nazistas não foram suficientes? Existem até aqueles que sustentam que nunca existiram! Como é possível? Devemos concluir que o racismo é uma doença social incurável, que nos atormentará para sempre?

As origens da alegada superioridade biológica

A Europa dos tempos modernos desenvolveu um grande poder político e econômico: França e Inglaterra, em particular, tiveram séculos de grandeza e glória, não de todo desaparecidas mas que certamente sofreram um drástico declínio. A Espanha viveu três séculos de riquezas e conquistas. Em outras partes do mundo, surgiram impérios que duraram no máximo alguns séculos ou às vezes alguns períodos breves.

As constantes mudanças do poder através da história mostram como ele é lábil e como é difícil mantê-lo por muito tempo. Em geral, sucesso e poder andam de mãos dadas. A sensação eufórica de pertencer ao país mais importante do mundo, ou a um dos mais importantes, com todas as vantagens que decorrem disso, pode facilmente induzir-nos a acreditar que a supremacia é objetiva, inata, duradoura, quando na verdade é o resultado de uma política inteligente e também afortunada, que pode muito bem revelar-se efêmera. A história nos mostra que essas situações felizes não duram tanto, que elas estão destinadas a desaparecer, às vezes rapidamente. Perdido o sucesso, onde fica a alegada superioridade? Não existe mais nenhum argumento sustentável a seu favor. É certamente impensável que o patrimônio genético de um povo possa mudar nas poucas gerações suficientes para o naufrágio das civilizações, talvez como resultado dos cruzamentos inter-raciais (e particularmente com os negros e os orientais!), como pensava Gobineau.

A confusão entre cultura ou civilização, de um lado, e patrimônio genético, do outro, entre nação e população, é a base dessa alegada superioridade biológica, que ninguém poderia demonstrar. A leitura dos textos de Gobineau é aviltante porque, na ausência de qualquer dado, ele pretendeu mostrar que a decadência de todas as civilizações se devia à mistura de raças, e que o progresso da humanidade era resultado dos esforços de alguns arianos. De todo modo, Gobineau conseguiu convencer uma parte notável da inteligência européia e encantá-la por quase um século. Foi obviamente fácil convencer os beneficiários diretos da sua teoria, os alemães, que abraçaram suas idéias racistas por mais tempo e com as mais nefastas conseqüências. Entretanto, não podemos atribuir toda a culpa a Gobineau; muitos outros seguiram na sua esteira e propuseram idéias semelhantes, alguns independentemente. Contudo, as raízes do racismo vão muito mais fundo que o discurso de um aristocrata intelectual.

A patogênese do racismo

Vários elementos combinam-se para tornar o racismo um desvio nada inesperado. O racismo é apenas a manifestação particular de uma síndrome mais ampla, a xenofobia: o medo ou ódio de estrangeiros, e mais geralmente por quem é diferente. A misogenia recai nessa última categoria, mas talvez tenhamos que cunhar outra palavra – misoandria –

Raça e racismo

para a fobia oposta das mulheres que odeiam os homens, para não falar do ódio aos homossexuais, aos padres, aos negros, aos judeus e outros mais.

O grupo social ao qual alguém pertence tem um papel importante na vida do indivíduo; parece razoável pensar que exista um impulso considerável em agir e sentir de acordo com o próprio grupo, para obter seu apoio e fornecê-lo se necessário. O fato de que seja razoável pensar isso não *prova* que o impulso é real. Mas vamos considerar que haja esse impulso, ou seja, uma tendência inata de considerar o grupo a que pertencemos uma entidade, que chamaremos *Nós*, em oposição àqueles que não pertencem ao grupo, que chamaremos *Eles*.

Se aceitarmos essa noção, também devemos aceitar que a definição de *Nós* varia de acordo com as circunstâncias. *Nós* pode ser a família, ou quem sabe a família menos alguns membros que julgamos não merecedores do nosso apoio ou confiança. A família é certamente o primeiro grupo *Nós* com quem todos entram em contato, exceto aqueles que não tiveram a sorte de ter uma, ou pertencem a uma não muito boa. À medida que progredimos na vida e fazemos outros contatos sociais, outros grupos *Nós* tornam-se importantes; os companheiros de jogos, os amigos, os colegas de escola e outros membros da comunidade escolar, ou organizações às quais gradualmente nos juntamos. Mais tarde surgem os colegas de trabalho e vários clubes e associações, cada um criando outro círculo que forma um novo grupo *Nós*. Alguns desses *Nós* podem entrar em choque – por exemplo, a família de alguém pode não aprovar certos amigos ou colegas de escola, gerando conflitos significativos para ele ou ela. Muitos *Nós* que criamos ao longo da vida para torná-la mais agradável seriam interessantes objetos de estudo no plano antropológico: "nosso" time de futebol, beisebol, basquete etc. pode adquirir uma enorme importância. Especialmente nas cidades onde existem dois ou mais times adversários, torna-se quase uma necessidade escolher um e torcer por ele.

Esses diversos *Nós* que influenciam grande parte da vida são muito importantes como fonte de prazer e ansiedade, inveja, raiva e culpa. Eles determinam um sentimento de lealdade e identidade que inclui o patriotismo em suas várias formas, e pode chegar a abarcar uma vasta

Quem somos?

gama de rivalidades provincianas. A importância desses *Nós* no dia-a-dia sugere uma tendência inata a construir tais grupos, que são uma extensão no nosso *Eu* e ajudam a construir uma barreira protetora ao nosso redor.

A tendência pode ser mais acentuada em alguns do que em outros. Se um ou outro grupo *Nós* adquire uma importância especial porque ajuda a substituir outro (a família, por exemplo) que, correta ou incorretamente, não satisfaz desejos ou necessidades, graves conflitos podem surgir como conseqüência.

Essa explicação por si mesma é insuficiente para compreender o racismo. Há outros determinantes importantes. Um deles é o poder do preconceito, que pode chegar às proporções de uma grave neurose. Não sabemos bem por qual motivo, mas com freqüência observamos tomadas de posições tão rígidas e absurdas, às vezes por pessoas muito inteligentes, que temos a necessidade de catalogar o fenômeno como neurose. Um exemplo clássico: alguns indivíduos, por sorte muito raros, passam boa parte do tempo analisando as supostas más ações dos judeus. A manifestação mais extrema disso foi a semitofobia de Hitler. Os judeus estão na mira desses neuróticos porque têm sucesso na vida social e, apesar das inúmeras perseguições, sempre conseguiram erguer-se novamente e com freqüência conquistaram posições de destaque na arte, nas ciências, nas finanças e em qualquer campo onde tiveram a possibilidade de ascender.

O ciúme e a inveja são causas comuns de racismo, assim como também o é a excessiva valorização de nós mesmos e nosso grupo, e o desprezo pelos outros. Muitos dos vizinhos dos pigmeus consideram-nos verdadeiros animais. O racismo, portanto, não é prerrogativa dos europeus e americanos, encontra-se por todo lado. Muitos anos atrás, numa delegacia de polícia na República Centro-Africana, tive a oportunidade de ler uma circular de Jean Bedel Bokassa, então presidente, antes que se revelasse um megalomaníaco a ponto de declarar-se imperador. Nela Bokassa expunha que é preciso respeitar cada homem como indivíduo e não basear-se no grupo ao qual pertence. Repetia que o mandamento "zo we zo" ("um homem é um homem" na língua oficial local) devia ser respeitado sempre. A frase provavelmente não era sua mas de Barthelemy Boganda, primeiro presidente da República, parente próximo de Bokassa e um homem de grande valor, morto precocemente num acidente aéreo. É interessante notar que a República Centro-Africana esteve durante muitos anos sob o controle político de uma tribo relativamente pequena, os ngbaka, que mantiveram contatos estreitos com os pigmeus. Tendo-os conhecido por um longo período de tempo, os ngbaka reconheceram e apreciaram as numerosas qualidades dos pigmeus.

O desprezo por indivíduos pertencentes a um grupo social mais pobre que o nosso (como os pigmeus, que sempre estão no degrau socioeconômico mais baixo) é outra fonte de racismo, que pode ser exacerbado pela infelicidade do grupo social que se sente inferior. A insatisfação, qualquer que seja sua causa, em geral estimula a procura de um bode expiatório, invariavelmente alguém mais fraco. Nos Estados Unidos, os grupos étnicos que chegaram por último sempre foram os mais pobres. Eles sofreram o racismo de grupos que haviam chegado antes e que, tendo tido tempo para adaptações, sentiam-se superiores. Atualmente, os últimos migrantes e grandes vítimas são os afro-americanos. Eles têm vivido nos Estados Unidos por dois ou três séculos; a escravidão foi declarada incompatível com a constituição americana em 1865, mas foi somente em 1954 que a segregação nas escolas foi eliminada e somente em 1964 que um decreto do Parlamento declarou também ser inconstitucional a segregação no setor privado. Mesmo tudo correndo bem, são necessárias três gerações para nivelar a desvantagem inicial.

Não é surpreendente, portanto, que ainda exista uma enorme lacuna econômica. Não podemos esperar que os afro-americanos consigam preenchê-la com a mesma facilidade que os imigrantes de origem européia. A principal barreira, que também representa o principal teste da igualdade racial, permanece quase intacta: a aceitação de casamentos mistos. Enquanto a união entre brancos e americanos de origem asiática, ameríndia ou polinésia (nas ilhas do Havaí) é mais comum, os casamentos entre africanos e brancos americanos aumentaram pouco desde que foram dados os primeiros passos em direção aos direitos iguais. Como ressaltado pelo geneticista Curt Stern muitos anos atrás, se a cor da pele fosse irrelevante na seleção de um parceiro, a distância de cor entre negros e brancos deveria desaparecer em duas ou três gerações. O

Quem somos?

fato é que as diferenças culturais e econômicas ainda são muito fortes, e a consciência da cor da pele ainda muito enraizada, para que a situação mude numa velocidade satisfatória.

O racismo é uma doença crônica que não poderemos suprimir rápida e facilmente. Mas as freqüências de atos terroristas racistas (sejam eles organizados por governos, por sociedades secretas ou não) e das guerras entre gangues tornaram-se tão altas que os países do mundo deveriam tomar medidas severas para preveni-las. Existem duas terapias principais. Uma é mais branda e não irá produzir resultados rápidos mas é, de qualquer forma, necessária: a educação em todos os níveis. A outra é um forte remédio político, judicial e social para frear a explosão de violência e fanatismo que testemunhamos. Os parlamentos deveriam providenciar leis muito fortes e apropriadas; os juízes deveriam infligir penas severas e a polícia deveria estar à altura das necessidades de um cumprimento rígido de leis enérgicas.

Existe uma esperança, mas para um futuro relativamente distante. A crescente comunicação e a migração estão eliminando a separação entre pessoas e também entre raças. Ainda estamos muito longe do "pote de ouro" que, no início do século, acreditava-se fossem os Estados Unidos; entretanto, a migração favorece a fusão genética e a cultural. E se a fusão genética tem progredido apenas lentamente, a cultural tem sido mais rápida. Teremos que esperar para ver se isso basta para reduzir o racismo, mas é evidente que a arma final contra o pensamento racista é a educação, juntamente com outras políticas sociais que ajudem quanto a isso.

10
O futuro genético da humanidade
e o estudo do genoma humano

Desde seu aparecimento há cem mil anos, o *Homo sapines sapiens* mudou e diferenciou-se nos grupos que agora observamos na Terra, embora milhares deles se encontrem em vias de extinção. Os homens modernos desenvolveram poderes de comunicação muito avançados, mas ainda têm um longo caminho pela frente até conseguir usá-los bem, em prol de uma convivência pacífica. Seria muito difícil mudar nosso *hardware*, ou seja, nossa bagagem hereditária. É bem mais fácil melhorar nosso *software*, nossa cultura. Certamente houve um progresso social: a escravidão era difundida e foi praticada em quase todos os lugares durante centenas de anos, mas no século XX virtualmente desapareceu como instituição legalizada. Também se foram os horários de trabalho inumanos do século XIX e o hábito de usar crianças para entrar nas estreitas chaminés das minas inglesas. Pelo menos no Ocidente, a terrível exploração do homem pelo homem não é mais tolerada pela lei.

Na realidade, os jornais e a televisão diariamente nos trazem notícias de fatos tão terríveis quanto os das guerras mundiais, que esperávamos tivessem terminado. Lemos sobre delitos às vezes tão cruéis quanto as fogueiras da Inquisição. O progresso tecnológico tem sido enorme, mas não necessariamente positivo, na medida em que trouxe muitos

Quem somos?

efeitos colaterais prejudiciais, que não conseguimos prevenir a tempo por ignorância, preguiça ou cobiça. Basta pensar no acúmulo de quantidades colossais de lixo, na contaminação dos mares e do ar, na destruição sistemática das florestas a quem devemos a possibilidade de respirar neste planeta, na depredação insensata e indiscriminada das reservas não renováveis de energia, que levaram centenas de milhões de anos para formar-se e agora estamos queimando em um século.

O progresso tecnológico em si é neutro e pode ter aplicações tanto positivas como negativas. Os possíveis extremos ficam particularmente evidentes no caso da energia nuclear. Ela talvez seja a solução para o problema de energia, que em breve será angustiante, mas melhoramentos fundamentais ainda são necessários para que seu uso pacífico evite contaminações ambientais e o perigo de incidentes graves. As aplicações militares trazem os maiores riscos à própria sobrevivência da humanidade; existe uma probabilidade pequena, mas não indiferente, de que vastíssimas regiões – até mesmo o planeta inteiro – sejam destruídas juntamente com seus habitantes pela insensatez de um ditador qualquer ou de um burocrata de cargo elevado.

Como será a mudança genética do homem?

As forças da evolução foram radicalmente transformadas pelos avanços dos últimos dez mil anos. O número de habitantes do planeta aumentou mais de mil vezes desde que surgiu a agricultura. Como resultado, a ação da deriva genética hoje em dia é bem mais modesta; poderíamos dizer que é quase inoperante. Desse ponto de vista, é muito improvável que os grupos existentes continuem a diferenciar-se.

Certos tipos de seleção natural também ficaram completamente inativos. Até poucos séculos atrás, 50% das crianças morriam antes de alcançar a puberdade, especialmente no primeiro ano de vida. Hoje são pouquíssimas as que não sobrevivem. Nos países mais desenvolvidos, a mortalidade infantil chega a ser inferior a 1%; no Terceiro Mundo, mesmo não alcançando níveis tão reduzidos, ela é hoje muito mais baixa do que no passado, enquanto a natalidade quase não se modificou. Conse-

O futuro genético da humanidade e o estudo do genoma humano

qüentemente, a população está aumentando de maneira impressionante; em alguns países, especialmente na África, América do Sul e Ásia do Sul, poderá dobrar ao longo dos próximos vinte anos.

Para que exista seleção natural é necessário que alguns morram enquanto outros sobrevivem, e alguns têm que morrer mais facilmente que outros. A queda da mortalidade infantil quase eliminou o efeito da seleção natural em razão das diferenças de mortalidade. Ainda existem doenças genéticas que não podemos curar. As que teriam conseqüências mais trágicas não são notadas porque desaparecem durante os abortos espontâneos dos primeiros meses de gravidez – que com freqüência também passam despercebidos. Um número cada vez maior de doenças genéticas pode ser evitado antes do nascimento, em geral pela interrupção da gestação.

Várias religiões decidiram considerar o aborto um delito, enquanto a maior parte da humanidade o aceita ou o pratica, julgando-o uma intervenção necessária em certos casos, embora dolorosa. Se o governo chinês não encorajasse o aborto para fins de controle de natalidade, a população chinesa, que já representa quase um quarto da mundial, aumentaria numa velocidade explosiva; os chineses em breve deslocariam o resto da humanidade para poder ocupar o espaço vital, dividindo-o no máximo com a Índia e outras nações até agora incapazes de controlar novos nascimentos, apesar de várias tentativas. Na China, a lei proíbe que os casais tenham mais de um filho e permite dois em alguns casos – uma limitação extremamente severa e com certeza penosa mas inevitável, que merece a gratidão do resto do mundo.

A incapacidade dos governos de modificar o comportamento reprodutivo é compreensível, porque se trata de algo muito difícil de controlar. É injustificável a posição das autoridades religiosas que se recusam a auxiliar a humanidade nessa necessária cruzada. A condenação do aborto e de quase todos os métodos anticoncepcionais em nome do direito à vida é o mesmo que enterrar a cabeça na areia, como faz a avestruz. É recusar-se a ver o monstruoso extermínio que a humanidade enfrentará em pouco mais de uma geração por ter crescido demais – um extermínio levado a cabo pela fome, pelas epidemias e pelas guerras, os três grandes fatores de reequilíbrio demográfico desde que existiu vida na Terra. São essas, por assim dizer, as armas que a Providência, em que os fiéis têm tanta fé, utiliza quando as populações superam as dimensões permitidas pelo próprio ambiente.

É curioso, e encorajador, que a Itália, o país mais católico do mundo e sede do papa, um dos líderes religiosos mais intransigentes no que diz respeito a contraceptivos, seja também a nação com menor índice de natalidade. Os ditames da Igreja Católica obviamente não são seguidos ao pé da letra. O uso do aborto como meio de limitar novos nascimentos pode ser considerado lamentável, mas é imprescindível sermos capazes de remediar possíveis erros. A importância do aborto não se restringe ao controle da natalidade: atualmente é também a única forma de reduzir algumas doenças hereditárias sérias.

A seleção natural não age apenas por meio da mortalidade, mas também pela fertilidade. Variações de fertilidade podem provocar mudanças significativas. Nos últimos cem anos (ou até antes, em alguns países e regiões) as classes sociais mais abastadas tiveram menos filhos, a tal ponto de algumas pessoas, confundindo riqueza com inteligência, vislumbrarem o perigo de uma queda da inteligência média. O fenômeno é transitório e emergiu do fato de a redução de nascimentos ter ocorrido primeiro entre as classes altas, especialmente entre os profissionais, difundindo-se a seguir pela escala social até chegar, por último, nos trabalhadores não-especializados.

Há uma grande variação de fertilidade entre famílias: a base disso é em parte biológica e pode ter efeitos seletivos, mas a influência cultural também é muito importante. Por exemplo, os católicos da Grã-Bretanha e dos Estados Unidos são relativamente poucos mas provavelmente obedecem aos ditames religiosos de forma mais conscienciosa que os de países majoritariamente católicos, como a Itália, a França e a Espanha. Mesmo pensando em nível mais superficial, existe uma notável diferença entre o silêncio que caracteriza a missa dos países anglo-saxãos e o burburinho e a falta de compenetração que reinam durante a celebração da missa na Itália.

A seleção natural por meio da fertilidade pode continuar a operar como fator evolucionário, mas age de um modo que tende a manter o *status quo* de todos os caracteres ao favorecer os heterozigotos (aqueles

O futuro genético da humanidade e o estudo do genoma humano

que receberam formas distintas dos mesmos genes de seus pais e mães), colocando em desvantagem os tipos extremos e dando vantagem aos intermediários.

A seleção natural também está modificando de maneira significativa a população mundial em outro sentido, ao alterar as relações numéricas entre as várias raças, não importa como as definamos. As altíssimas taxas de natalidade dos países africanos, do Brasil, da Índia e de muitas outras nações do Hemisfério Sul inevitavelmente mudam a composição da espécie humana como um todo. É uma notícia que fará empalidecer os racistas brancos, mas que é consoladora sob outros aspectos, particularmente no tocante ao uso de reservas.

Europeus e norte-americanos gastam quantidades enormes de energia para produzir todos os bens de que precisam, e não têm outra alternativa a não ser continuar agindo assim se quiserem manter o estilo de vida a que estão acostumados. Se eles se reproduzissem na velocidade das nações africanas, o mundo rapidamente iria à falência quanto a matérias-primas, a não ser que adotassem outro estilo de vida muito mais modesto. É provável que a queda da taxa de natalidade nos países economicamente avançados na verdade reflita uma necessidade de evitar esse colapso do consumo e tudo o que ele implica quanto à qualidade de vida.

A demanda de energia, alimentos e matéria-prima no Hemisfério Sul será o verdadeiro problema, difícil de resolver mesmo não havendo um aumento populacional. Mas o aumento acontece, com as populações dobrando de número a cada vinte anos, o que parece tornar quase impossível um avanço na qualidade de vida. Quando muito, é de esperar que ocorram graves colapsos socioeconômicos, ou que a natureza intervenha com seus meios (a fome, as epidemias e as guerras). Isso já não está acontecendo? É preciso bastante otimismo para não ficarmos muito alarmados.

Todas essas considerações referem-se a fatos socioculturais. No plano genético, o homem irá, em média, evoluir muito pouco. O fato mais significativo vai ser um deslocamento das relações numéricas entre raças. Haverá também um aumento de migrações individuais e, inevitavelmente, uma mistura inter-racial mais intensa que a de hoje;

essa por certo não é uma notícia ruim mas teria deixado em pânico Gobineau e seus amigos.

Eugenia

O termo *eugenia* se deve a Francis Galton, primo de Charles Darwin e pioneiro no estudo da genética humana, que o criou em 1883 para expressar a idéia de melhorar o patrimônio genético do homem.

Fala-se de eugenia positiva e negativa. A negativa é a eliminação de defeitos físicos e mentais; a positiva é o aumento de freqüência das qualidades mais desejáveis. Vários estados e alguns países escandinavos estabeleceram leis que tornam obrigatória a esterilização de deficientes, especialmente os portadores de deficiências mentais. Por várias razões, no entanto, essas leis não têm sido muito aplicadas. Entre outras coisas, os casos mais graves são com freqüência espontaneamente estéreis; de qualquer forma, a esterilização é uma maneira ineficaz e eticamente duvidosa de eliminar uma doença genética. Ainda não sabemos o suficiente sobre os genes responsáveis por muitos defeitos hereditários ou sobre como são transmitidos. Alguns defeitos são herdados de tal maneira que exigiriam a esterilização de um número impressionante de pessoas para serem suprimidos.

A fibrose cística, por exemplo, é uma doença que atinge um em dois mil indivíduos nascidos na Europa. Somente agora começa a ser realmente compreendida no plano dos genes; para eliminá-la teríamos que esterilizar uma pessoa a cada vinte, porque essa é a freqüência dos "portadores sadios", hoje facilmente identificáveis na maioria dos casos. A fibrose cística provoca, ou provocava, a morte quase certa da criança afetada por causa de uma série de problemas pulmonares e intestinais; mesmo agora os pediatras freqüentemente diagnosticam as crianças doentes pela peculiaridade que elas apresentam de perder grandes quantidades de sal (cloreto de sódio) durante a perspiração. Um provérbio alemão até diz que a criança com pele salgada não dura muito. Nos dias de hoje, o prognóstico é um pouco melhor: o tempo médio de vida aumentou para vinte ou trinta anos se o paciente for submetido a tratamentos

O futuro genético da humanidade e o estudo do genoma humano

intensivos e caros. Essa é apenas uma doença, e é particularmente freqüente; existem milhares de outras, quase todas bem mais raras e sobre as quais pouco se conhece. O número final é impressionante: se a esterilização compulsória fosse estendida a todos os portadores de defeitos hereditários, talvez não restasse ninguém capacitado a reproduzir-se.

Doenças como a fibrose cística são chamadas "recessivas", da palavra latina que significa "permanecer escondido". Elas de fato "se escondem" nos portadores sadios e só vêm à tona quando dois deles se casam, revelando-se em um de quatro filhos do casal. Já outras doenças, chamadas "dominantes", manifestam-se no próprio portador, embora muitas vezes apenas em idade mais avançada. A coréia de Huntington, por exemplo, é uma terrível moléstia dominante que pouco a pouco leva à morte mediante uma longa e inexorável deterioração da mente e do sistema nervoso, e manifesta-se em média aos quarenta anos. Nessa idade a pessoa geralmente já teve filhos, cujas chances de terem herdado o mal é de 50%. Nesse caso a esterilização seria aconselhável. A chance de um diagnóstico correto é praticamente 100%, embora seja sempre um dever cruel ter que dizer a alguém ainda normal que vai morrer lentamente em um hospital psiquiátrico por causa de uma doença horrível. Filhos de pais com a coréia de Huntington têm relutância em submeter-se a um teste; a maioria (quase 90%) não deseja fazê-lo. É difícil não simpatizar com esses indivíduos, pois, se o resultado for positivo, suas vidas podem tornar-se um inferno.

Uma forma recessiva de anemia severa, a talassemia, que já discutimos bastante, praticamente desapareceu das áreas onde era muito comum (na Sardenha e em Ferrara, na Itália) graças ao teste pré-natal e à interrupção da gravidez quando a condição é detectada. A doença, muito freqüente nessas duas regiões, é tão conhecida e temida que quase todos os recém-casados submetem-se voluntariamente ao exame e à interrupção da gravidez se o resultado é positivo. Como conseqüência, bebês talassêmicos são hoje muito raros. Desencorajar tal procedimento é a postura esperada dos padres católicos dessas áreas. Por sorte eles têm pouca influência, ou talvez piedade das famílias que, de outra forma, enfrentariam a pesada tarefa de cuidar de uma criança com um prognóstico de vida muito curto e dependente de contínuas transfusões sangüíneas (correndo o risco de contrair a Aids e a hepatite). Nos dias de hoje, o transplante de medula proporciona uma terapia eficaz mas não é fácil encontrar um doador compatível; além do mais, cada operação custa centenas de milhares de dólares à família ou à sociedade. O preço cada vez mais elevado dos tratamentos médicos forçará os países economicamente desenvolvidos a gastar uma parte cada vez maior das suas receitas para manter uma estrutura de saúde válida. Devemos perguntar-nos se é economicamente possível realizar todas as operações de alto custo necessárias caso todos os embriões potencialmente afetados com doenças hereditárias graves e testáveis venham a nascer.

Esse, entretanto, não é um exemplo de eugenia negativa. O diagnóstico pré-natal de uma doença genética e a interrupção da gravidez são apenas medidas profiláticas. Eliminar o nascimento de crianças doentes por essas vias não reduz a freqüência futura da doença. No plano emocional e afetivo, no entanto, a solução é aceitável para a grande maioria dos pais. É um procedimento tecnicamente bem menos complexo e arriscado que trazer a este mundo crianças afetadas e dependentes de tratamento médico contínuo, com grande sofrimento para elas e seus pais e graves dificuldades financeiras para a família e a sociedade.

A eugenia negativa pode parecer uma técnica antiga. Os romanos atiravam da rocha tarpeana, perto do Fórum, bebês recém-nascidos deformados ou com doenças incuráveis. Os espartanos possuíam costumes parecidos. Muitas populações primitivas praticam o infanticídio por razões semelhantes; trata-se de um ato muito mais difícil de aceitar do que um aborto, mas uma população primitiva não tem meios de sustentar crianças incuráveis por tempo prolongado, e em geral não dispõe de técnicas abortivas isentas de riscos. Entretanto, é incorreto equiparar a eugenia negativa com todas essas intervenções; de fato, elas praticamente não alteram a incidência das doenças genéticas numa população. Num sentido estrito, a eugenia negativa se propõe a evitar não apenas o nascimento, mas a própria concepção de indivíduos afetados por deficiências físicas ou mentais.

A verdade é que, mesmo querendo adotá-los, os programas de eugenia negativa ainda não são factíveis na prática. Tudo o que podemos fazer no momento é monitorar os distúrbios genéticos e prevenir o nas-

O futuro genético da humanidade e o estudo do genoma humano

cimento das crianças portadoras dos piores defeitos. Por enquanto, isso só é possível para as doenças mais conhecidas e freqüentes.

Acredito que é preciso ter clareza sobre o seguinte: não devemos considerar como obrigatória a interrupção da gravidez para evitar o nascimento de um bebê acometido por uma doença hereditária incurável; podemos apenas aconselhar os pais. Diante da possibilidade de uma criança dessas nascer, os pais têm o direito de saber do fato e da existência de uma solução, mesmo que o médico consultado desaprove a interrupção da gravidez por razões religiosas. Nos Estados Unidos, o presidente Bush não apenas fez o possível para impedir o aborto por qualquer motivo, como durante um bom tempo tentou vetar o uso de dinheiro público para o aconselhamento genético nos casos em que ele levanta a possibilidade de uma interrupção da gestação. É um exemplo, entre vários outros, do abuso de poder que lhe custou a reeleição.

E quanto à eugenia positiva? A idéia de melhorar a espécie humana não é tão estranha se pensarmos que animais domésticos e plantas cultivadas há milênios são submetidos a um contínuo aprimoramento genético. Em alguns casos, como o do milho, houve progressos incríveis: oito mil anos atrás uma espiga media pouco mais que um centímetro e cresceu com grande regularidade de milênio em milênio, até alcançar as dimensões atuais. Bovinos e ovinos foram selecionados para serem mais lucrativos quanto à produção de leite, carne e lã (no caso das ovelhas), tanto do ponto de vista de qualidade como de quantidade. Talvez os cães de raça sejam o melhor exemplo do poder da criação seletiva, porque em nenhuma outra espécie chegou-se a tanta variedade de tipos.

Seria realmente bom termos "raças" de garçons e garçonetes perfeitos, ou de secretários e secretárias, ou de soldados, e assim por diante? A idéia pode agradar a um tirano – alguns reis tentaram implementar a eugenia positiva (dizem que, no século XIX, Frederico, o Grande, rei da Prússia, casava seus granadeiros da Pomerânia apenas com moças bonitas), mas trata-se de algo profundamente contrário à dignidade humana, até mesmo às necessidades humanas. Os resultados de cruzamentos individuais são sempre muito incertos. Isadora Duncan, célebre bailarina americana, propôs casamento a Bernard Shaw para que seus filhos herdassem o intelecto do pai e a beleza da mãe. Shaw recusou a propos-

Quem somos?

ta com o célebre argumento de que as crianças poderiam acabar tendo os atributos físicos do pai e a inteligência da mãe!

Precisamos manter a diversidade genética existente porque ignoramos os desafios que o futuro nos reserva, particularmente no que diz respeito a novas doenças infecciosas. Um novo e terrível germe, o vírus da Aids, surgiu recentemente. Conhecemos pouca coisa sobre possíveis variações na predisposição à Aids, embora saibamos que isso normalmente ocorre nas moléstias infecciosas. Se impedíssemos a variação e acidentalmente forçássemos a reprodução de indivíduos sensíveis à doença, correríamos o risco de promover o fim da humanidade.

Podemos alterar profundamente a espécie humana ao selecionar qualquer tipo aparentemente promissor segundo nossa vontade. Durante o planejamento da fecundação artificial de vacas na Dinamarca, cinco touros foram escolhidos pelo homem para ser a fonte de esperma das futuras gerações de gado dinamarquês. Os criadores, infelizmente, desconheciam que um deles era portador de uma cardiopatia hereditária, que alcançou uma alta freqüência em toda a população bovina do país.

Uma proposta clara de eugenia positiva foi feita por um dos mais brilhantes geneticistas americanos, Hermann J. Muller (também descobridor da ação mutagênica dos raios X, que lhe valeu o prêmio Nobel). Ele sugeriu o uso do esperma de homens excepcionalmente inteligentes e capazes para a inseminação de mulheres voluntárias (um procedimento chamado "eutelegênese"). Muller era comunista e passou bastante tempo na Rússia no período entre as duas guerras. Dizem que tentou, sem sucesso, conquistar o interesse de Stalin pelo seu programa de eugenia positiva. Insatisfeito com a experiência soviética, cancelou os grandes comunistas da lista dos seus possíveis doadores.

Em tempos mais recentes, um industrial americano financiou uma iniciativa de eutelegênese, fundando um banco de esperma de personalidades famosas e abrindo suas portas para mulheres interessadas. Muitos prêmios Nobel recusaram-se a agir como doadores: Linus Pauli respondeu que achava melhor o método natural. O ganhador do prêmio Nobel que talvez tenha participado foi William Shockley, um físico cujo interesse pela eugenia fez que se dedicasse bastante à questão de uma

O futuro genético da humanidade e o estudo do genoma humano

possível base genética para a diferença de QI entre negros e brancos. Numa ocasião anterior, Shockely havia sido procurado por uma mulher casada que desejava uma inseminação artificial. O casal não tinha filhos por causa da esterilidade do marido e ambos estavam de acordo quanto à inseminação com o esperma de Shockely. Houve uma reunião com advogados de ambas as partes e foi elaborado um contrato. Um dos advogados levantou a seguinte questão: quem seria responsável pelas despesas de manutenção da criança, caso ela viesse a nascer com algum defeito congênito grave? A possibilidade de que isso acontecesse naturalmente existia. Diante da incerteza, o contrato se desfez e a doação de sêmen não se concretizou.

As novas técnicas à disposição levantam problemas de bioética como esse e outros afins. Além das questões legais e morais, a inseminação artificial que utiliza homens ilustres como pais potenciais também provoca uma certa curiosidade e alguns risos. Há um quê de vanglorioso e de ridículo no gesto nobre de um indivíduo importante que doa seu próprio esperma para o aperfeiçoamento da humanidade. Com certeza seriam preferíveis doadores mais humildes, caso a modéstia fosse hereditária.

Há muitos motivos que tornam as aplicações de eugenia pouco recomendáveis. Parece um tanto óbvio desejar produzir indivíduos bons, inteligentes, corajosos etc. A realidade, no entanto, é que não sabemos até que ponto existe um controle genético desses dotes psicológicos nem como ele funciona. Contudo, não há dúvida que esses dotes são também, e muito, influenciados pela história individual. Uma consideração feita por um colega meu mostra a extensão da nossa ignorância. A esquizofrenia é uma doença social bastante importante pela sua elevada freqüência (1% a 2% dos nascimentos) e é responsável por manifestações de loucura com graves conseqüências sociais. Sabemos que existe um componente genético para essa condição, embora ainda não tenha sido identificado. Parece, no entanto, que entre muitos esquizofrênicos e seus parentes mais próximos existe também uma certa originalidade e produtividade artística em várias áreas. Se eliminássemos os genes responsáveis pela esquizofrenia poderíamos correr o risco de perder muito da arte, do teatro e da literatura.

A engenharia genética

Em 1973, um experimento sensacional foi realizado nos laboratórios das Universidades de Stanford e de São Francisco: uma porção de DNA de eucarioto (organismo superior) foi inserida em um minicromossomo capaz de penetrar numa bactéria e reproduzir-se. Tornava-se assim possível transferir segmentos de DNA entre organismos muito diferentes, construir "híbridos" de maneira inédita, pensar em aplicações até então nunca imaginadas. Uma das primeiras utilizadas no campo da medicina foi a produção de um hormônio humano por uma bactéria: a insulina, necessária para o tratamento de diabéticos. Muitos outros exemplos, como o do hormônio do crescimento, do interferon, do TPA e de vários fatores de crescimento, seguiram-se ao da insulina.

A engenharia genética é a construção de novos organismos em que um segmento do DNA foi artificialmente modificado, ou substituído por outro retirado de um organismo diferente, ou talvez produzido por síntese. Nos exemplos que mencionamos no parágrafo anterior, inseriu-se numa bactéria uma determinada seqüência do genoma humano modificada para poder funcionar e reproduzir a substância desejada em grandes quantidades. A gama de aplicações potenciais em qualquer campo é enorme, desde o tratamento de doenças hereditárias até o melhoramento de plantas de importância agrícola e animais domésticos.

Na época em que essas aplicações ainda estavam por vir, os pioneiros no estudo do DNA e da engenharia genética ponderaram sobre as possíveis conseqüências graves ou insuspeitas dos seus trabalhos. Logo foi sugerida e implantada uma moratória, com o intuito de controlar severamente as pesquisas e evitar que as bactérias manipuladas escapassem dos limites do tubo de ensaio e se tornassem pragas incontroláveis no ambiente. Quando os desenvolvimentos subseqüentes mostraram que tais temores eram infundados, muitas das medidas de precaução foram eliminadas. O processo de engenharia genética não é "antinatural" como pode parecer de início. A própria natureza nos oferece exemplos de mecanismos que operam de maneira semelhante. Todos os métodos usados para cortar, recombinar o DNA e inseri-lo nos cromossomos uti-

O futuro genético da humanidade e o estudo do genoma humano

lizam enzimas específicas muito comuns no mundo natural. O fato de muitos cientistas importantes terem demonstrado uma preocupação exagerada com possíveis perigos excepcionais teve o efeito indesejado de estimular temores fantasiosos em algumas pessoas, que começaram a ver a engenharia genética como um projeto satânico e apresentá-la como tal. Depois de alguns anos de temores incontroláveis, quando os experimentos eram submetidos a controles extremamente rígidos, chegou-se lentamente a uma situação mais normal.

Na minha opinião, entretanto, foi muito positivo que os cientistas tenham enfrentado logo de início a possibilidade de males decorrentes das pesquisas; mais ainda, de terem tornado isso público, arcando com a conseqüência de enormes limitações no próprio trabalho, a maioria delas auto-impostas. É difícil encontrar exemplos comparáveis de tamanho senso de responsabilidade em outras esferas científicas.

Em geral, no entanto, não podemos esperar que todos os efeitos colaterais prejudiciais das novas aplicações industriais sejam previsíveis. Teria sido possível antever que os motores alternativos favoreceriam o crescimento de grandes cidades para depois sufocá-las com um ar cada vez menos respirável? Ou, citando um exemplo em que a relação causa-efeito é mais evidente, que o amianto seria prejudicial aos pulmões? Há duas opções: uma é bloquear todo progresso científico e tecnológico, o que é extremamente perigoso, porque novos problemas estão sempre surgindo e exigindo soluções e remédios imediatos (a Aids é um exemplo, ainda não solucionado); a outra opção é instituir uma engenharia social séria, que verifique o aparecimento de novos problemas, estude as medidas mais adequadas para resolvê-los ou preveni-los e rapidamente coloque em ação legislações eficazes. O fato de ainda não sabermos fazer isso não significa que seja impossível.

Podemos sempre, é claro, imaginar algum ditador malvado favorecendo pesquisas que visem produzir clones de soldados extremamente hábeis e obedientes, ou outros tipos servis úteis para se conseguir o controle do mundo. Tal empreendimento exigiria, naturalmente, um rigidíssimo controle genético dos dotes psicológicos – e não há provas de que isso seja possível. Esse controle provavelmente nunca alcançaria um nível suficiente para liberar a implementação do projeto. De qualquer maneira, ainda estamos longe de dominar o conhecimento necessário para concretizar esse pesadelo.

A modificação do patrimônio genético humano por meio da engenharia genética não é possível no momento e não o será por algum tempo ainda. Tudo o que foi tentado até agora, e realizado em pequeníssimo grau, envolveu células *não-germinais*, também chamadas células *somáticas*; portanto, essas mudanças não podem ser transmitidas de geração a geração. Atualmente, o ser humano não dispõe de conhecimentos técnicos e morais (isto é, de sabedoria) adequados para iniciar o melhoramento genético de si mesmo. A alteração das células somáticas, por sua vez, é obviamente permissível e até desejável se puder evitar doenças importantes.

Com o progresso atual na inseminação artificial, verificar a ausência de genes prejudiciais conhecidos no embrião em desenvolvimento está se tornando factível. Inserir genes no feto já é outra questão, potencialmente perigosa para o descendente. Na minha opinião, não deveria ser feito.

O Projeto Genoma Humano

Há vários anos fala-se do Projeto Genoma Humano (Human Genome Project), que finalmente está tomando forma. O objetivo é "mapear" todo o nosso genoma, ou seja, todos os genes contidos nos cromossomos de um indivíduo. Significa simplesmente escrever a seqüência dos três bilhões de letras (A, T, C e G, representantes dos quatro nucleotídeos) que compõem os 23 cromossomos do homem. Com sessenta espaços por linha, cinqüenta linhas por página e trezentas páginas por volume, isso implica preencher mais de três mil volumes – uma biblioteca nada pequena e, devemos admitir, de leitura terrivelmente maçante. Entretanto, ela contém toda a bagagem genética de um homem ou uma mulher.

Até agora têm sido construídos mapas de cromossomos mais grosseiros, reproduzíveis em apenas algumas páginas, que formam porém a base dos futuros mapas mais completos. Uma das principais objeções levantadas é de que esse trabalho irá, durante anos, ocupar muitos gru-

O futuro genético da humanidade e o estudo do genoma humano

pos de excelentes pesquisadores numa iniciativa pouco estimulante do ponto de vista intelectual. Na verdade existirão momentos difíceis, que exigirão muitos esforços e representarão grandes desafios. Uma outra objeção grave é o alto custo do projeto. Está em torno de três bilhões de dólares que – a menos que haja um aumento nos fundos globais reservados para a pesquisa – poderiam acabar sendo subtraídos de verbas destinadas a outros estudos, empobrecendo por um bom tempo a investigação nas ciências biológicas e em outras áreas. Uma terceira objeção possível é que nem todo o genoma pode fornecer informações úteis, na medida em que ele contém segmentos de DNA parasitas, às vezes chamados "egoístas" e considerados essencialmente supérfluos. A inutilidade de muitos desses segmentos é, porém, uma hipótese ainda por verificar. Recentemente descobrimos que alguns podem tornar-se prejudiciais ao sofrer certas mutações.

O que esperamos ganhar com o estudo do genoma humano? Conheceremos a seqüência de nucleotídeos no DNA dos genes estruturais que codificam moléculas fundamentais ao metabolismo celular – as proteínas. A seqüência desses genes nos permite deduzir a estrutura das proteínas, a partir da qual esperamos poder inferir suas funções. Muitas doenças decorrem de mutações nesses genes. Atualmente, compreender a posição e natureza do gene que determina uma certa patologia exige vários anos de trabalho num laboratório com vinte ou mais pesquisadores. Quando todo o genoma for conhecido, será muito fácil identificar um gene responsável, e isso poderá abrir caminho para novas idéias na terapia.

Existem também outras seqüências de DNA fundamentais para compreendermos como funcionam os genes, as células e o organismo como um todo. São as que regulam a função dos genes, "ligando-os" ou "desligando-os", aumentando ou diminuindo sua produtividade. Há sem dúvida muitas outras estruturas, funções e propriedades que ainda desconhecemos e que somente agora começamos a descobrir.

A identificação das novas seqüências dará início a um longo trabalho de interpretação, inigualável na história da biologia: três bilhões de nucleotídeos são realmente uma massa descomunal de dados, suficiente para impor respeito até ao mais possante dos computadores.

Quem somos?

A diversidade do genoma humano

Existe uma falha inerente ao projeto do genoma humano. Os três bilhões de nucleotídeos que mencionamos, ou os três mil volumes necessários para escrevê-los, referem-se a apenas um genoma, à metade dos cromossomos de um indivíduo, isto é, à herança genética que ele recebeu de apenas um dos pais. A segunda metade, recebida do outro genitor, já é outra história. Não seriam necessários outros três mil volumes para descrevê-la porque em grande parte é idêntica à primeira, mas também contém alguns elementos novos, e nenhuma das duas metades é necessariamente melhor ou mais significativa que a outra. Ambas estão igualmente qualificadas a representar a humanidade. Se analisarmos um novo indivíduo encontraremos mais variações, e assim por diante a cada novo indivíduo adicional. Em que ponto é então oportuno pararmos ao descrever o genoma humano? Quantos indivíduos distintos teremos que estudar para poder dizer que fizemos um bom trabalho?

Não temos uma boa resposta para essa pergunta porque nossa noção do grau de variação esperável é limitada. Acreditamos que entre as duas metades de um indivíduo, isto é, as contribuições genéticas recebidas de ambos os pais, exista em média uma diferença a cada trezentos ou quatrocentos nucleotídeos; mas também sabemos que a variação pode ser maior ou menor dependendo das partes do genoma em análise. Para genes muito importantes, que não podem mudar sem causar sérias ou trágicas conseqüências ao indivíduo, as variações são muito mais restritas, talvez da ordem de um a cada mil nulceotídeos, ou até menos.

O projeto do genoma humano seria, portanto, incompleto, e talvez falhasse numa das suas finalidades mais importantes, se nos limitássemos a estudar apenas um indivíduo, ou melhor, metade de um indivíduo. Entretanto, como o projeto já exige um empenho formidável da maneira que está, o estudo das variações individuais deve ser planejado com a máxima economia. É impensável analisar a seqüência de nucleotídeos nos genes de centenas ou milhares de indivíduos. Com um programa inteligente, entretanto, podemos esperar cobrir a maior parte das variações individuais significativas gastando pouco mais que 1% do custo total do projeto. Um grupo de colegas e eu lançamos a proposta

O futuro genético da humanidade e o estudo do genoma humano

de um programa desse tipo, chamado "Diversidade genômica humana" ("Human genome diversity").

Um projeto piloto já foi iniciado (em escala muito mais modesta) em 1984, quando retornei aos pigmeus que conhecia na República Centro-Africana para obter amostras de sangue, que permitiriam manter células sangüíneas em cultura e obter o DNA necessário para estudar o genoma dos doadores. O sangue contém muitos glóbulos vermelhos e mil vezes menos glóbulos brancos; apenas esses últimos são capazes de reproduzir-se porque possuem um núcleo, não mais presente nos glóbulos vermelhos. Uma pequena fração dos glóbulos brancos, chamados linfócitos B, pode dividir-se indefinidamente se for tratada num tubo de ensaio com um vírus especial, chamado Epstein-Barr. Culturas desse tipo podem fornecer-nos qualquer quantidade desejada de DNA, que é praticamente idêntico ao encontrado nas outras células do mesmo indivíduo.

Trata-se de células bastante frágeis e para cultivá-las em laboratório é necessário que o sangue seja fresco. É difícil resfriar amostras sem sacrificar vitalidade: a melhor solução é, por assim dizer, colocar a amostra no bolso e chegar o mais rapidamente possível ao laboratório para iniciar o tratamento. Em geral, as populações cujo DNA queremos particularmente preservar mediante essa técnica encontram-se longe de um aeroporto, o que cria dificuldades práticas notáveis. Em 1985, com a ajuda de um colega, coletei amostras de sangue dos pigmeus do Ituri, no nordeste do Zaire. No fim do dia da coleta subimos a bordo de um pequeno avião de missionários americanos, que por sorte havia pousado numa pista nas proximidades; na mesma noite chegamos ao aeroporto da missão, onde dormimos. De manhã, um avião maior da mesma missão, que presta serviços em dias fixos, levou-nos até Nairobi; de lá pegamos um vôo para a Europa e, na manhã seguinte, outro que nos deixou nos Estados Unidos. Dessa maneira, grande parte das amostras chegou ao seu destino em boas condições e foi cultivada com sucesso no laboratório do meu colaborador Kenneth Kidd, professor de genética em Yale; sua esposa Judy foi uma das primeiras pessoas a utilizar o método de "imortalização" das células, como é chamado normalmente. Um ano antes, seguindo o mesmo procedimento, já havíamos imortali-

Quem somos?

zado amostras de um outro grupo de pigmeus da República Centro-Africana, uma comunidade localizada a poucas horas de automóvel de um aeroporto internacional e que impôs problemas logísticos menos severos.

Trabalhando em conjunto com o casal Kidd e colegas do laboratório de Stanford, temos sido capazes, até agora, de transformar amostras de uma média de quarenta membros de quinze populações originárias de diversas regiões do mundo; elas nos permitem ter uma idéia inicial da variação genética mundial analisando diretamente o DNA. Todos os outros dados que discutimos neste livro foram obtidos nos últimos cinqüenta anos com métodos que não observam diretamente os ácidos nucléicos. Os resultados que fornecem, embora confiáveis, por diversas razões são menos completos e satisfatórios do que os gerados trabalhando diretamente com o DNA.

Esse pequeno projeto serviu de piloto para planejar o programa, muito mais ambicioso, do estudo da diversidade genômica humana. Na ocasião, o presidente da HUGO (Human Genome Project International Organization) era Sir Walter Bormer, diretor do famoso Instituto de Pesquisa sobre Câncer, em Londres. Walter e eu temos trabalhado juntos em vários projetos de pesquisa e em duas publicações principais, uma que descreve a genética das populações humanas e outra que é um livro-texto sobre genética e evolução humana. Na qualidade de presidente do projeto, Walter, que reconhece a necessidade de estudar a variação individual assim como eu, formou um comitê para investigar a diversidade do genoma humano, do qual sou presidente. Inicialmente também participou Allan Wilson, o autor dos brilhantes estudos sobre DNA mitocondrial e da teoria chamada (um tanto imprecisamente, como vimos) "Eva africana". Infelizmente, Alan já sofria de leucemia aguda quando o comitê foi constituído em 1991 e o transplante de medula óssea não foi capaz de salvá-lo. Atualmente o comitê comporta doze geneticistas de várias partes do mundo. Muitos outros cientistas passaram a interessar-se pelo empreendimento, especialmente os de países do Terceiro Mundo, onde vive a maior parte das populações a serem amostradas. O projeto começou a funcionar na Europa e na Ásia.

O futuro genético da humanidade e o estudo do genoma humano

A importância da abordagem multidisciplinar

Um aspecto muito estimulante do projeto é sua multidisciplinaridade. Não podemos conduzir um estudo desses sem tentar a colaboração de colegas de numerosas disciplinas, desde a Antropologia (seja física ou cultural, incluindo a etnografia), até a Lingüística, a Arqueologia, a História, a Geografia Humana, a Economia, a Demografia. Também são importantes especialidades como a toponomástica (o estudo do nome de lugares), o estudo dos sobrenomes, da arte parietal, e provavelmente muitas outras. Precisamos tanto de generalistas como de especialistas das áreas mais distintas. O novelista e cientista britânico C. P. Snow comenta no seu livro *As duas culturas* que existe uma grande lacuna entre as ciências e o humanismo (representado pela história, a literatura e a arte). Para o nosso trabalho devemos superar essa lacuna, criar pontes. Pesquisadores de duas disciplinas totalmente diferentes são capazes de colaborar entre si, de ter até uma colaboração estreita, desde que estejam bem interessados em fazê-lo e dispostos a aprender os conceitos e termos mais importantes da especialidade do outro.

A terminologia científica é muito importante no trabalho especializado, mas pode abafar a divulgação de informação e a compreensão entre disciplinas diferentes. É importante reduzir ao mínimo o jargão técnico, para não afastar de modo irreversível um potencial colaborador. A terminologia serve apenas para agilizar e tornar mais precisa a comunicação entre especialistas de um mesmo campo, mas é desnecessário utilizá-la sempre nas suas formas mais particulares e crípticas; há ocasiões em que seu uso abusivo lembra o emprego de abreviações e termos latinos por médicos de outros tempos quando queriam impedir que o paciente compreendesse do que falavam.

Os conceitos das várias disciplinas em geral não são obscuros e estão ao alcance de todos, desde que expressos com palavras simples. Para que haja uma boa comunicação interdisciplinar é essencial limitar ao máximo os termos específicos empregados e defini-los cada vez ou sempre que possível. A chance de trabalhar em novos campos é uma grande oportunidade, porque anos de dedicação a uma mesma área e a crescente especialização a que isso leva podem ter um efeito esterilizante; a in-

Quem somos?

trodução de novos interesses, mesmo que em tempo parcial, pode ser revitalizante.

Existe também um outro problema básico, já mencionado, que apenas uma abordagem multidisciplinar pode resolver. Como todo trabalho histórico, a análise da evolução tem uma séria falha essencial, pelo menos para quem está acostumado à pesquisa no campo das ciências naturais: falta o suporte derivado do experimento. A história não pode ser repetida tal como aconteceu e, especialmente, quantas vezes desejarmos. O que aconteceu, e muitos detalhes que serviriam para melhor compreender os desenvolvimentos que nos interessam, fica perdido para sempre.

Mesmo sentindo profunda admiração por uma análise histórica incisiva, detalhada e aparentemente convincente, sabemos que as conclusões históricas sempre contêm um elemento de incerteza. Em alguns casos, a análise de um processo evolucionário pode ser ajudada por simulações em computador que, reproduzindo partes do evento real, nos dizem se teorias alternativas fornecem explicações igualmente válidas para o fenômeno. Permanece a dúvida, no entanto, de terem sido omitidos fatores importantes ao programar a simulação. Além do mais, em muitos acontecimentos reais (e também em muitas simulações computacionais) existe sempre uma cota de eventos casuais que torna qualquer interpretação dos fatos observados aberta à incerteza. Tolstói faz uma maravilhosa análise disso num famoso capítulo de *Guerra e paz*.

A pesquisa experimental no campo da química, da física ou da biologia tem a vantagem de permitir a repetição de um experimento variando-se à vontade as condições. Pode parecer, portanto, que nessas áreas as conclusões a que chegamos sejam inevitavelmente muito mais sólidas que as dos estudos evolucionários. De maneira geral isso é verdade, mas até o trabalho experimental pode comportar interpretações que dão margem à dúvida e resultados não perfeitamente reproduzíveis. Apenas na matemática temos a garantia de chegar a conclusões indiscutíveis.

Experimentos estão sujeitos a erros e, de maneira geral, um resultado adquire credibilidade apenas quando for observado independentemente por pelo menos dois pesquisadores distintos. Em todas as disciplinas existem numerosos exemplos de erros e de fraudes (felizmente

O futuro genético da humanidade e o estudo do genoma humano

muito mais raras) que por muito tempo não foram descobertos. Ao lidar com construções teóricas muito abstratas, baseadas em experimentos complexos, a dúvida pode sempre permanecer.

A validação das conclusões

Teorias que ainda parecem um tanto arriscadas, apesar de validadas pelos experimentos de laboratório, adquirem credibilidade com o sucesso de suas aplicações. Pode ser difícil acreditar que uma determinada seqüência de nucleotídeos proposta por um geneticista descreva um gene que controla a deterioração do tomate, mas se um químico usa essa descrição para produzir um DNA artificial que, introduzido no código genético de uma variedade de tomates, faz que eles murchem mais lentamente – talvez de uma forma até então não observada na natureza – torna-se difícil negar a teoria inicial. A engenharia genética providenciou diversas formas de desacelerar a murchação do tomate, o que permite que eles sejam colhidos quando estão mais maduros e suculentos. Alguns desses produtos serão brevemente lançados no mercado e enfrentarão pela primeira vez o teste da reação do consumidor. Centenas de outros vegetais poderiam ser manipulados da mesma forma. Mas também existem centenas de pessoas aterrorizadas pela engenharia genética e elas são politicamente muito ativas.

Na pesquisa sobre evolução, o ataque multidisciplinar oferece o seguro mais importante contra erros. A questão de como a Europa foi povoada pode ser considerada de diferentes ângulos, dos quais o genético é apenas um (e, na minha opinião, particularmente importante). Comparando os dados genéticos com os de outras fontes podemos ver se a hipótese se sustenta em diferentes frentes. A situação ideal é aquela em que todos os métodos e fontes de informação utilizadas apontam para uma interpretação correta.

Essa convergência é difícil de atingir: muitas das possíveis abordagens dão pouca informação sobre um determinado problema. Além do mais, os especialistas de uma área freqüentemente não estão dispostos a levar em conta conclusões alcançadas por outros sistemas de ataque do mesmo problema, que podem diferir pouco ou muito do método utilizado por eles. Convencê-los é algo que pode levar bastante tempo e às vezes ficamos com a impressão de que eles nunca conseguirão superar seus preconceitos enquanto vivos.

Naturalmente, é inevitável que ao longo de uma vida de pesquisa um cientista cometa vários erros. Um pesquisador deve sempre reconhecer que a possibilidade de errar existe, fato obviamente desagradável quando acontece. Na pesquisa científica é importante ter uma dose adequada de humildade. A pesquisa histórica é, num certo sentido, mais arriscada e também mais sujeita a divergências intermináveis; apesar disso, ela pode ser mais satisfatória que outras, porque desenvolve uma incrível agilidade intelectual em razão das dificuldades que enfrenta. Mas é preciso estar preparados para longos e às vezes desagradáveis debates.

O principal fator que controla o número de discussões é a incerteza do argumento, que na biologia é em média maior que na física, e na física é maior que na matemática. Na antropologia – considerada no sentido lato –, a incerteza atinge um máximo, gerando muitas polêmicas e críticas; em alguns departamentos de antropologia americanos os jovens estudantes chegam a ser treinados na atividade científica quase como se fossem galos de briga. Muitos, por sorte, acalmam-se ao longo da vida acadêmica, mas outros permanecem extremamente agressivos.

O estudo do homem

Deixando de lado as considerações sobre sociologia da ciência, os problemas que dizem respeito ao Homem são particularmente fascinantes. Estudar sua origem e o nosso passado ajuda a compreender quem somos. Uma grande parte da nossa vida depende do ambiente cultural, e outra, também fundamental, depende da estrutura genética.

Mesmo as doenças são em grande parte expressões da cultura e da história. Algumas estão extremamente relacionadas com a nossa constituição biológica, ou a dos germes e parasitas que nos atacam de todos os lados. Outras são a conseqüência direta das tecnologias. A passagem

O futuro genético da humanidade e o estudo do genoma humano

da economia da caça e da coleta para a agricultura trouxe várias doenças: algumas, como a intolerância à lactose ou ao glúten, ou o kwashiorkor (uma deficiência nutricional encontrada nos países em desenvolvimento) são hoje bastante raras mas chegaram a ser mais freqüentes; outras, como certas alterações cardiovasculares e alguns tumores que dependem do abuso de alimentos muito gordurosos, ganharam terreno mas não existiam, ou eram muito raras, antes do desenvolvimento de uma economia baseada na agricultura e na pecuária. A vida muito ativa das presas consumidas pelos caçadores-coletores impede o acúmulo de grandes depósitos de gordura nas suas carnes. As doenças devidas ao ambiente cultural em que vivemos cobrem uma vastíssima gama.

Diz-se que a saúde é o principal componente da nossa felicidade; mas existem outros que também dependem da nossa história biológica e cultural e variam de indivíduo a indivíduo, como o trabalho para o qual somos mais bem talhados ou as diversões que mais procuramos. Para desenvolver de forma harmoniosa nossa personalidade devemos estudar e respeitar a variação individual, tanto a biológica como a cultural.

Nesse sentido, a compreensão da história e da evolução tem muito a contribuir, porque existe evidentemente um óbvio interesse prático e também intelectual nesses estudos. Temos uma enorme necessidade de nos autoconhecer e aprender a utilizar nossa herança cultural da melhor forma possível.

Epílogo

Agricultura e domesticação de animais: essas invenções de dez mil anos atrás são aplicações de uma genética primitiva. Renascida no século XX, a disciplina da hereditariedade avançou a passos gigantes e veio revelar a própria natureza da vida. Ela deu ao homem poderes extraordinários para modificar os seres vivos, mesmo que poucos dos seus usos potenciais tenham sido desenvolvidos até agora e principalmente no campo da medicina. No entanto, fica claro que estamos no limiar de uma nova era.

Como sempre, essas aplicações potenciais podem ter efeitos colaterais sérios, ou mesmo irresponsavelmente prejudiciais. Cabe a nós guiá-las na direção certa. Os resultados alcançados na agricultura e criação de animais foram de enorme importância para a humanidade e permitiram superar uma crise há dez mil anos, mas também abriram caminho para outras. Por exemplo, a pastagem indiscriminada de cabras, ovelhas e mesmo de bovinos pode destruir ambientes secos, especialmente os mais frágeis, e promover mudanças irreversíveis. A desertificação do Saara foi em parte, e continua sendo, a conseqüência desse tipo de erro. A irrigação da região da Mesopotâmia para fins agrícolas, que no passado chegou a ser extremamente fértil, foi um fator prepon-

Quem somos?

derante da sua desertificação, ao causar um aumento excessivo dos níveis de sal no solo. Esses efeitos desastrosos não poderiam ter sido previstos na época. Mas era claro que o uso do cavalo para fins militares levaria à propagação de guerras violentas. A introdução da cavalaria, há mais de três mil anos, impulsionou uma revolução das técnicas de guerra comparável à da introdução das armas de fogo alguns séculos atrás.

As aplicações médicas da genética estão direcionadas para o tratamento e a prevenção de doenças hereditárias e não devem causar medo. Já podemos prevenir o nascimento de crianças com algumas moléstias particularmente graves e freqüentes, e poderíamos eliminar quase completamente o nascimento de indivíduos com doenças hereditárias importantes. Até agora isso tem significado a interrupção da gestação, mas métodos menos invasivos poderão ficar à disposição num futuro bem próximo.

O sofrimento intenso causado pelas doenças hereditárias aos diretamente afetados e seus parentes próximos já é amplamente evitável, e pode chegar a ser eliminado. É, portanto, incompreensível que os teólogos da Igreja Católica Romana e os menos sutis mas até mais rígidos fundamentalistas de outras religiões condenem tão prontamente certos pais por querer evitar tanta dor em futuras crianças afetadas, ou mesmo evitar para sempre o nascimento de filhos próprios. A pena recai sobre a criança, além dos pais, e é profundamente injusta, porque num mundo melhor a criança *tem o direito* de nascer saudável, um direito possibilitado pelo avanço do conhecimento humano que as concepções teológicas lhe negam.

Alguns eugenistas entusiasmados gostariam de transformar-se em criadores de uma raça melhor, não de cães, cavalos ou ovelhas, mas do próprio ser humano. Escolher as qualidades mais importantes pode parecer simples, mas não se trata apenas de copiar os programas de melhoramento das espécies animais e vegetais (a "seleção artificial") e aplicá-los ao homem. No caso de animais e plantas é relativamente simples decidir quais características devem ser aprimoradas; nos humanos, as principais são difíceis de observar ou medir. Além disso, o programa enfrentaria enormes problemas morais no que diz respeito à violação da liberdade individual, da dignidade, dos direitos fundamentais; de qual-

Epílogo

quer forma, mesmo querendo, não teríamos o conhecimento suficiente para levar isso a termo.

Os eugenistas mais ardentes são em geral impulsionados por pelo menos dois fantasmas: estão convencidos de que a genética é soberana na determinação das nossas qualidades e defeitos, e de que a condição inata não possa ser de forma alguma modificada. São os chamados *"do-gooder"*, isto é, querem fazer o bem a qualquer custo mas com pouco conhecimento de causa, e tendem a enveredar pelo desastre, por caminhos que nos levariam ao inferno mesmo se pavimentados de boas intenções. É muito melhor pensar em ações corretivas moderadas e com visão a longo prazo, voltadas para a eliminação dos defeitos mais graves.

A idéia de que o estado genético não pode ser corrigido é com freqüência incorreta, e é previsível que também nessa direção haverá progressos. Talvez com o tempo sejamos capazes de corrigir algumas das doenças atualmente consideradas incuráveis; mas deixar que a incidência das parcialmente curáveis aumente livremente poderia custar à sociedade um preço altíssimo, tanto humana como economicamente. A medicina certamente avança, mas no seu ritmo próprio.

Para alguns problemas da sociedade, talvez mais urgentes que os da área de saúde, os custos de uma solução podem ser menores. É evidente que nossa educação intelectual, moral e social é insuficiente e deve ser melhorada. É preciso com urgência viabilizar operações de salvamento para lidar com o alto nível de desemprego, o treinamento de pessoal visando a novos trabalhos, a criação de novas especializações. Apesar de a escolha de uma carreira ser uma das mais importantes decisões na vida, em geral é tomada com pouco acesso a informações e com chances reduzidas de encontrar uma posição realmente adequada à nossa personalidade. É preciso dar o devido peso a esse momento fundamental que é o ingresso no mundo do trabalho.

O trabalho continua ocupando a maior fração do tempo em que estamos acordados, e devemos torná-lo mais satisfatório do que atualmente o é. O trabalho ideal é mais prazeroso que qualquer diversão. Naturalmente, seria muito difícil, ou mesmo impossível, que todos alcançassem essa posição de privilégio, mas devemos tentar chegar o mais próximos disso. Um bom começo seriam programas de ensino especiais, que divulguem informações sobre carreiras num tempo útil e criem a oportunidade de testar diferentes especialidades ou mesmo mudar de carreira após alguns anos, caso seja necessário. Se as pessoas pudessem escolher suas atividades profissionais livremente, valorizando seus talentos, seria maior nossa esperança de criar um ambiente de vida mais seguro e agradável, que encorajasse uma grande variedade de gostos, de inclinações e atividades, reduzindo ao mínimo as injustiças e crueldades que se perpetuam pelo mundo. A história mostra que as civilizações florescem quando sabem promover diferentes expressões, valorizando as mais diversas contribuições; elas decaem quando a intolerância e a incapacidade de interagir com os que são diferentes prevalecem.

Perseguições políticas, religiosas e raciais ocupam o palco do mundo diariamente. A perseguição racial, que nos dias de hoje está particularmente acirrada, é mais monstruosa do que a religiosa ou política, porque quando a violência de grupos mais fortes se torna inevitável podemos pelo menos tentar mudar ou esconder nossa posição política ou fé, mas não podemos mudar nossa raça.

Todos sabemos como é importante conhecer a história para esclarecer fenômenos e manifestações da vida humana que de início parecem incompreensíveis. A história biológica do homem é a sua evolução e a ela se integra a história cultural, influenciando ou sendo influenciada. Cultura e biologia não podem ser mantidas separadas se desejamos evitar esse mar de sofrimentos que diariamente testemunhamos e que nos partem o coração. A nossa natureza animal, com freqüência incapaz de controlar a intemperança, é responsável por muitos desses excessos, mas a história cultural pode ensinar-nos a evitá-los.

Onde encontrar um guia quando atingidos pela dúvida, e um consolo quando assolados pela desgraça? Tradicionalmente a resposta está na fé religiosa, uma atividade que em parte distingue os homens dos outros animais. Recorremos, é claro, àquela que nos foi imposta desde pequenos por um determinado país ou ambiente social. Muitos se apóiam na religião buscando conforto, mas o resultado nem sempre é um ambiente melhorado. Pelo contrário, a convicção de cada religião ser a única dona da verdade gerou os mais terríveis conflitos. O respeito pela religião que herdamos mal pode vir dos seus dogmas, em geral inúteis ou

Epílogo

até mesmo nocivos, nem da sua história, acidentada por contradições e violências. Ele nasce da crença de que a maioria das religiões tem um substrato ético comum, também condividido por muitas filosofias, que é simples e compreensível e pode resolver boa parte dos problemas morais do dia-a-dia. Muitos povos considerados "pagãos" aceitam os mesmos princípios.

Conflitos éticos individuais são fáceis de solucionar com alguns poucos princípios que, bem ou mal, todos aprendemos. Decisões importantes que dizem respeito ao grupo social ou, pior, a toda a humanidade, podem criar problemas morais mais complexos ou mesmo impasses técnicos gerados pela necessidade de prever as conseqüências de uma ação em longo prazo. É responsabilidade de todo ser humano prever e prevenir o perigo potencial da sua economia, ciência ou tecnologia, estabelecendo medidas preventivas e de controle, e sistemas de alerta rápidos. Somente assim poderemos conquistar uma existência mais pacífica e desfrutar da riqueza e das variedades oferecidas pelo desenvolvimento balanceado do potencial humano.

Postscript

"Déjà vu"

Quando me mudei para a Universidade de Stanford, há aproximadamente 25 anos, um artigo escrito por Arthur Jensen (1996), professor de Educação em Berkeley, foi publicado na prestigiada revista *Harvard Educational Review*. Conforme resumido no Capítulo 8, afirmava que a inteligência padrão dos negros nos EUA, quantificada pelo teste de QI, era muito menor que a dos brancos; e mais, na medida em que o "teor de hereditariedade" do QI era muito alto, a diferença entre brancos e negros seria genética. Partindo do pressuposto de que todo comportamento genético não pode ser mudado, deduziu-se que a esperança de mudar essa lamentável diferença era praticamente nula.

Mesmo antes da publicação de Jensen, William Shockley, um físico de Stanford ganhador do prêmio Nobel como coinventor do transistor, manifestara-se enfaticamente sobre a mesma questão. Shockley considerava necessário prevenir a redução da inteligência nacional, um desastre que via como iminente. Sua solução era radicalmente eugênica. Pelo menos na ocasião, a taxa de natalidade dos negros americanos era mais alta que a dos brancos e, segundo o renomado físico, a persistência

Quem somos?

dessa tendência acabaria por diminuir o QI médio dos EUA. A solução proposta por Shockley foi oferecer um prêmio de cinco mil dólares às mulheres negras que concordassem em ser esterilizadas.

Há uma nítida falta de compreensão genética na visão de Jensen & Shockley, que os levou a cometer erros sérios. Sendo, na época, o único especialista em genética humana de Stanford, tive que reagir. Shockley percorria o país dando conferências sobre o assunto e o questionei repetidas vezes. Walter Bodmer e eu (Cavalli-Sforza & Bodmer, 1971) tínhamos acabado de escrever um livro sobre genética das populações humanas, onde discutíamos amplamente a questão. Como o livro ainda não estava editado, organizamos um resumo das partes mais relevantes num artigo veiculado no *Scientific American* (Cavalli-Sforza & Bodmer, 1970). A iniciativa de Richard Herrnstein (1971) foi outra explosão de fogos, embora menos expressiva que a causada pela publicação de Jensen. Herrnstein, professor de Psicologia de Harvard, preocupou-se essencialmente com diferenças de QI entre as diversas classes sociais; elas são duas a três vezes maiores que as observadas entre brancos e negros.

Passado um certo tempo, a agitação diminuiu. Nada de muito significativo aconteceu nessa frente durante os 25 anos seguintes, com exceção de alguns artigos importantes sobre o QI de crianças negras adotadas por famílias brancas e os livros brevemente mencionados no Capítulo 8. Mais de 25 anos depois, o livro *The Bell Curve* [*A curva de Bell*] (Herrnstein & Murray, 1994) explodiu como uma bomba, disseminando essencialmente as mesmas velhas idéias para um público mais amplo. Terá sido coincidência que a chegada desse livro foi simultânea a um momento em que os republicanos pareciam estar subindo ao poder e queriam que as pessoas fossem expostas a motivações científicas de uma agenda um tanto parecida com a sugerida por eles? Não há como negar que algumas das recomendações de Herrnstein & Murray são bastante parecidas com as que os conservadores extremistas prezam: reduzir ao máximo, se não totalmente, os serviços sociais, as ações positivas, os programas de previdência social, a intervenção federal na educação etc. O sonho deles era voltar à era pré-Roosevelt.

O livro foi escrito de maneira hábil, com uma técnica que me lembra aquela utilizada por Shockley, entediando o público com gráficos de

Postscript

difícil compreensão para a maioria das pessoas mas destinados a convencer a audiência da validade das suas propostas eugênicas. Ao longo do livro, os autores de *The Bell Curve* na verdade estão sempre usando gráficos para convencer você, por exemplo, de que o QI dos pais importa mais que a condição socioeconômica (NSE) para manter afastados vários males sociais, desde a pobreza à ilegitimidade e ao crime. Eles alegam ter provado a importância relativa de fatores causais tendo por base coeficientes de correlação.

"Correlação" é uma técnica estatística usada para medir semelhanças (ou diferenças). Entretanto, até mesmo um estatístico medíocre sabe que os preços da manteiga e os dos cosméticos provavelmente irão subir ou descer em paralelo ao comparar períodos ou lugares diferentes. No caso do fenômeno temporal, isso acontece por causa de um efeito análogo da inflação sobre todos ou quase todos os preços. No caso de diferentes localidades (por exemplo, estados diferentes), a correlação é determinada pela variação global do custo de vida nesses estados. O fato de os dois preços serem parecidos não implica que o da manteiga determina o dos cosméticos ou vice-versa. Não posso deixar de sentir-me amedrontado pela arrogância com que os autores sempre sabem qual é a interpretação correta dos dados e qual a errada, qual é a coisa certa para o país e o que nós deveríamos fazer. Os políticos, é claro, sempre têm que pretender que estejam certos. Mas nunca soube de cientistas que invariavelmente conhecem as respostas definitivas. Raramente os autores abrem espaço para um pouco de ignorância ou incapacidade de tomar decisões baseadas na evidência disponível, a não ser quando é conveniente para proteger suas idéias. Entretanto, a maior parte das conclusões que eles apresentam fundamenta-se em evidências insuficientes. Quanto aos problemas socioeconômicos, a possibilidade de realizar bons experimentos é extremamente reduzida ou nula, o que facilita a possibilidade de erros. Essa situação não é igual à de investigações científicas em que é possível desenvolver experimentos confiáveis, variando o peso de fatores potencialmente significativos e testando rigorosamente seus efeitos.

Alguns dos erros cometidos por Jensen & Schockley não foram repetidos por Herrnstein & Murray, pelo menos não superficialmente. Por

Quem somos?

exemplo, eles parecem compreender, e com certeza reconhecem abertamente, que uma alta "hereditariedade" não implica que a diferença de QI entre brancos e negros seja genética e é compatível com qualquer explicação da diferença, seja ela genética seja ambiental; entretanto, alegam que o próprio fato de o QI ser tão hereditário torna "provável" que a diferença seja genética (eles apresentam uma "estimativa média" de 60% e iremos analisar por que isso não está certo). Isso nos faz suspeitar da boa-fé ou coerência dos autores, e as dúvidas aumentam nos casos como o descrito a seguir.

Herrnstein & Murray relatam que, desde a tomada de medidas positivas, houve, nos últimos dezenove anos, uma redução importante na diferença entre brancos e negros quanto a vários testes escolares de aptidão. Esse fato, entretanto, não abala em nada a fé dos autores numa explicação essencialmente genética da diferença de QI. Na verdade, a redução observada é tão grande (30%) que se continuasse na mesma velocidade a diferença iria ser insignificante daqui a sete anos. Quando lidamos com processos de acumulação, três gerações em geral são um tempo razoável para cancelar um contraste inicial – e o processo pode tornar-se mais longo se no começo as discrepâncias sociais e econômicas forem muito grandes. Transcorridos cem anos, a maioria das pessoas que estavam vivas no início da cultura já terá morrido. Além disso, existe sempre uma fração da população menos exposta aos fatores da mudança, ou mais resistente a eles.

Levando em conta o começo particularmente difícil daqueles que até o século XIX eram escravos e que adquiriram direitos civis importantes somente nos anos 60, a redução observada é muito encorajadora. Poderíamos, é claro, pensar que Herrnstein & Murray refutam a idéia de o QI ter mudado porque o cálculo dessa queda na diferença entre brancos e negros foi baseado em medições da educação, não de valores de QI, e os entusiastas do quociente podem decidir ignorá-las por considerá-las irrelevantes. Os valores SAT utilizados na comparação apresentam uma forte correlação com o fator "g" (ver próxima seção) e portanto funcionam (mas a distância entre os QIs mudou? Apenas 20%, eles dizem). Minha tendência é a oposta: prefiro as medidas que lidam claramente com o conhecimento adquirido, porque é isso que

Postscript

esperamos da educação, e correspondem a algo mais real que um QI. Além do mais, a história do QI mostra que ele foi um parâmetro inicialmente planejado para testar a capacidade de crianças mais jovens progredirem em escolas normais, com o objetivo de detectar precocemente as que teriam problemas e que talvez se beneficiassem estudando em instituições especiais. É uma pena que o propósito inicial dos testes de QI tenha sido totalmente esquecido e eventualmente transformado em algo tão ambicioso quanto "medir inteligência". Esse objetivo é provavelmente inatingível com as técnicas modernas e, além do mais, existe um elemento cultura-dependente impossível de reconhecer e erradicar.

Estou convencido de que alguns psicólogos e geneticistas comportamentais (não muitos, por sorte) se apaixonaram pelo QI de uma maneira profunda, quase misteriosa. Vários desses casos de amor transformaram-se em dedicação vitalícia. O QI tem várias qualidades atraentes. É bastante reproduzível. É quantitativo (e algumas pessoas – os aritmófilos, como eu – gostam de números). E o que poderia ser mais divertido que tentar medir essa extraordinária qualidade – a inteligência – e relacioná-la com essas extraordinárias entidades que estão na moda – os genes? Às vezes os apreciadores do QI tornam-se até líricos a respeito.

> Os genes tocam uma música pré-histórica à qual deveríamos por vezes resistir hoje em dia, mas ignorá-la seria uma insensatez. (Bouchard et al., 1990)

O problema com o QI é que ele mede uma pequena parte da inteligência que talvez nem seja a mais interessante. Na realidade, "inteligência" é algo muito difícil de definir e, de qualquer forma, tem muitas facetas. A multitude de habilidades de que um cérebro humano é capaz é algo notável e é importante identificar todas elas – o QI especializa-se numa restrita e quase sem graça forma de compreensão e capacidade de aprendizado, suficiente para prever se vamos ter um rendimento proveitoso nas escolas convencionais mas insuficiente para atribuir a ele as qualidades mágicas que seus seguidores enxergam.

Quem somos?

A importância da letra g

Assim como Jensen, Herrnstein e Murray dão muita importância ao fator g, uma entidade misteriosa que resume alguma propriedade geral comum à maioria dos testes de QI e é, segundo os entusiastas desse quociente, a melhor síntese disponível da "verdadeira" inteligência. Na verdade, g é obtido por meio de técnicas estatísticas convencionais de uma maneira simples de executar nos programas de computador disponíveis, mas infelizmente não é simples de explicar a um leigo, e não tem um significado psicológico imediato. Esses métodos estatísticos são parecidos com os que foram usados para sintetizar os dados de freqüência gênica e o isolamento dos padrões neles contidos (ver componentes principais, Capítulo 6). O princípio matemático básico por trás desses métodos é extremamente adequado ao caso das freqüências gênicas enquanto não passa de uma aproximação grosseira quando aplicado aos testes de QI. Esse "princípio básico" é a utilização de um tratamento matemático "linear" dos dados observados para extrair os padrões latentes que eles contêm.

Espero que o leitor me perdoe por tentar explicar esse conceito apenas superficialmente: um tratamento linear significa utilizar a soma de quantidades observadas multiplicada por valores apropriados. Os valores precisam ser determinados por uma análise dos próprios dados, usando condições específicas que estão baseadas no problema que queremos resolver. As quantidades observadas são, no caso dos componentes principais discutidos no Capítulo 6, as freqüências gênicas de várias populações, e, no caso da análise do fator g, os resultados numéricos de vários testes em vários indivíduos. Em ambos, a análise nos permite transformar os dados em muitos componentes aditivos; um dos componentes é mais importante que os outros, o próximo é menos importante, e assim por diante. Isso proporciona uma simplificação porque normalmente permite descrever, com poucas perdas, um conjunto de dados por meio de alguns poucos "fatores" ou "componentes", dependendo do tipo de análise que estamos fazendo.

O fator g é análogo ao primeiro componente principal, que por definição é o mais importante da variação. No caso dos testes de QI, cuja es-

Postscript

trutura é basicamente a mesma, a análise gera um fator g numericamente importante que expressa uma fração (grande por definição) da variação global. No caso da geografia dos genes, a fração da variação explicada pelo primeiro componente principal também é a mais importante; normalmente corresponde a mais de 20% e às vezes chega a ser tão grande quanto 50% ou 60%, ou mais. (A análise dos componentes principais adapta-se particularmente bem à geografia dos genes porque os padrões escondidos que ela retira dos dados devem-se muito freqüentemente a diferentes e independentes migrações e expansões de populações. Todas têm um efeito linear sobre as freqüências gênicas, de forma que a análise linear é o modo natural de separar os vários padrões latentes. Nada assegura que isso valha para a análise dos testes de QI, e na verdade existe uma certa evidência indireta de que os genes não interagem linearmente entre si ou com o ambiente na determinação do QI ou outras características.) É provável que o fator g seja apenas um artefato estatístico, que recebeu um destaque indevido pelos seus primeiros descobridores.

Herrnstein e Murray também dão grande importância à correlação entre "g" e a medida física do "tempo de reação" sugerido por Jensen, que ele mede durante a realização de tarefas simples e que não envolvem um raciocínio consciente. Ele observa que o tempo de reação em geral é mais curto para os brancos do que para os negros. Isso poderia ser causado por uma característica física das fibras nervosas, mas no *The Bell Curve* é comparado com a velocidade de um computador. Todos sabem que a velocidade dos computadores digitais tem aumentado, o que certamente traz vantagens, mas não melhorias qualitativas causadas por inovações no *software*. Jensen insistiu, particularmente no seu trabalho inicial, em distinguir um primeiro nível de inteligência (I) e outro mais alto (II), que, segundo ele, eram diferentes. Ele acreditou que os negros poderiam ter os requisitos apenas para o nível mais baixo, que lhes daria a chance de somente aprender de cor e não utilizando algum tipo superior e desconhecido de raciocínio reservado aos brancos (e talvez também aos asiáticos?). Não sei se a diferença de velocidade é correta, ou mesmo se é genética, mas certamente é improvável que ela gere a diferença qualitativa na qual Jensen acredita.

A confusão da hereditariedade

Dissemos que é correto, como Herrnstein & Murray parecem ter pensado em princípio, que o valor da "herdabilidade" estimada numa mesma população, a branca nesse caso, é irrelevante para a questão da diferença entre brancos e negros ser genética ou não. Quando, mais tarde, Herrnstein & Murray decidem que esse valor é tão grande que a diferença "parece ser" ou "tem que ser" genética (eles oscilam entre essas duas posições), a contradição torna-se particularmente séria e complicada pelo fato de estarem errados, sob vários aspectos, nas questões de hereditariedade. Declaram que o valor é 60% (quase o dobro do correto) e impressionam-se tanto com ele que esquecem qualquer cautela e continuam como se a diferença de QI entre brancos e negros fosse de fato genética. A realidade é que mesmo uma hereditariedade absoluta (100%) numa população é perfeitamente compatível com uma diferença totalmente não-genética nas médias de duas populações que não se misturam geneticamente por intercruzamentos. De qualquer forma, a hereditariedade do QI está mais próxima dos 30% que dos 60%.

Assim como acontece com muitos outros não-especialistas, talvez Herrnstein & Murray não compreenderam que existem diversas formas de definir e medir hereditariedade. Essas várias definições geram valores diferentes e têm significados diferentes. Vou considerar primeiro duas categorias de hereditariedade, chamadas "estreitas" e "amplas". Os valores estreitos são normalmente calculados a partir de semelhanças entre filhos e pais, ou quantidades do mesmo gênero; as hereditariedades amplas, por sua vez, são calculadas com base nas semelhanças entre gêmeos idênticos. Existe uma gama de fórmulas matemáticas para cada uma dessas duas categorias. Ao discutir diferenças entre valores médios de QIs de grupos diferentes, o mais apropriado é considerar as estimativas estreitas, que são menores que as amplas. Os leitores já ouviram falar tanto sobre hereditariedade que talvez queiram aprender sobre sua natureza.

A hereditariedade estreita foi desenvolvida por criadores para poder prever o efeito da seleção artificial (a seleção de linhagens de animais domésticos com características específicas). Se, por exemplo, desejamos selecionar a favor de uma produtividade maior para criar uma linhagem comercialmente mais vantajosa de planta ou animal doméstico, estaremos interessados em saber com antecedência, se possível, qual o sucesso dessa seleção. Mede-se esse sucesso pelo aumento de produtividade no final da seleção com respeito ao tanto de seleção que foi necessário para gerar o aumento. Ele depende da importância de vários mecanismos de hereditariedade biológica que afetam as características sendo selecionadas. A hereditariedade ("herdabilidade") de uma característica é especificamente a medição que permite a previsão do sucesso numa seleção artificial. Na medida em que esse tipo de experimento geralmente exige muitos anos para ser realizado, é obviamente muito importante poder prever seus resultados para decidir se o esforço sendo planejado justifica os custos que ele acarreta. Mas é a hereditariedade estreita, e não a ampla, que pode indicar o ganho com que podemos contar em experimentos de seleção artificial. Talvez seja intuitivamente claro por que a hereditariedade estreita provém das medidas de semelhança entre pais e filhos. Se consideramos 10% das melhores vacas (melhores significando aquelas que produzem, por exemplo, a maior quantidade de leite) e analisamos a quantidade média de leite produzido pelas suas filhas, podemos ter uma noção do aumento de produtividade que teríamos se escolhêssemos as dez melhores vacas de um total de cem para reprodutoras. Projeções apropriadas nos permitem antever os resultados depois de muitas gerações de seleção contínua.

Podemos estender algumas dessas considerações às possíveis mudanças nos valores médios de características submetidas à seleção natural. Nesse caso, entretanto, a situação é mais complicada. Em princípio, diferenças de valores médios de qualquer característica de populações humanas (desde resistência a doenças até altura ou QI) são passíveis de ser geradas pela seleção natural. O processo não é diferente do que opera no caso da seleção artificial. Os indivíduos mais resistentes a algum fator ambiental adverso, ou que foram de alguma maneira favorecidos para viver num ambiente específico, têm mais chances de deixar descendentes e passar a estas características herdáveis. Mas o processo de seleção natural é mais complicado, porque para muitas dessas características (incluindo o QI) os indivíduos que estão nos extremos de uma gama se saem pior na seleção natural (isto é, sobrevivem menos ou se reproduzem menos, ou as duas coisas) do que aqueles que possuem valores médios da característica; a seleção natural com freqüência favorece valores centrais. Todas as interpretações e previsões sobre a evolução do homem devem levar em conta essa complicação. Além do mais, o presente é um momento especialmente difícil porque testemunhamos várias transições demográficas complexas. Cada país ou região e cada classe social apresentam taxas de natalidade e mortalidade diferentes, que mudam continuamente e tornam as previsões demográficas e as genéticas incertas, sujeitas ao acaso. Isso reduz um pouco a confiabilidade das hereditariedades estreitas como previsores de mudanças possíveis durante a seleção natural. Apesar disso, a hereditariedade estreita continua sendo a melhor aposta para entender o que poderia acontecer durante uma seleção; entretanto, não é possível reverter o raciocínio e explicar, com base na hereditariedade, diferenças entre as médias de duas populações devidas a causas desconhecidas.

Feldman (1993) sugeriu o seguinte experimento para entender essa impossibilidade: "Considerem um grupo de indivíduos igualmente brancos de Nova York. Sabemos que a cor da pele é altamente hereditária. O grupo é dividido em dois subgrupos: um deles passa o inverno em Nova York e o outro vai para Miami. No final da estação, a cor dos dois grupos é comparada". É óbvio que uma diferença de pigmentação será detectada entre os dois grupos. Da mesma forma, existem situações ambientais que podem aumentar ou diminuir o QI deixando os genes intocados (assim como a exposição ao sol de Miami durante o inverno americano pode escurecer a cor da pele); se isso não fosse verdade, o interesse de muitos pais em mandar seus filhos para boas escolas não teria sentido. Um outro efeito ambiental sobre o QI que foi bem documentado é a ordem de nascimento de crianças numa mesma família, também associado ao tamanho da família. Em geral, o valor do QI é maior nos primogênitos e diminui nas outras crianças proporcionalmente à ordem do nascimento (de forma menos pronunciada em famílias maiores), talvez porque o primeiro a nascer recebe mais atenção dos pais, enquanto os mais novos com freqüência são ensinados pelos irmãos que os precederam. Essa atividade de ensinar pode ajudar no desenvolvi-

Postscript

mento intelectual dos irmãos mais velhos e diminuir o aprendizado dos mais novos (Belmont & Marolla, 1973). Até mesmo Herrnstein & Murray, normalmente inflexíveis quanto a aceitar evidências a favor de uma influência ambiental sobre o QI, admitem que a ida de crianças adotadas para bons lares pode aumentar o QI médio (seis pontos de QI é um valor que eles estão dispostos a aceitar, mas deve existir um efeito gradual que depende de quão "bom" é o lar!). De fato, eles parecem vacilar nas suas convicções. É difícil evitar a impressão de que eles oscilam entre duas visões extremas, uma de total pessimismo e outra na qual se dispõem a conceder que nem todas as diferenças étnicas são "talhadas na pedra". Talvez isso reflita diferenças entre os dois autores.

Os geneticistas familiarizados com animais e plantas experimentais têm ciência dos importantes efeitos que com freqüência o ambiente e fatores aleatórios e imprevisíveis exercem sobre as características que estão medindo. Eles dificilmente considerariam todas as diferenças entre linhagens de uma mesma espécie (observadas na natureza e não em ambientes controlados experimentalmente) uma conseqüência exclusiva do patrimônio genético. Mas Herrnstein & Murray escolheram essa estratégia e permanecem coerentes com sua atitude mesmo quando as diferenças de QI se voltam contra os brancos (como ao comparar indivíduos da Ásia Oriental com os brancos) ou contra a maioria branca (como ao comparar judeus e não-judeus). Parece que os dois vêem qualquer diferença como genética, seja ela grande ou pequena (exceto, talvez, as relacionadas com adoções de crianças em bons lares!). Discutimos essa questão no Capítulo 8 e indicamos que pelo menos dois fatores ambientais importantes contribuem para a diferença entre asiáticos e brancos: a enorme pressão dos pais asiáticos sobre seus filhos quanto ao rendimento escolar e o fato de os asiáticos enfrentarem uma tarefa um tanto especial – o aprendizado do alfabeto chinês, particularmente difícil e que provavelmente funciona como um bom treino para os testes de QI. É interessante que um dos testes de QI, as matrizes progressivas de Raven, apresenta uma certa semelhança, mesmo que seja superficial, com os problemas impostos pelos caracteres chineses. Aprender a ler chinês talvez ajude a desenvolver habilidades semelhantes. De fato, as crianças da Ásia Oriental parecem sair-se bem nos testes das matrizes progressivas de Raven.

Ainda não mencionamos o principal problema da hereditariedade do QI, e a próxima seção será totalmente dedicada a esse tópico. Quando Herrnstein & Murray dizem que a hereditariedade do QI é de 60% eles implicam que o restante (40%) é determinado por alguma outra coisa que obviamente não está sendo herdada, ou seja, que não depende de genes. Esse conjunto residual de fatores causais é, ou freqüentemente foi chamado, o *ambiente*. A questão não é tão simples, no entanto, porque alguns desses fatores passam de pais para filhos quase como se fossem genes. Assim sendo, fica difícil diferenciar os efeitos genéticos que operam sobre o QI desse outro tipo de transmissão que chamamos cultural. Já discutimos o assunto no Capítulo 8 e, gostemos ou não, temos que trazê-lo de volta pela porta de trás. Já faz algum tempo, percebeu-se que poderia existir uma maneira de fazer tal distinção: estudando crianças adotadas que possuem pais, irmãos etc., "biológicos" e adotivos ("culturais"), e comparando suas semelhanças com parentes biológicos e adotivos. Infelizmente, o procedimento é difícil por causa da relativa escassez dos adotados e de várias complicações que acompanham o processo de adoção. Mas essa é a nossa única esperança de separar os efeitos das duas transmissões e, portanto, de evitar erros maiores.

O desmancha-prazeres

No Capítulo 8 citamos estimativas da hereditariedade do QI que separavam três determinantes desse quociente: a hereditariedade realmente genética, a hereditariedade cultural que provém da transmissão da cultura ao longo de gerações e uma fração residual exclusivamente ligada a fatores individuais. Dissemos que o peso de cada um destes determinantes era aproximadamente igual, ou seja, em torno de 33%. Uma parcela de hereditariedade genética de 33% é bem diferente dos 60% aceitos por Herrnstein & Murray. Acho que será bastante esclarecedor contar a história dessas estimativas, dos problemas encontrados e de como eles foram resolvidos.

Já mencionei antes que minha paixão pela transmissão cultural nasceu da necessidade de entender como as culturas tão diferentes que encontramos pelo mundo conseguem ser disseminadas e mantidas sem muitas mudanças durante tempos provavelmente bem longos. Juntamente com Marc Feldman, da Universidade de Stanford, exploramos as perspectivas das várias regras pelas quais características culturais podem ser transmitidas de um indivíduo a outro e suas conseqüências com respeito à manutenção ou mudança das culturas. Num livro editado em 1981, publicamos um resumo geral de muitas das nossas conclusões (Cavalli-Sforza & Feldman, 1981). No Capítulo 8, mencionei a distinção que havíamos feito então das duas principais categorias de transmissão cultural: a vertical (de pais para filhos) e a horizontal (entre pessoas não relacionadas).

Logo ficou claro que a transmissão cultural vertical e a classicamente genética podem ser muito parecidas e determinam efeitos quase indistinguíveis entre si. O peso da transmissão cultural pode ser particularmente relevante para características comportamentais como o QI, em que lecionar e aprender são importantes. Portanto, talvez seja difícil separar as duas. Em outras palavras, não é impossível que a forte hereditariedade associada ao QI possa resultar da soma aproximada dos efeitos das duas transmissões, a genética e a cultural.

Em 1973 publicamos um artigo (Cavalli-Sforza & Feldman, 1973) para mostrar como calcular os efeitos de um tipo especial de transmissão cultural: "a transmissão fenotípica". O fenótipo é a efetivação de uma característica particular num indivíduo, como o QI. Segundo a teoria genética clássica, o fenótipo de um indivíduo é o resultado da ação dos seus genes (também chamado "genótipo") num dado ambiente onde ele se desenvolve. Em geral assume-se que o meio varia aleatoriamente entre pessoas. Em trabalhos mais antigos, apenas complicações de menor importância foram consideradas, como o fato de uma família poder representar um ambiente melhor que outra para todos os seus membros. Nossa hipótese era de que os pais podem transmitir mais que seus genes aos filhos: ela abre a possibilidade de uma *performance* melhor (ou pior) ou porque a criança imita os pais ou porque reage contra eles ou porque é adequadamente ensinada por eles. O efeito direto do fenótipo dos pais é uma transmissão adicional não atribuível aos genes, mas ao fenótipo parental, razão pela qual foi chamada "fenotípica". Vou

Quem somos?

mencionar um exemplo, mesmo que não se refira estritamente ao QI: a habilidade musical de Mozart, apesar de obviamente baseada num brilhante e excepcional genótipo musical, sem dúvida beneficiou-se com o fato de o pai de Mozart também ser um músico muito bom e que investiu consideravelmente no aprendizado musical do filho.

Era claro que esse tipo de transmissão cultural poderia tornar inaceitável o cálculo da hereditariedade (mesmo a estreita), na medida em que a semelhança entre pais e filhos, na qual a hereditariedade estreita se baseia, deixava de ser apenas o efeito direto dos genes para incluir também o efeito da transmissão cultural. Existiria uma "herança cultural" adicionada à "herança genética" que expandiria a semelhança global entre pais e filhos caso a transmissão fenotípica agisse positivamente sobre o valor da característica da criança (se agisse negativamente, diminuiria a semelhança global). A hereditariedade calculada a partir da semelhança entre pais e filhos não iria refletir de maneira simples a ação exclusiva dos genes.

Num artigo posterior (Cavalli-Sforza & Feldman, 1978), ampliamos a teoria para incluir outra maneira pela qual a transmissão cultural pode afetar uma característica. A transmissão fenotípica – o ensinamento ou aprendizado direto – não é a única forma de os pais ou outros parentes influenciarem os filhos, ou, de maneira geral, os descendentes. O meio em que se vive também é sujeito a um processo de transmissão. As classes sociais podem ser extremamente transmitidas; a transmissão de castas permite poucas ou nenhuma exceção. O dinheiro e o nível social, as amizades, os gostos e muitas outras escolhas são todas herdadas (culturalmente). Mesmo que exista alguma base biológica para, digamos, a hereditariedade do gosto ou de alguma capacidade de funcionar em grupo, a sociedade criou regras que tendem a manter as crianças em condições parecidas com as dos pais. É possível, portanto, a existência de uma transmissão cultural do "ambiente" em que vivemos: esse conjunto residual de causas que, juntamente com os genes, determinam o fenótipo das crianças e são incluídas na categoria *Ambiente*. O próprio conjunto também é herdado, pelo menos em parte. Assim sendo, tanto a transmissão fenotípica como a do ambiente deverão ser levadas em conta. Pode ser difícil separá-las e quem sabe seja mais simples fundi-las na categoria da transmissão ou hereditariedade cultural; no entanto, continua sendo de vital importância distinguir essa categoria das influências genéticas. Devemos acrescentar que as influências culturais não se restringem a características comportamentais, que, por definição, são desenvolvidas por intermédio do contato social e, portanto, são em parte adquiridas pelo aprendizado. Também está claro que restarão fatores independentes dos genes ou da transmissão cultural (seja ela fenotípica ou devida à transmissão do ambiente) capazes de influenciar o fenótipo de um indivíduo: chamamos essa categoria de "individual".

Não apenas o QI mas também características físicas como a altura são influenciadas pelo ambiente (por exemplo, a alimentação). Pelo menos na Europa, houve (e talvez continue ocorrendo) uma forte estratificação da altura segundo a classe social que dificilmente é genética. A altura foi considerada extremamente herdável, mas é fato conhecido que, em quase todo o mundo, a altura média tem mudado muito nos últimos duzentos anos, certamente não pela genética, mas pela influência de fatores ambientais (como a alimentação, pelo menos em parte). Portanto, a herança cultural deixou sua marca não apenas nos traços comportamentais (que, supõe-se, são essencialmente aprendidos), mas também nessa barreira física.

Existem muitos dados sobre a semelhança entre pais e filhos, entre pais e mães ou entre irmãos etc., no tocante ao QI, até mesmo sobre a de crianças adotadas, o que nos permite analisar e estimar a hereditariedade genética e a cultural. A matemática se complica pela necessidade de ter em mira um importante fator: as pessoas não se casam aleatoriamente no que diz respeito a QI e a algumas características físicas conspícuas (como a altura); pelo contrário, tendem a escolher parceiros bastante parecidos com elas próprias. Entretanto, as razões desse "pareamento seletivo" não são muito claras. Ele ocorre em parte porque as pessoas escolhem alguém da mesma classe socioeconômica – talvez não conscientemente, mas simplesmente porque costumam passar grande parte da vida com indivíduos da mesma classe (por exemplo, freqüentam o mesmo colégio).

Um grupo de geneticistas da Universidade de Stanford (Rao et al., 1976) pensou que resolveria o problema utilizando um método estatís-

Quem somos?

tico inventado 45 anos antes pelo famoso geneticista S. Wright. Chamado "análise de caminhos", ele estima a importância relativa das causas ("caminhos") com base em diagramas complicados, onde as relações causais entre as quantidades envolvidas são descritas conectando-se estas com flechas que especificam a direção das causas. É claro que os genes dos pais determinam os genes dos filhos; genes, juntamente com o ambiente, determinam os fenótipos. Temos então flechas que ligam o genótipo dos pais ao dos filhos; outras que vão do genótipo de um indivíduo e do ambiente em que ele se desenvolve até seu fenótipo. Incluindo a transmissão fenotípica de pais a filhos teremos então flechas que se estendem do fenótipo paterno ou materno ao fenótipo das crianças. Existindo a transmissão ambiental, teremos flechas que vão do ambiente dos pais ao ambiente dos filhos. Para expressar a semelhança entre pais utilizam-se flechas duplas conectando seus respectivos fenótipos. Ou deveríamos colocar as flechas ligando seus ambientes? Existe uma diferença nas conseqüências. Vai depender do marido e da mulher se escolherem por seus fenótipos ou pelo ambiente (por exemplo, sua classe socioeconômica); talvez os dois tipos de escolha sejam importantes. Em geral, existem muitas conexões possíveis entre as quantidades envolvidas, e cada caminho do diagrama proposto pelo experimentador é uma hipótese específica a ser testada por técnicas específicas. Algumas quantidades, como os genótipos, não são mensuráveis; os fenótipos (QI) podem ser medidos. Ambientes são um caso complicado mas alguns dos seus aspectos também são mensuráveis.

Os geneticistas havaianos construíram um diagrama de caminhos que, segundo suas intuições, era a melhor interpretação possível do complexo sistema de causas subjacentes à relação gene/cultura na hereditariedade do QI. Eles utilizaram o esquema sugerido pelo diagrama para analisar os dados de observações existentes sobre esse quociente e concluíram que o efeito da cultura sobre a hereditariedade do QI era muito pequeno.

Havia evidentemente um erro nos seus modelos teóricos ou cálculos, mas não era fácil de detectar. Três psiquiatras com inclinações matemáticas da Universidade de Medicina de Washington em St. Louis (Missouri) (Rice et al., 1980) conseguiram fazê-lo: uma das flechas do dia-

Postscript

grama de caminhos dos geneticistas havaianos havia sido colocada no lugar errado, criando uma representação incorreta do sistema causal. Recolocando a flecha no seu devido lugar ficou claro que os resultados eram muito mais limpos. A análise revelou que as heranças genética e cultural do QI tinham aproximadamente a mesma importância e indicavam os valores que mencionei anteriormente.

Era de esperar que esse incidente gerasse uma interminável diatribe entre os dois grupos; na verdade, a questão se transformou num exemplo do melhor lado da ciência. Os geneticistas havaianos repetiram os cálculos e eventualmente concordaram que o grupo de St. Louis estava certo (Rao et al., 1982). A correção, e o uso de um modelo um pouco mais simples, os fez detectar valores muito parecidos com os calculados pelos psiquiatras. O resumo do artigo do grupo havaiano publicado em 1982 diz: "Rice, Cloninger e Reich (1980) mostraram que os dados de correlação sobre o QI americano são consistentes com uma hereditariedade genética um tanto baixa para o QI. No presente trabalho, confirmamos os resultados gerais com um modelo mais parcimonioso. Partindo dos dados exclusivamente fenotípicos, as estimativas da hereditariedade genética e a cultural são 0,31 e 0,42, respectivamente. Utilizando índices ambientais, as estimativas parcimoniosas são 0,34 e 0,26, respectivamente". Esse resultado difere bem do anterior, de 1976, em que os havaianos declaravam, após analisar os mesmos dados, que a hereditariedade genética do QI permanecia alta (próxima do nível arriscado por Herrnstein & Murray, de 0,60) mesmo após suas tentativas de medir o efeito da herança cultural, que se revelou pequeno. Na nossa descrição do Capítulo 8 aproximamos os resultados sobre os quais os havaianos e o grupo de St. Louis eventualmente concordaram, declarando que os três fatores – o genético, o cultural e o individual – têm aproximadamente a mesma importância e portanto determinam em torno de um terço das causas totais.

Essa foi uma análise quantitativa bastante sofisticada da qual participaram três laboratórios e que, no todo, durou nove anos. Os trabalhos publicados por outros grupos nesse meio-tempo ou mais tarde não contribuíram com conclusões tão completas ou avançadas. Apenas seis outros dados observacionais sobre QI foram publicados. Suas análises

Quem somos?

(Feldman, 1993) confirmaram os resultados de Rice e colaboradores. O que acabei de resumir é o estado da arte na análise da determinação genética do QI. Corrobora nossas primeiras intuições (Cavalli-Sforza & Feldman, 1973), que estimaram que a hereditariedade genética do QI é exagerada pela não-consideração da herança cultural.

É um tanto desconcertante que todos esses trabalhos tenham sido ignorados em *The Bell Curve*. Infelizmente, eles também são ignorados por alguns poucos pesquisadores que mais recentemente coletaram novos dados ou realizaram novas análises com métodos insatisfatórios (Herrnstein, 1994). Os pesquisadores que poderiam ser chamados "Hereditaristas do QI" em geral relatam altos índices hereditários para esse quociente sem ter nenhuma informação sobre como os cálculos foram feitos ou por que outros trabalhos, aqui citados, foram ignorados. É improvável que esses artigos a que me refiro não tenham sido comentados ou lidos porque foram publicados em periódicos de renome. A questão é difícil. Talvez os entusiastas do QI que não mencionam esses trabalhos seminais saibam da sua existência mas não os compreenderam. Isso não seria tão incriminador quanto a possibilidade de omissão porque os trabalhos se chocam com suas conclusões fortemente hereditárias. Espero que todos esses entusiastas do QI leiam este *Postscript* e se posicionem com respeito aos artigos esquecidos. No mínimo, eles deveriam explicar por que os ignoram continuamente e deveriam parar de citar hereditariedades genéticas do tipo "entre 0,60 e 0,70" (Jensen, 1989) ou "0,70%", a não ser que especifiquem a fonte dos dados e a razão de elas serem diferentes dos valores menores que deveriam usar.

A definição de racismo que apresentamos no Capítulo 9 baseia-se na persuasão de que algumas raças são definitivamente melhores que outras em algumas formas socialmente importantes, e de que a origem da diferença é genética. Herrnstein & Murray parecem estar convencidos de que o QI tem, pelo menos do ponto de vista socioeconômico, uma importância prevalente e, é claro, estão convencidos de que ele é genético. Não parecem estar interessados em honestidade ou generosidade – mas não existem quocientes para medir esses aspectos um tanto fora de moda da personalidade. Segundo eles, se o QI das populações de

Postscript

algumas classes sociais pudesse ser melhorado, esperar-se-ia que a pobreza, o crime e os outros abomináveis erros e falhas da humanidade moderna desaparecessem ou pelo menos ficassem muito reduzidos. Mas eles acreditam que a determinação genética do QI é suficientemente estrita e que, portanto, o efeito da educação, se existir algum, é muito pequeno (apesar de elogiarem a educação em outros momentos). Não sei se Herrnstein & Murray têm consciência de que suas idéias, se eu as interpretei corretamente, os tornam racistas, e que o mesmo vale para os que as compartilham. Não sei se eles consideram isso uma honra ou uma ofensa, ou nem uma nem outra. Eles declaram que, a não ser que as ações positivas e a assistência social sejam reduzidas ou simplesmente eliminadas, a raiva vai aumentar tanto que "o racismo ressuscitará de forma nova e virulenta". Talvez eles façam uma distinção entre o "bom" racismo (o deles) e o "mau" racismo (o dos outros). É bem verdade que as ações positivas e o serviço social com freqüência são mal planejadas, mas o resultado de um *laissez-faire* social seria desastroso e significaria um retorno à época de Hoover. Entre outras considerações, meus sentimentos sobre essa questão são profundamente influenciados pelo efeito que a grande depressão dos tempos de Hoover teve sobre meu pai.

Para evitar mal-entendidos, deixem-me afirmar que minha persuasão própria é que a inteligência é importante. Eu considero um dos maiores prazeres da vida desfrutar a companhia de alguém inteligente. Por um lado, estou convencido de que existem tantos tipos diferentes de inteligência que um único teste será incapaz de medi-las, nem mesmo aquelas que são socialmente importantes. Por outro, a visão de inteligência proporcionada pelo QI é extremamente limitada e insípida. Se consideramos que a inteligência inclui criatividade, enfrentamos grandes problemas ao tentar medi-la mas adquirimos maravilhosas visões sobre oportunidades e feitos. Ao fazer isso descobrimos que os negros deram tanto ao mundo em termos de arte e música (para citar um exemplo) que deve existir algo errado com o QI por atribuir-lhes um valor médio tão baixo, ou algo errado com seu próprio conceito. Também acredito que qualidades humanas como a fibra moral, a generosidade, a tenacidade e a sabedoria, para as quais não existe nenhum

Quem somos?

quociente, importam muito mais à sociedade e que o QI deveria ser relegado às limitadas aplicações onde pode ser útil, e não socialmente perturbador.

Bibliografia

Capítulo 1

CAVALLI-SFORZA, L. (Ed.) *African Pygmies*. Orlando FL: Acad. Press, 1986.

HEWLETT, B. S. *Intimate Fathers*. Ann Arbor, MI: University of Michigan Press, 1991.

LEE, R.B., DE VORE, I. (Ed.) *Man the Hunter*. Chicago: Aldine, 1968.

TOBIAS, P. (Ed.) *The Bushman*. Capetown, Pretoria: Human And Rosseau, 1978.

TURNBULL, C. *The Forest People*. New York: Simon and Schuster, 1962.

_____. *Wayward Servants*. Garden City, NY: Nat. Hist. Press, 1965.

Capítulos 2 e 3

CANN, R. L., WILSON, M. Mitochondrial DNA and human evolution. *Nature*, v.325, p.31-5, 1987.

COALE, A. J. *The History of the Human Population*: The Human Population. San Francisco: A Scientific American Book, W. H. Freeman and Company, 1974. p.15-28.

FOLEY, R. *Another Unique Species*: Patterns in Human Evolutionary Ecology. Harlow, Essex: Longman, 1987.

ISAAC, G. Food Sharing Behavior of Protohuman Hominids. *Scientific American*, v.238, p.90-108, 1978.

JOHANNSON, D. C., EDEY, M. *Lucy: The Beginnings of Humankind*. New York: Simon and Schuster, 1981.

JONES, S., MARTIN, R., PILBEAM, D. (Ed.) *The Cambridge Encyclopedia of Human Evolution*. Cambridge: Cambridge University Press, 1992.

KLEIN, R. *The Human Carrer*. Chicago, London: University of Chicago Press, 1989.

LEROI-GOURHAN, A. The Archaeology of Lascaux Cave. *Scientific American*, v.246, p.104-12, 1982.

SCIENCE editorials (on "African Eve"), v.255, p.686-727, 1991; v.259, p.1249, 1993.

STRONEKING, M. DNA and recent human evolution. *Evolutionary Anthropology*, v.2, p.60-73, 1993.

STRINGER, C. B. The Emergence of Modern Humans. *Scientific American*, v.263, p.98-104, 1990.

STRINGER, C., GAMBLE, C. *In search of Neanderthals*. London: Thames and Hudson, 1993.

THORNE, A. G., WOLPOFF, M. H. The multiregional evolution of humans. *Scientific American*, v.266, p.2833,1992.

TRINKAUS, E., HOWELLS, W. W. The Neanderhals. *Scientific American*, v.241, p.118-33, 1979.

VIGILANT et al. African populations and the evolution of human mitochondrial DNA. *Science*, v.253, p.1503-7, 1991.

WILSON, A. C., CANN, R. L. The Recent African Genesis of Human Genes. *Scientific American*, v.266, p.68-73, 1992.

WU, R., SHENGLONG, L. Peking Man. *Scientific American*, v.248, p.86-94, 1983.

Capítulos 4 e 5

BODMER, W., CAVALLI-SFORZA, L. *Genetics, Evolution and Man*. New York: Freeman and Co., 1976.

CAVALLI-SFORZA, L., MENOZZI, P., PIAZZA, A. *History and Geography of Human Genes*. Princeton, NJ: Princeton University Press, 1994.

DIAMNOND, J. *The Rise and Fall of the Third Chimpanzee*. New York: Harper and Perennial, 1993.

JONES, S. *The Language of the Genes*. London: Harper Collins, 1993.

LEWONTIN, R. *Human Diversity*. New York: Scientific American Library, 1982.

Bibliografia

Capítulo 6

AMMERMAN, A. J., CAVALLI-SFORZA, L. *The Neolithic Transition and the Genetics of Populations in Europe*. Princeton, NJ: Princeton University Press, 1984.

BERTRANPETIT, J., CAVALLI-SFORZA, L. A genetic reconstruction of the history of the populations of Iberian Peninsula. *Annals of Human Genetics*, v.55, p.51-67, s.d.

CAVALLI-SFORZA, L., MENOZZI, P., PIAZZA, A. *History and Geography of Human Genes*. Princeton, NJ: Princeton University Press, 1994.

_____. Demic expansions and Evolution. *Science*, v.259, p.639-46, 1993.

MENOZZI, P., PIAZZA, A., CAVALLI-SFORZA, L. Synthetic maps of human frequencies in Europeans. *Science*, v.201, n.4358, p.786-92, 1978.

PIAZZA, A., CAPPELLO, N., OLIVETTI, E., RENDINE, S. A genetic history of Italy. *Annals of Human Genetics*, v.52, p.203-13, 1998.

SHERRATT, D. *The Cambridge Encyclopedia of Archeology*. England: Cambridge University Press, 1981.

Capítulo 7

BARBUJANI, G., SOKAL, R. Zones of sharp genetic change in Europe are also linguistic boundaries. *Proc Natl Acad Sci*, v.87, p.1816-9, 1990.

BELLWOOD, P. The Austronesian dispersal and the origin of languages. *Scientific American*, v.261, p.70-5, 1991.

CAVALLI-SFORZA, L. Genes, Peoples and Languages. *Scientific American*, v.265, p.104-10, 1991.

CAVALLI-SFORZA, L., PIAZZA, A., MENOZZI, P., MOUNTAIN, J. J. Reconstruction of human evolution: Bringing together genetics, archeology and linguistics. *Proc. Natl. Acad. Sciences*, v.85, p.6002-6, 1988.

CAVALLI-SFORZA, L., MINCH, E., MOUNTAIN, J. Coevolution of genes and languages revisited. *Proc. Natl. Acad. Sciences*, v.89, p.5620-2, 1992.

CRYSTAL, D. *The Cambridge Encyclopedia of Language*. England: Cambridge University Press, 1987.

GAMKRELIDZE, T. V., IVANOV, V. V. The early history of Indo-European Language. *Scientific American*, v.262, p.110-6, 1990.

GREENBERG, J. *Language in the Americas*. California: Stanford University Press, 1987.

GREENBERG, J., RUHLEN, M. Linguistic origins of Native Americans. *Scientific American*, v.267, p.94-9, 1992.

MALLORY, J. P. *In search of Indoeuropeans*. London: Thames and Hudson, 1991.

RENFREW, C. *Archeology and Language*. England: Cambridge University Press, 1987a.

_____. Origins of Indo-Europeans Languages. *Scientific American*, v.261, p.106-14, 1987b.

ROSS, P. E. Tends in Linguistics: Hard words. *Scientific American*, v.261, p.70-5, 1991.

RUHLEN, M. *A Guide to the World Languages*. California: Stanford University Press, 1991.

_____. *The Origin of Languages*. New York: John Wiley and Sons, 1994.

WANG, W. S-Y. *The Emergence of Language Development and Evolution*. Readings from *Scientific American*. New York: W. H. Freeman and Company, 1989.

WRIGHT, R. Quest for the Mother Tongue. *The Atlantic*, v.267, p.39-68, 1991.

Capítulos 8, 9 e 10

BODMER, W., CAVALLI-SFORZA, L. Intelligence and Race. *Scientific American*, v.223, p.19-29, 1970.

CAVALLI-SFORZA, L., FELDMAN, M. *Cultural Transmission and Evolution*. Princeton, NJ: Princeton University Press, 1981.

CAVALLI-SFORZA, L. Cultural transmission and adaptation. *International Social Science Journal*, v.116, p.239-53, 1988. (Zagreb Congress Anthropology).

GOULD, S. J. *The Mismeasure of Man*. New York: W. W. Norton, 1981.

KEVLES, D. J. *In the Name of Eugenics*: Eugenics and the Uses of Human Heredity. New York: Alfred Knopf, 1985.

KEVLES, D. J., HOOD, L. (Ed.) *The Code of Codes: Scientific and Social Issues in the Human Genome Project*. Cambridge, MA: Harvard University Press, 1992.

ROSE, S., LEWONTIN, R., KAMIN, L. *Not in our Genes: Biology, Ideology and Human Nature*. New York: Pantheon, 1984.

SHIPMAN, P. *The Evolution of Racism*. New York: Simon and Schuster, 1994.

SUZUKI, D., KNUDTSON, P. *Genetics: The Clash between Human Genetics and Human Values*. Cambridge, MA: Harvard University Press, 1989.

Postscript

BELMONT, L., MAROLLA, F. A. Birth order, family size, and intelligence. *Science*, v.182, p.1096-101, 1973.

Bibliografia

BODMER, W. F., CAVALLI-SFORZA, L. L. Intelligence and race. *Scientific American*, v.223, p.19-24, 1970.

BOUCHARD, T. J., LYKKEN, D. T., MCGUE, M., SEGAL, N. L., TELLEGAN, A. Sources of human psychological differences: The Minnesota study of twins reared apart. *Science*, v.250, p.223-8, 1990.

CAVALLI-SFORZA, L. L., BODMER, W. F. *The Genetics of Human Populations*. New York: Freeman and Co., 1971.

CAVALLI-SFORZA, L. L., FELDMAN, M. W. *Cultural Transmission and Evolution*. Princeton, NJ: Princeton University Press, 1981.

_____. Cultural versus biological inheritance: Phenotypic transmission from parents to children. *Amer. J. Human Genetic*, v.25, p.618-37, 1973.

_____. The evolution of continuous variation. III. Joint transmission of genotype, phenotype and environment. *Genetics*, v.90, p.391-425, 1978.

FELDMAN, M. W. *Heritability, Race and Policy*. The Morrison Institute for Population and Resources Studies, Paper n.0051, 1993.

HERRNSTEIN R. J. I.Q. *Atlantic Monthly* (September), p.43-64, 1971.

HERRNSTEIN, R. J., MURRAY, C. *The Bell Curve*. New York: The Frer Press, 1994.

JENSEN, A. R. How much can we boost IQ and scholastic achievement? *Harvard Educational Rev.*, 1969.

_____. Raising IQ without increasing intelligence? *Developmental Review*, v.9, p.234-58, 1989.

RAO, D. C., MORTON, N. E., YEE, S. Resolution of cultural and biological inheritance by Path Analysis. *Amer. J. Human Genetics*, v.28, p.228-42, 1976.

RAO, D. C., MORTON, N. E., LALOUEL, J. M., LEW, R. Path analysis under generalized assortative mating II. American IQ. *Genetical Research*, v.39, p.187-98, 1982.

RICE, J., CLONINGER, R., REICH, T. Analysis of behavioral traits in the presence of cultural and assortative mating: applications to IQ and SES. *Behavior Genetics*, v.10, p.73-92, 1980.

Índice geral

Prefácio à edição brasileira 9
Walter Neves

Prefácio
Um homem é um homem 15

1 O mais antigo estilo de vida 21

Caçando com os pigmeus, 22; Um geneticista feiticeiro, 25; O povo da floresta, 27; Vida pigméia, 30; A mensagem do faraó, 32; O povo de mais baixa estatura do mundo, 33; Por que são tão pequenos?, 35; Os pigmeus e os agricultores, 39; Os caçadores-coletores dos tempos modernos, 41; Os últimos sobreviventes, 43; Um caso de exaustão da variedade genética, 46; Uma ética distante da nossa, 47; Sociedade sem futuro, 49; Por que investigar essas estranhas populações?, 51

2 Uma galeria de ancestrais 55

Uma descoberta controversa, 56; As descobertas se multiplicam, 57; O que é um fóssil?, 59; O elo perdido, 59; Como datar os achados?, 60; A física vem socorrer os arqueólogos, 62; O parentesco entre homens e

Quem somos?

símios, 64; A hemoglobina, 65; O estudo da evolução através das proteínas, 66; A árvore genealógica dos símios e do homem, 68; Gênero e espécie, 70; O ancestral mais antigo, 71; A árvore genealógica da espécie humana, 71; Os australopitecinos, 73; *Homo habilis*, 73; *Homo erectus*, 74; Os locais da evolução humana, 75; *Homo sapiens*, 77; A diferenciação de *Homo sapiens*, 79

3 Cem mil anos 83

Homo sapiens neandertalensis, 84; A vida de um neandertal, 86; Comportamentos rituais?, 87; A difusão dos neandertais, 89; *Homo sapiens sapiens*, 89; Dois novos sistemas de datação, 90; A expansão do homem moderno, 92; O homem moderno e o neandertal: concorrência ou miscigenação?, 93; Um novo estilo de vida, 96; A questão da "Eva africana", 99; A estrutura do DNA, 100; O DNA mitocondrial, 102; À procura de "Eva", 103; Uma data de origem para o homem moderno, 106; O exemplo dos sobrenomes para compreender melhor a Eva africana, 107; Ciência e certeza, 109; À procura de Adão, 112

4 Por que somos diferentes? A teoria da evolução 115

Células germinais: DNA, genes e cromossomos, 116; A transmissão das características hereditárias, 117; A mutação, 119; Conseqüências da mutação, 121; Uma doença genética, 122; Nos mosteiros medievais, 122; Uma vantagem inesperada, 125; O genoma humano, 126; As mutações são freqüentes?, 128; A mutação como medida da diferença genética, 129; Um fator do qual depende o destino de uma mutação, 129; Os possíveis destinos de um mutante, 131; Uma pausa para reflexões, 134; O destino de uma mutação: grande final, 136; As forças que nos tornam diferentes, 136; As doenças hereditárias, 137; Mutações vantajosas, 139; A mutação propõe, a seleção dispõe, 139; Vantagens evolucionárias, 141; A importância do acaso, 142; Uma pesquisa de campo: o vale do Rio Parma, 146; Os efeitos da deriva genética, 147; Acaso e necessidade, 148; Mutações que marcaram história, 149; A migração, 150; Uma escolha estética, 151

5 Quão diferentes somos? A história genética da humanidade 153

Uma cidade do saber, 154; A pesquisa de grupos sangüíneos, 156; O passado no nosso sangue, 159; Como reconstruir nosso passado?, 161; Uma árvore genealógica baseada nos grupos sangüíneos, 163; Uma

Índice geral

árvore baseada na aparência corporal, 165; Quais características nos contam a história do homem?, 166; Genes e características antropométricas, 168; Aperfeiçoando a árvore genealógica, 170; Migrações recíprocas, 173; Quando ocorreram as grandes cisões entre os grupos humanos?, 173; Diferentes, mas superficialmente, 177; Quão diferentes somos?, 178

6 Os últimos dez mil anos: a longa trilha dos agricultores 181

Na trilha dos megalíticos, 182; Um falso começo e alguns pensamentos intuitivos, 184; A importância dos números, 185; As origens da agricultura, 186; A explosão demográfica, 188; A expansão dos agricultores, 191; Uma teoria pouco ortodoxa, 194; Por que teve início a agricultura?, 199; Difundiu-se o homem ou a tecnologia?, 202; A contribuição da genética, 203; Paisagens genéticas, 204; Mesolíticos e neolíticos, 209; Simulação computacional, 210; Confirmação de uma hipótese pouco ortodoxa, 212; Dissecção genética da Europa, 213; Multiplicação e migração: fatores de expansão, 218; Outras grandes migrações, 220

7 A torre de Babel 225

Reflexões sobre uma lenda, 226; Diversas línguas, uma única linguagem, 227; Quantas línguas existem atualmente?, 228; Com que velocidade as línguas mudam?, 229; Quem morde quem?, 230; O homem é um classificador incansável, 235; Em defesa de Greenberg, 236; Um breve apanhado das línguas do mundo, 238; Famílias e superfamílias: eurasiáticas e nostráticas, 243; Chegou a existir uma única língua ancestral?, 247; Quando surgiu a linguagem?, 251; O instrumento mais importante do homem moderno, 253; A evolução biológica e a lingüística, 254; Seleção natural, seleção cultural, 257; Cérebro e linguagem, 259; Existe uma relação entre a evolução biológica e a lingüística?, 263; A exceção "prova" a regra, 264; A língua dos conquistadores, 267; Uma profecia de Darwin, 268

8 Herança cultural, herança genética 271

Genes, aparência e comportamento, 273; Cultura, palavra de mil significados, 274; Evolução, complexidade e progresso, 275; A transmissão cultural, 277; Transmissão vertical, 280; Transmissão

Quem somos?

horizontal, 283; Mutações culturais, 286; Cem maneiras de casar-se, 286; Motivações subconscientes, 288; Insanidade coletiva, 289; Mudança cultural, mudança genética, 290; O Quociente de Inteligência (QI), 291; QI: hereditariedade ou ambiente?, 294; Duas pesquisas sobre a herança cultural, 298

9 Raça e racismo 303

Raça e raças, 304; Quantas raças existem na terra?, 305; A geografia genética da Itália, 307; Alguns povos europeus, 310; Existe uma raça judia?, 311; Racismo e raças puras, 315; Racismo, 317; As origens da alegada superioridade biológica, 319; A patogênese do racismo, 320

10 O futuro genético da humanidade e o estudo do genoma humano 325

Como será a mudança genética do homem?, 326 *Eugenia*, 330; A engenharia genética, 336; O Projeto Genoma Humano, 338; A diversidade do genoma humano, 340; A importância da abordagem multidisciplinar, 343; A validação das conclusões, 345; O estudo do homem, 346

Epílogo 349

Postscript 355

"Déjà vu", 355; A importância da letra g, 360; A confusão da hereditariedade, 362; O desmancha-prazeres, 366

Bibliografia 375

Respostas dos problemas sobre grupos sangüíneos

1 Pais que pertencem ao grupo sangüíneo A podem ter filhos do tipo O se ambos forem do tipo genético AO.
2 Do casamento entre AB x A não nascem filhos do tipo sangüíneo O porque os pais AB não transmitem o gene O.

SOBRE O LIVRO

Formato: 16 x 23 cm
Mancha: 27,5 x 44 paicas
Tipologia: Iowan Old Style 10,5/15
Papel: Pólen soft 80 g/m² (miolo)
Cartão Supremo 250 g/m² (capa)
1ª edição: 2002

EQUIPE DE REALIZAÇÃO

Coordenação Geral
Sidnei Simonelli

Produção Gráfica
Anderson Nobara

Edição de Texto
Nelson Luís Barbosa (Assistente Editorial)
Nelson Luís Barbosa (Preparação de Original)
Ada Santos Seles e
Fábio Gonçalves (Revisão)

Editoração Eletrônica
Guacira Simonelli

Impresso nas oficinas da
Gráfica Palas Athena